Heinz Fritzsch

Sensoren

Moderne Funktionselemente für die Rationalisierung fertigungstechnischer Prozesse

Mit 107 Abbildungen und 11 Tabellen

Akademie-Verlag Berlin 1985

Autor:

Dr.-Ing. Heinz Fritzsch
Sektion Elektroautomatisierungstechnik
Ingenieurhochschule Zwickau

Vom Manuskript des Autors gedruckt

Erschienen im Akademie-Verlag Berlin,
DDR-1086 Berlin, Leipziger Straße 3-4

Lizenznummer: 202 • 100/428/85
Printed in the German Democratic Republic
Gesamtherstellung: VEB Kongreß- und Werbedruck,
9273 Oberlungwitz
Umschlaggestaltung: Karl Salzbrunn
Lektor: Dipl.-Phys. Ursula Heilmann
LSV 1155
Bestellnummer: 763 091 5 (6689)
03000

GELEITWORT

Ausgelöst durch stürmische Fortschritte auf dem Gebiet der Halbleitertechnologie, hat sich in den letzten Jahrzehnten ein grundlegender Wandel in der Verarbeitungstechnik von Informationen vollzogen, dessen weittragende Konsequenzen heute wohl nicht vollständig überschaubar sind, deren Auswirkungen aber in zunehmendem Maße volkswirtschaftlich spürbar werden.

So verschiebt sich der Wert produzierter Güter von der rein materiellen Realisierung weiter nach den ausübbaren Funktionen hin, die ihrerseits wesentlich von der installierten "Intelligenz" abhängen, das soll heißen von der Fähigkeit, Informationen über Stoff- und Zustandsgrößen, über Prozeßabläufe, Qualitätsbewertungen und andere Parameter zu verarbeiten und zu nutzen.

Betrachtet man die Kette Informationsgewinnung, Informationsverarbeitung und Informationsnutzung unter solchen Aspekten etwas genauer, so läßt sich unschwer postulieren, daß die weitere Nutzung der enormen Leistungsfähigkeit informationsverarbeitender Strukturen zunehmend von der Existenz paßfähiger Eingangs- und Ausgangsglieder limitiert werden kann.

Für solche, der Mikroelektronik, ihren Schnittstellen und Signalpegeln angepaßten und weitgehend mit den dafür typischen Technologien gefertigte Eingangsglieder hat sich der Sensorbegriff sehr schnell durchgesetzt. Wie oft bei solchen Entwicklungsprozessen entsteht parallel dazu das Bedürfnis, in der Fachliteratur eine verläßliche Orientierungshilfe zu haben; Fachzeitschriften erfüllen diese Wünsche im allgemeinen schnell, aber weniger umfassend.

Es ist deshalb sehr zu begrüßen, daß Herausgeber, Autor und Verlag den Schritt zu einem Buch über Sensoren gewagt haben, das vor allem methodologisch angelegt ist und auf diese Weise die Ein- und Zuordnung bekannter und zukünftiger Sensorentwicklungen gestattet. Gleichermaßen gesichert werden Wirkprinzipe und Eigenschaften mitgeteilt, so daß auch der Forscher und Entwickler das Buch als verläßlichen Ratgeber benutzen wird.

Angesichts der Bedeutung der Sensortechnik für die Meß-, Automatisierungs-, Handhabe- und Verarbeitungstechnik bis hin zu Massenprodukten für den Konsumbereich ist dem Buch eine schnelle Aufnahme und vor allem eine effektive Nutzung sicher.

Prof. Dr. sc. techn. W. Richter
Vorsitzender der
Wissenschaftlich-Technischen Gesellschaft
für Meß- und Automatisierungstechnik (WGMA)

VORWORT

Wie der Mensch durch Sinneswahrnehmungen Informationen aus seiner Umwelt aufnimmt, so benötigen auch Maschinen, Geräte und Anlagen, die ihr Verhalten aktuellen Prozeßsituationen anpassen sollen, den Sinnesorganen adäquate technische Mittel. Für diese hat sich der Terminus "Sensor" eingebürgert. Sensoren verleihen noch keine Adaptivität. Hierzu bedarf es in sehr differenzierter Weise künstlicher Intelligenz. Wo diese erforderlich wird, ist sie jedoch nur in Verbindung mit geeigneten Sensoren realisierbar. Hieraus resultiert das rege Interesse, das dieser Kategorie technischer Hilfsmittel heute von vielen Vertretern der Natur- und Ingenieurwissenschaften entgegengebracht wird.

Sensoren sind Funktionseinheiten, bei deren Konzipierung stärker als in früheren Etappen der Automatisierungstechnik die Spezifik des Einsatzfalles zu berücksichtigen ist. Charakteristisch für sie ist jedoch auch, daß die technische Realisierung von Sensorkonzepten in zunehmendem Maße funktionelle Integration erfordert. Aus konstruktiv-technologischer Sicht wird Sensortechnik dabei immer mehr zu einem Arbeitsgebiet, das durch die Möglichkeiten der Mikroelektronik geprägt ist und deren Entwicklung selbst wieder vorantreibt. Funktionelle Integration führt jedoch immer zu einer stärkeren Verflechtung der Interessen von Bauteilherstellern und -anwendern. Je mehr dabei Forderungen nach einsatzspezifischen Lösungen zu berücksichtigen sind, desto dringlicher wird die Entscheidung, in welcher Form diese mit den Fertigungsbedingungen für funktionell integrierte Strukturen in Einklang zu bringen sind. Erfahrungsgemäß wird dies unproblematischer, wenn geeignete Vereinheitlichung häufig benötigter Lösungsdetails deren Wiederverwendbarkeit, Austauschbarkeit und Kombinierbarkeit gewährleistet. Herausgeber und Autor möchten mit diesem Buch zur Diskussion über diesen Weg anregen und die hierfür notwendige interdisziplinäre Zusammenarbeit fördern.

Das Buch will kein Kompendium sein. Das ist weder vom Umfang des bereits Existierenden her, noch im Blick auf die stürmische Entwicklung dieses Arbeitsgebietes möglich. Anliegen des Autors ist es vielmehr, aus der Vielfalt vorliegender Ergebnisse allgemeingültige Aussagen zum Charakter und zur Entwicklung der Sensortechnik zu treffen. Einordnungs- und Systematisierungsansätze nehmen daher breiten Raum ein. Insbesondere Maschinenbauer und Elektrotechniker, die sich als Anfänger oder auch als Spezialisten anderer Arbeitsrichtungen mit der ingenieurmäßigen Lösung von Sensorfunktionen befassen, soll auf diese Weise das Arbeitsgebiet überschaubar gemacht werden. Auch Studierende, in deren Fachrichtungen Bezüge zur Sensorik bestehen, sind dabei im Blick. Mit dem Buch soll jedoch auch dokumentiert werden, daß Sensortechnik angewandte Meßtechnik ist, auf deren theoretischen sowie physikalisch-technischen Grundlagen fußt und diese selbst mit neuen Erkenntnissen und Lösungen bereichert. Der an der Sensortechnik Interessierte kann sich daher in Dimensionierungsfragen fast immer auf eine Fülle spezieller Literatur stützen. In der Absicht des Autors liegt es, das Arbeiten mit diesem Fundus durch Hinweise zu fördern.

Aus Gesprächen mit Vertretern verschiedener an der Sensortechnik interessierter Disziplinen hat der Autor wertvolle Hinweise für das Buch erhalten. Dafür sei allen Dank ausgesprochen. Besonderer Dank gebührt Herrn Prof. Dr. sc. techn. W. Richter für die kritische Durchsicht des Manuskripts.

Auch dem Verlag, insbesondere seinem Direktor, Herrn Prof. Dr. L. Berthold, und Frau Dipl.-Phys. U. Heilmann als Lektorin dieses Buches sei an dieser Stelle sehr herzlich für die gute Zusammenarbeit sowie für die rasche Herausgabe des Buches und seine gute Ausstattung gedankt.

Heinz Fritzsch

INHALTSVERZEICHNIS

Seite

Seite

Seite

Seite

1. EINFÜHRUNG

1.1. Sensoren als Folge und Erfordernis der Technikentwicklung

In seinem Bestreben, sich naturwissenschaftliche und technische Erkenntnisse nutzbar zu machen, schafft der Mensch nicht technische Hilfsmittel schlechthin, sondern Mensch-Maschine-Systeme[1] mit Wechselbeziehungen, welche typisch für den Entwicklungsstand von Naturwissenschaft und Technik sind. Drei Motive waren und sind dabei immer wieder entwicklungsbestimmend. Es sind dies

- das Bestreben des Menschen, für ihn typische Leistungen auf technische Hilfsmittel zu übertragen,
- das Bestreben des Menschen, bestimmte Kenngrößen solcher Leistungen weit über das ihm eigene Maß hinaus zu verbessern sowie
- das Bestreben des Menschen, geschlossene Stoffkreisläufe, wie sie für die Natur charakteristisch sind, auf technische Hilfsmittel zu übertragen.

Technische Hilfsmittel, so vielfältig sie hinsichtlich ihrer speziellen Leistungen auch sein mögen, lassen sich einem einheitlichen Anliegen unterordnen. Im Sinne dieses Anliegen hat jedes Mensch-Maschine-System zwei Primärfunktionen zu erfüllen (Abb. 1.1). Die Primärfunktion einer Maschine, eines Gerätes oder einer Anlage ist es immer, Energie-, Stoff- oder mit diesen gekoppelte Informationsflüsse zu erzeugen bzw. solche umzuformen. Dem Menschen dagegen kommt die Primärfunktion zu, die für das technische Hilfsmittel charakteristische Erzeugung oder Umformung von Energie-, Stoff- bzw. Informationsflüssen nach einem bestimmten Regime zu steuern. Man kann daher auch sagen: In jedem Mensch-Maschine-System ist es die Primärfunktion des Menschen, die Primärfunktion der Maschine zweckentsprechend zu steuern.

---

1) Das Wort Maschine wird hier als Synonym für die Vielfalt technischer Hilfsmittel verwendet.

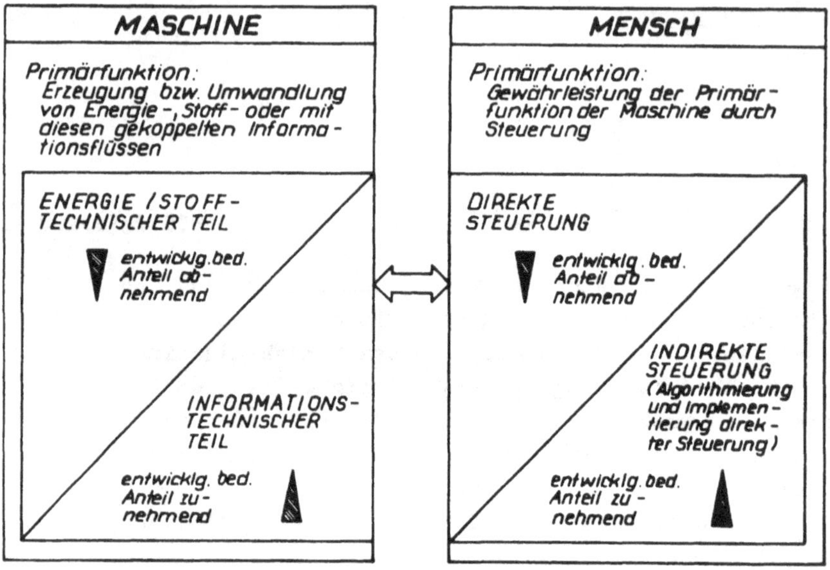

Abb. 1.1 Schema des Mensch-Maschine-Systems

Wie die Tätigkeit des Menschen überhaupt, so ist auch diese Steuerfunktion an motorische, sensorische und intelligente Leistungen einschließlich der hierzu erforderlichen körpereigenen Hilfsenergieerzeugung gebunden. Charakteristisch für die Technikentwicklung ist, daß dabei zunehmend ein Übergang von direkten Steuerungen der Maschinen, Anlagen oder Geräte, die durch unmittelbare motorische, sensorische und intelligente Leistungen des Menschen gekennzeichnet sind, auf indirekte Steuerungen erfolgt. Für diese Art der Steuerung werden bestimmte motorische, sensorische und intelligente Leistungen des Menschen algorithmiert, in das technische Hilfsmittel implementiert und im Bedarfsfall vom Bedienenden durch Aufruf aktiviert. Dies hat zur Folge, daß mit fortschreitender Entwicklung der Technik der informationstechnisch orientierte Steuerteil der Maschinen, Geräte und Anlagen gegenüber dem die Primärfunktion tragenden Teil an Umfang, Komplexität und Bedeutung zunimmt. Dessen ungeachtet hat dieser jedoch stets die Rolle einer Hilfsfunktion zu erfüllen, deren Berechtigung und deren Erfordernisse aus der zu realisierenden Primärfunktion abgeleitet werden müssen. Die Innovation der Mikroelektronik als eines bedeutsamen Trägers hochintegrierter Informationstechnik ist daher immer an fundierte Kenntnisse über entwicklungsbedingte Erfordernisse der Primärfunktionen von Maschinen, Geräten und Anlagen gebunden. Abb. 1.2 verdeutlicht in qualitativer Form den Einfluß charakteristischer Etappen der Entwicklung der Technik auf das Kostenbild technischer Hilfsmittel. Im Frühstadium der Technikentwicklung war das Interesse

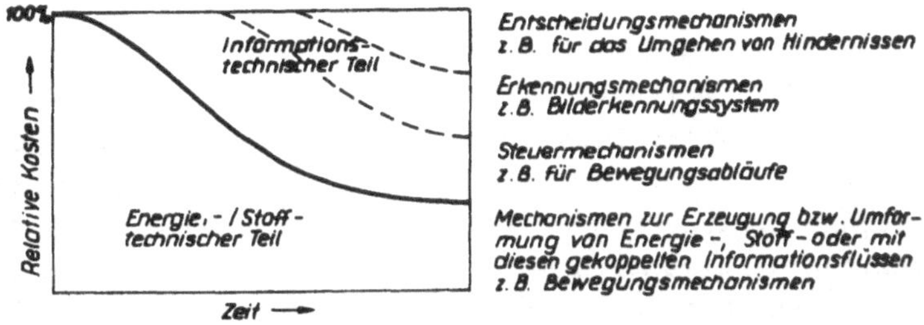

Abb. 1.2 Qualitative Darstellung des Einflusses charakteristischer Etappen der Technikentwicklung auf das Kostenbild technischer Hilfsmittel

vorrangig auf Mechanismen zur Realisierung bestimmter Primärfunktionen, wie beispielsweise solcher von einfachen Kraft- und Arbeitsmaschinen gerichtet. Die Vervollkommnung dabei angewandter Lösungsprinzipien sowie die Verbesserung wesentlicher Kennwerte solcher Maschinen erforderten jedoch sehr bald Verfahren und Mittel, die es gestatteten, bestimmte Phasen ihres Funktionsablaufes selbständig maschinell zu steuern. Mit der zweiten Etappe der Technikentwicklung beginnt daher der Einzug der Informationstechnik in Maschinen, Geräte und Anlagen, zunächst auf der Grundlage maschinenintern vorgegebener fester Steuerprogramme. Das ordnungsgemäße Zusammenwirken solcher technischer Hilfsmittel mit ihrer Umwelt setzt voraus, daß diese, ihrem maschinenintern gespeicherten Modell entsprechend, keinen im Modell unberücksichtigt gebliebenen Veränderungen unterworfen ist. Industrieroboter der ersten Generation, die häufig für Beschickungsaufgaben eingesetzt werden, sind typische Vertreter dieser Art technischer Hilfsmittel. Können Unbestimmtheiten der Umwelt indes nicht ausgeschlossen bzw. sollen sie bewußt zugelassen werden, dann sind Steuerprogramme in die technischen Hilfsmittel zu implementieren, deren Ablauf nicht allein durch maschinenintern vorgegebene fixe Zustandsgrößen, sondern auch oder gegebenenfalls ausschließlich durch prozeßtypische aktuelle Zustandsgrößen bestimmt wird. Der Wunsch und die Notwendigkeit, solche Eigenschaften technischer Hilfsmittel zu erzeugen, weckte das Interesse an der maschinellen Nachbildung sensorischer Leistungen biologischer Vorbilder. Sie leiteten die dritte Etappe der Technikentwicklung ein, wie sie beispielsweise in den sensorgeführten Industrierobotern der zweiten Generation zum Ausdruck kommt.

Das Zulassen größerer oder auch mehrerer Unbestimmtheiten der Umwelt wirft die Frage nach dem für die jeweilige Umweltsituation zweckmäßigsten Funktionsablauf des technischen Hilfsmittels auf. Für die daraus erwachsenden Optimierungsaufgaben sind Entscheidungsvorgänge notwendig. Entscheidungsvorgänge erfordern intelligente Leistungen der am Mensch-Maschine-System beteiligten Menschen. Mit der vierten Etappe der Technikentwicklung werden daher neben motorischen und sensorischen Leistungen des Menschen auch intelligente Leistungen desselben technisch nachgebildet und damit Bestandteil von Steuerprogrammen. In technische Hilfsmittel implementierte "künstliche" Intelligenz hat zwei Grundfunktionen zu erfüllen. Zum einen soll sie gewährleisten, durch Bewertung vorliegender aktueller und fixer Zustandsgrößen aus einer Vielzahl möglicher Reaktionen des technischen Hilfsmittels die für die jeweilige Situation günstigste zu bestimmen. Aus der Bewertung aktueller Zustandsgrößen soll sie zum anderen aber auch darüber entscheiden, inwieweit gespeicherte fixe Zustandsgrößen im Sinne einer Aktualisierung des internen Modells der Umwelt korrigiert werden sollen. Typische Vertreter solcher technischer Hilfsmittel sind beispielsweise Industrieroboter der dritten Generation, bei welchen motorische, sensorische und intelligente Leistungen zum Zwecke einer adaptiven Bewegungssteuerung zusammenwirken.

Aus dem geschilderten Sachverhalt läßt sich als allgemeingültige Aussage ableiten:

Das maschinelle Nachbilden motorischer, sensorischer und intelligenter Leistungen höherer Lebewesen für die automatische

Steuerung von Maschinen, Geräten und Anlagen erfordert geeignete informationstechnische Konzepte. Ihre Anlage ist im allgemeinen erzeugnisspezifisch, die ihnen zugrunde liegenden Elemente und Lösungsmethoden dagegen sind in hohem Maße verallgemeinerungsfähig. Ungeachtet bestehender gradueller Unterschiede gründet sich Informationstechnik in technischen Hilfsmitteln auf vier Gruppen von Funktionsmechanismen (Abb. 1.3). Diese sind

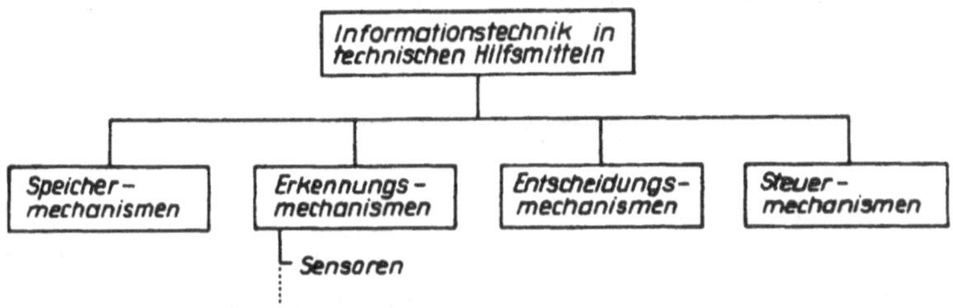

Abb. 1.3 Einteilung informationstechnischer Funktionsmechanismen technischer Hilfsmittel

- Abbildungsmechanismen (Speichermechanismen) für fixe Zustandsgrößen als Repräsentanten des maschineninternen Modells von Prozeß und Umwelt,
- Abbildungsmechanismen (Erkennungsmechanismen) für aktuelle Zustandsgrößen als Repräsentanten der Unbestimmtheiten von Prozeß und Umwelt,
- Entscheidungsmechanismen für die Verknüpfung fixer und aktueller Zustandsgrößen im Sinne eines optimalen Steuerprogramms,
- Steuermechanismen zur unmittelbaren Beeinflussung von Nutzfunktionen entsprechend dem Steuerprogramm.

Aus der Sicht der Technikentwicklung lassen sich nunmehr folgende Merkmale von Sensoren formulieren:

- Sensoren sind technische Elemente zur Realisierung von Abbildungsmechanismen für aktuelle Zustandsgrößen technischer Prozesse und deren Umwelt.
- Die hierzu notwendigen Kopplungen des Sensors mit dem Prozeß auf der einen sowie mit anderen Komponenten des informationstechnischen Teils der Maschine, des Gerätes oder der Anlage auf der anderen Seite führen zu einer Vielzahl einsatzspezifischer funktioneller und konstruktiver Bedingungen. Sie sind

nur im Zusammenhang mit der Gesamtheit des automatisierenden und des zu automatisierenden Systems erfaßbar und lösbar.

- Sensoren setzen im allgemeinen das Vorhandensein von Steuermechanismen zur unmittelbaren Beeinflussung von Nutzfunktionen sowie von Abbildungsmechanismen für fixe Zustandsgrößen voraus und sind ihrerseits wieder eine Voraussetzung für das Installieren von Entscheidungsmechanismen. Insofern sind sie sowohl eine Folge der Entwicklung der Informationstechnik als auch ein Erfordernis für deren Weiterentwicklung.

1.2. Gemeinsames und Spezifisches von "Sensor" und "Meßfühler"

Der Terminus "Sensor" wird heute so häufig gebraucht, daß er zuweilen dem Verdacht ausgesetzt ist, ein Modewort für längst bekannte Inhalte darzustellen. Es erscheint daher angebracht, der Frage nachzugehen, inwieweit "Sensor" ein modernes Synonym für seit langem eingebürgerte Begriffe wie "Meßfühler", "Aufnehmer", "Meßgrößenaufnehmer" oder "Meßwandler" ist und inwieweit damit neue technische Inhalte zum Ausdruck gebracht werden.

Obwohl sich inzwischen Metrologen mit der Klärung des Sensorbegriffs befassen /1.1/, gibt es derzeit weder Standards noch Empfehlungen, in denen verbindliche bzw. allgemein anerkannte Festlegungen zum Sensor als technisches Hilfsmittel getroffen werden. "Sensor" ist daher zunächst einmal nicht mehr als ein Wort der modernen internationalen Technik-Sprache /1.2/. Gefördert, wenn nicht gar initiiert durch die Entwicklung der Mikroelektronik, bürgerte es sich ein, als Informationstechniker sich bewußt der technischen Nachbildung sensorischer Leistungen höherer Lebewesen zuwandten. Einmal im Gebrauch, wurde es dann häufig auch für Bauteile angewandt, die vorher als "Meßfühler", "Aufnehmer", "Meßgrößenaufnehmer" oder "Meßwandler" bezeichnet worden waren. Insofern kann "Sensor" als sprachlicher Nachfolger dieser Bezeichnungen angesehen werden, und das um so mehr, als die aus dem Lateinischen stammende Wurzel des Wortes seinem weltweiten Gebrauch entgegenkommt. Der Hinweis auf den Ursprung des Wortes "Sensor" läßt allerdings schlußfolgern, daß hinsichtlich der dem Begriff zuzuordnenden technischen Inhalte gegenüber dem klassischen Meßfühler entwicklungsbedingte Modifikationen und Erweiterungen zu erwarten sein werden /1.3/, /1.4/. Unabhängig von der Art und Weise der Benennung und unabhängig von der Entwicklung der Inhalte bleibt dabei jedoch die durch das Bauteil "Sensor" oder "Meßfühler" zu lösende prinzipielle Aufgabe unverändert erhalten. Sie besteht, wie aus den Darlegungen unter Abschnitt 1.1 hervorgeht, darin, spezifische Funktionen bei der Abbildung aktueller Zustandsgrößen technischer Prozesse zu übernehmen. "Sensoren", "Meßfühler" oder wie immer die entsprechenden Bauteile auch bezeichnet werden mögen, bilden stets die Eingangsglieder der für diese Abbildung eingesetzten Meßsysteme. Als solche sind sie eingangsseitig immer mit dem interessierenden technischen Prozeß gekoppelt. Nach der Erläuterung der unverändert gebliebenen prinzipiellen Aufgabe sollen nun die entwicklungsbedingten Modifikationen und Erweiterungen der technischen Inhalte gekennzeichnet werden. Merkmale "klassischer" Meßfühler waren beziehungsweise sind häufig (Tab. 1.1): Energieformwandlung mittels Verfahren der klassischen Elektrotechnik, Aufbau aus diskreten mechanischen und elektrotechnischen Funktionselementen, Herstellungstechnologien mit zahlreichen Handarbeitsgängen, relativ großes Bauvolumen, Beschränkung auf die Erfassung von Einzelinformationen, Unterbringung erforderlicher Elektronik außerhalb des Meßfühlers in separaten Gefäßen. Dessen ungeachtet, hat sich das elektrische Messen nichtelektrischer Größen in den 60er und 70er Jahren zu einer bedeutenden, für die Automatisierungstechnik unentbehrlichen Disziplin entwickelt und zu einer Vielzahl industrieller Sortimente an Aufnehmern und dazugehörige Gerätetechnik geführt /1.5/. Angeregt durch Erfordernisse aussichtsreicher neuer Diagnose- und Überwachungsverfahren, hatte die Medizintechnik schon in den 60er Jahren die Miniaturisierung von Meßfühlern vorangetrieben. Bald wurde daraus ein allgemeines, auf neue Lösungswege drängendes Bedürfnis für die Automatisierungstechnik als Gesamtheit.

Fünf Merkmale solcher Lösungswege sind es dabei insbesondere, die moderne Sensoren gegenüber herkömmlichen Meßfühlern auszeichen (Tab. 1.1).

- Moderne Sensoren verwenden für die Energieformwandlung häufig festkörperelektronische Effekte und bedienen sich für die Herstellung entsprechender Wandlerlemente technologischer Verfahren, wie sie für die auf Massenfertigung orientierte Herstellung elektronischer Bauelemente typisch sind.

Tab. 1.1 Merkmale "klassischer" Meßfühler und moderner Sensoren

Merkmale "klassischer" Meßfühler	Merkmale moderner Sensoren
• Energieformwechsel mit Verfahren der klassischen Elektrotechnik	• Energieformwechsel mittels festkörperelektronischer Effekte und halbleitertechnologischer Herstellungsverfahren
• Aufbau aus diskreten mechanischen und elektrotechnischen Funktionselementen	• Funktionelle Integration von energieformwechselnden und rein elektronischen Funktionselementen
• Herstellungstechnologien mit zahlreichen Handarbeitsgängen	• zunehmende Komplexität der Gesamtfunktion durch wachsenden Integrationsgrad
• relativ großes Bauvolumen	
• überwiegende Erfassung von Einzelinformationen	• Erfassung mehrdimensionaler Informationen im Raum- oder Frequenzvielfach
• Unterbringung erforderlicher Elektronik in separaten Gefäßen	• Kompatibilität mit zu sensibilisierenden mechanischen Bauteilen und industriell hergestellten signalverarbeitenden Systemen

So haben beispielsweise die Einführung thermoresistiver Silizium-Wandlerlemente (s. Abschn. 5.2.3.) oder die Realisierung des seit langem bekannten Platin-Widerstands-Thermometers auf der Basis eines Widerstandselements in Dünnschichttechnik (s. Abschn. 5.2.1.) nicht nur zu einer drastischen Verringerung des Volumenbedarfs geführt, sie ermöglichen auch deren automatisierte Massenfertigung zu niedrigeren Kosten. Oftmals werden dabei Effekte genutzt und gezüchtet, wie sie bei elektronischen Funktionselementen seit langem als nichtelektrische Störeinflüsse bekannt sind.

- Bei modernen Sensoren werden Funktionselemente, welche primär für Energieformwandlungen bestimmt sind, gemeinsam mit solchen, welche primär für rein elektrische Effekte bestimmt sind, als integrierte Struktur realisiert.

  Beispiele für diese Verfahrensweise sind in den Abschnitten 3.4.1., 5.3.2. und 9.3.3. angeführt.

  Einheitliche Stoffsysteme sowie einheitliche Herstellungsprozesse für nichtelektrische und elektrische Funktionen haben Sensoren dieser Art zu einer speziellen Gruppe integrierter Schaltungen werden lassen, welche von den Halbleiterherstellern zunehmend in die Produktionsprogramme aufgenommen werden. Man kann sagen, daß dadurch das Sortiment an integrierten Schaltungen mit elektrischen Steuereingängen um solche mit nichtelektrischen Steuereingängen erweitert wird.

- Moderne Sensoren sind dem für die funktionelle Integration typischen Trend zur Erhöhung des Integrationsgrades unterworfen und zeichen sich demzufolge durch zunehmende Komplexität aus.

  Durch größere Integrationsgrade lassen sich Teile von Meßsystemen, die früher Bestandteile separater Geräte waren, nun im Gefäß des Sensors mit unterbringen. Solche Maßnahmen erhöhen die Betriebszuverlässigkeit, verringern den Gesamtumfang an Gerätetechnik und ermöglichen damit neue bzw. verbesserte Einsatzmöglichkeiten für Sensoren.

  Das Merkmal zunehmender Komplexität hat jedoch zur Folge, daß dem bloßen Terminus "Sensor" kein eindeutig abgrenzbarer Funktionsumfang zugeordnet werden kann. Hierzu bedarf es zusätzlicher Kennzeichnungen. In diesem Zusammenhang taucht jetzt für Sensoren mit einbezogenen signalverarbeitenden Strukturen die Bezeichnung "intelligente" Sensoren auf. "Intelligent" als undifferenziertes Synonym für "einbezogene Signalverarbeitung" kann allerdings bestenfalls als eine für Werbezwecke geeignete Vokabel akzeptiert werden. Wissenschaftlich vertretbar ist sie nicht.

- Funktionelle Integration und zunehmender Integrationsgrad haben zu Ausführungen moderner Sensoren geführt, mit denen mehrdimensionale Informationen, insbesondere solche, die im Raumvielfach auftreten, erfaßbar sind.

  Die wohl bekanntesten Vertreter dieses progressivsten Zweiges der Sensortechnik sind die heute in großer Zahl gefertigten hochauflösenden Bildsensoren (s. Abschn. 7.2.5.).

- Moderne Sensoren sind Aufnehmer, bei denen der stofflichen Kompatibilität mit zu sensibilisierenden mechanischen Bauteilen auf der einen sowie der elektrischen Kompatibilität mit industriellen Steuerungs-, Mikrorechner- und Meßwerterfassungssystemen auf der anderen Seite besondere Aufmerksamkeit geschenkt wird.

Sensoren sollen sich besser als klassische Meßfühler der Spezifik des Einsatzfalls anpassen. Sie sind daher häufig keine Erzeugnisse mit Massencharakter. Das wirft Probleme bei der Sicherung ihrer rentablen Fertigung auf und begründet die generelle Bedeutung von Unifizierungsmaßnahmen für häufig benötigte Details von Sensoren.

Zu den genannten Merkmalen moderner Sensoren muß bemerkt werden, daß es nach wie vor Einsatzfälle gibt, die Stoffsystemen, Wirkprinzipien oder Ausführungsformen klassischer Meßfühler vorbehalten sind. Hierzu zählen beispielsweise Anwendungen im Bereich großer Temperaturen (häufig schon ab Temperaturen über + 200 °C) oder Einsatzfälle, die Präzisionsmessungen (zulässige Meßfehler kleiner als 0,5 %) erfordern.

In Abschn. 1.1. wurden Merkmale für den Terminus "Sensor" aus der Sicht der Technikentwicklung genannt. Der Vergleich mit Begriffen wie "Meßfühler", "Aufnehmer", "Meßgrößenaufnehmer" oder "Meßwandler" ermöglicht es, diesen zwei weitere Merkmale hinzuzufügen.

- Sensoren sind Glieder von Prozeßmeßsystemen. Sie bilden Meßgrößen von Prozeßelementen auf Signale ab, die für die Weiterverarbeitung im informationstechnischen Teil von Maschinen, Geräten und Anlagen besonders geeignet sind.
- Ihre bevorzugte gerätetechnische Realisierung über den Weg funktioneller Integration hat dabei Merkmale hervorgebracht, wie sie für die Entwicklung mikroelektronischer Bauelemente bzw. für die Entwicklung funktionell integrierter Festkörperbauelemente schlechthin typisch sind.

Die Aufgabe, Meßgrößen von Prozeßelementen auf Signale mit günstigen Eigenschaften für deren Weiterverarbeitung abzubilden, hat dazu geführt, daß heute in vielen Fällen Sensoren mit elektrischen Ausgangssignalen üblich und gefragt sind. Die bisher genannten Merkmale schließen jedoch auch andere, nichtelektrische Hilfsenergieformen mit adäquaten Ausgangssignalen der Sensoren ein. Im Bereich informationsverarbeitender Systeme mit kleinerer Komplexität ist in diesem Zusammenhang insbesondere pneumatische Hilfsenergie und für den Bereich künftiger informationsverarbeitender Systeme mit sehr großer Komplexität insbesondere optische Hilfsenergie von Bedeutung.

1.3. Sensoren und ihre biologischen Vorbilder

Wie in Abschn. 1.1. verdeutlicht wurde, ist die Technikentwicklung untrennbar mit der Entwicklung automatischer Steuerungen für Maschinen, Geräte und Anlagen und diese wiederum mit der technischen Nachbildung motorischer, sensorischer und intelligenter Leistungen des Menschen verbunden. Von da her haben technische und biologische Wirkprinzipien gemeinsame Merkmale. Die Erfahrung lehrt jedoch, daß für das Übertragen biologischer Leistungen auf den technischen Bereich entwicklungsbedingte Einschränkungen auf der einen und anwendungsbedingte Erweiterungen auf der anderen Seite eine Rolle spielen können. Für das Verständnis der Sensoren als Kategorie technischer Hilfsmittel erscheint es angebracht, diesen Sachverhalt differenzierter darzustellen. Dabei soll es, wie dies schon bei der Gegenüberstellung der Termini "Sensor" und "Meßfühler" praktiziert wurde, auch hier darum gehen, auf Gemeinsames und Spezifisches biologischer und technischer Systemlösungen hinzuweisen. Sucht man im Bereich der Physiologie, der Anatomie oder auch der Biologie nach dem Begriff "Sensor", so stellt man fest, daß es diesen Begriff weder als Bezeichnung für bestimmte Elemente biologischer Systeme noch mit anderer Bedeutung gibt. Üblich sind jedoch Worte wie

- "sensus" für "Sinn", "Empfindungsvermögen" oder "Wahrnehmung" /1.6/,
- "sensorisch" beziehungsweise "sensoriell" für "auf das Empfindungsvermögen bezüglich" /1.6/ oder "die Sinne beziehungsweise die Sinnesorgane betreffend" /1.7/,
- "Sensorium" für "Bewußtsein" /1.6/ und "Sensorien" für Gebiete der Großhirnrinde, in denen Reize bewußt werden /1.7/.

Mit Ausnahme des an letzter Stelle genannten Begriffs weisen jedoch diese Worte mehr auf funktionelle als auf strukturelle Zusammenhänge hin. Lediglich "Sensorien" geht darüber hinaus und ordnet dem bewußten Wahrnehmen von Reizen bestimmte Bereiche des

Organismus zu. Gerade diese Bedeutung muß jedoch im Hinblick auf den interessierenden Vergleich zwischen biologischen und technischen Systemen als nicht typisch für den Sensorbegriff angesehen werden.

Geeigneter als Ausgangsbasis für vergleichende Betrachtungen ist der bei biologischen Systemen seit langem eingebürgerte Terminus "Rezeptor" /1.7/. Die an diesen Begriff gebundenen Sachverhalte lassen sich aus der Sicht dieses Abschnittes wie folgt charakterisieren:

- Der Mensch besitzt ein hochentwickeltes rezeptorisches System. Dessen wichtigste Teile sind die sogenannten Rezeptoren oder Sinneszellen (Tab. 1.2). Sie nehmen Reize aus dem äußeren oder dem inneren Milieu des Organismus auf und geben mit diesen korrelierte frequenzanaloge Signale, sogenannte Erregungen, ab.

Tab. 1.2 Arten von Rezeptoren

Unterscheidung der Rezeptoren nach der Art des adäquaten Reizes	Zweckbestimmung der Rezeptoren: als Exterorezeptoren (mit bewußter Wahrnehm.)	als Interorezeptoren: mit bewußter Wahrnehm.	als Interorezeptoren: ohne bewußte Wahrnehm.
OPTOREZEPTOREN	für Sehorgan		
CHEMOREZEPTOREN			
• für Gasmoleküle	für Geruchsorgan		
• für Lösungsmoleküle	für Geschmacksorgan		für Kreislauf, Atmung und Verdauung
• für Konzentrationsunterschiede			für Gefäße und Gewebe
MECHANOREZEPTOREN			
• für Schalldruck	für Hörorgan		
• für Lage und für Beschleunigung	für Gleichgewichtsorgan		
• für Berührung • für Druck • für Dehnung	für Oberflächensensibilität (Haut)	für Tiefensensibilität für Tiefensensibilität und innere Organe	für Kreislauf und Atmung für Atmung
THERMOREZEPTOREN • für Kälte • für Wärme	für Oberflächensensibilität (Haut)	für Tiefensensibilität und innere Organe	
NOZIZEPTOREN (Schmerzrezeptoren)	für Oberflächensensibilität (Haut)	für Tiefensensibilität und innere Organe	

- Je nachdem, ob von einer Rezeptorart Reize aus dem äußeren oder dem inneren Milieu des Organismus aufgenommen werden, unterscheidet man äußere oder Extero- und innere oder Interorezeptoren.

- Reize, welche in geeigneter Form auf die in der Oberfläche des Organismus beziehungsweise auf die in den Anfangsteilen des Atmungs- und des Verdauungssystems gelegenen Exterorezeptoren einwirken, werden vom Menschen bewußt wahrgenommen. Dagegen werden Reize, welche aus dem inneren Milieu des Organismus auf die in den inneren Organen gelegenen Interorezeptoren einwirken, nur für bestimmte Rezeptorarten bewußt wahrgenommen, während andere Arten zu keiner Widerspiegelung führen.
- Rezeptoren, deren Reizung bewußt wahrgenommen wird, lösen Sinnesempfindungen aus und ermöglichen damit die Kommunikation des Menschen mit seiner Umwelt. Sie sind die Grundlage der sogenannten Sinnesorgane. Dagegen lösen Rezeptoren, deren Reizung nicht bewußt wahrnehmbar ist, lediglich Reflexe aus und steuern auf diesem Wege die Funktion der inneren Organe.

Zu den Exterorezeptoren zählen:

- Die primär durch Lichtwellen reizbaren Helligkeits- und Farbrezeptoren in der Netzhaut (der Retina). Sie stellen die Sinneszellen des aus dem optischen Apparat (dem Augapfel) sowie verschiedenen Schutz- und Hilfseinrichtungen (Lider, Tränenorgane, Muskeln) bestehenden Sehorgans dar.
- Die durch Schallwellen reizbaren akustischen Rezeptoren (Mechanorezeptoren) im inneren Ohr (im Labyrinth). Sie stellen die Sinneszellen des aus dem äußeren, dem Mittel- und dem inneren Ohr bestehenden Hörorgans dar.
- Die durch Flüssigkeitsverschiebungen reizbaren Lage- und Beschleunigungsrezeptoren (Mechanorezeptoren) im inneren Ohr. Sie bilden die Sinneszellen des aus dem inneren Ohr bestehenden Gleichgewichts- oder statokinetischen Organs.
- Die durch Gasmoleküle reizbaren Geruchsrezeptoren (Chemorezeptoren) in der Schleimhaut der Nasenhöhle. Sie stellen die Sinneszellen des aus dem Riechfeld der Nasenschleimhaut bestehenden Geruchsorgans dar.
- Die durch Lösungsmoleküle reizbaren Geschmacksrezeptoren (Chemorezeptoren) am Anfang des Verdauungskanals, insbesondere in Hautpartien der Zunge. Sie bilden die Sinneszellen des Geschmacksorgans.
- Die in der äußeren Haut und in der Schleimhaut gelegenen Berührungs-, Druck-, Kälte-, Wärme- sowie Schmerzrezeptoren bilden den von den Exterorezeptoren getragenen Anteil der Sinnes-

zellen des Sensibilitätsorgans und verkörpern die sogenannte "Oberflächensensibilität".

Zu den Interorezeptoren, deren Reizung bewußt wahrnehmbar ist, zählen:

- Die für die "Tiefensensibilität" wirksamen Dehnungs- und Druckrezeptoren in den quergestreiften Muskeln, in deren Sehnen, im Bindegewebe, im Unterhautzellgewebe, in der Knochenhaut und in den Gelenken. Sie bilden die reizaufnehmenden Elemente für die bewußte Wahrnehmung des Kraftaufwandes bei willkürlicher Betätigung der Muskulatur sowie für das Wahrnehmen der Gliederstellung. Für letzteres sollen zusätzlich die der Oberflächensensibilität zugeordneten Berührungs- und Druckrezeptoren der äußeren Haut über den Gelenken von Bedeutung sein.
- Die in der Wand der Blutgefäße, in den Sehnen, im Bindegewebe der Muskeln, im Unterhautgewebe und in der Knochenhaut gelegenen Schmerzrezeptoren.
- Verschiedene in inneren Organen, zum Beispiel in der Magenwandung, lokalisierte Dehnungs-, Druck- und Thermorezeptoren.

Zu den Interorezeptoren, deren Reizung nicht bewußt wahrnehmbar ist, zählen beispielsweise:

- Die für die Kreislaufregulierung und für die selbsttätige Steuerung der Atmung wirksamen Druck- und Chemorezeptoren der Carotissinus- und der Aortengebiete sowie die im Dienste der Atmung stehenden Dehnungsrezeptoren der Lungen und Bronchien.
- Die Chemorezeptoren im Verdauungstrakt.
- Die durch Konzentrationsunterschiede der umgebenden Flüssigkeit reizbaren Osmorezeptoren in Gefäßen und Geweben.

Rezeptoren sind mikroskopisch kleine Sonderformen von Körperorganen, die spezifische Bauweisen unterschiedlicher Kompliziertheit aufweisen. Sie reichen von der frei im Gewebe endenden Nervenfaser (Schmerzrezeptor) bis zu den hochentwickelten Sinneszellen der sogenannten speziellen Sinnesorgane. Trotz großer Mannigfaltigkeit der Bauweisen haben jedoch alle Rezeptoren ein gemeinsames Merkmal: Bei Reizung eines Rezeptors durch auftreffende Energie entsteht in diesem ein lokales elektrisches Potential. Je größer die mit dem Reiz verbundene Energiezufuhr ist, desto schneller wächst dieses lokale Potential an. Erreicht es einen bestimmten Schwellwert, so entsteht in der von jedem Rezeptor ausgehenden Nervenfaser eine elektrische Erregung. Die einzelnen Rezeptorarten weisen für unterschiedliche Energieformen des Reizes auch unterschiedliche Größen dieses Schwellwertes auf. Der Reiz, für dessen Energieform der Schwellwert ein Minimum hat, wird als der für die Rezeptorart adäquate Reiz bezeichnet. So bildet zum Beispiel für die Rezeptoren der Netzhaut das sichtbare Licht den adäquaten Reiz. Die gleiche Erregung und die gleiche dadurch ausgelöste Helligkeitsempfindung können jedoch auch durch mechanische oder elektrische Reizung der Netzhaut bewirkt werden. Die hierfür erforderliche Energiezufuhr ist jedoch, da die Schwellwerte für diese nichtadäquaten Reize höher liegen, größer als für den adäquaten Reiz. Die Größe des Schwellwertes ist jedoch auch von der Anstiegsgeschwindigkeit dW/dt der mit dem Reiz verbundenen Energiezufuhr abhängig. Ein größeres dW/dt erniedrigt die Schwelle für das Auslösen der Erregung.

Die elektrische Erregung innerhalb der vom Rezeptor ausgehenden Nervenfaser wird durch nadelförmige Impulse repräsentiert. Informationsparameter für die Abbildung der Reizkenngrößen auf dieses Ausgangssignal sind dabei die Impulsfolgefrequenz und die Dauer der Impulsemission. Die auf Grund eines Reizes emittierte Anzahl von Impulsen ist eine Funktion des Produktes von Reizstärke und Reizdauer und scheint diesem Produkt proportional zu sein. Da es jedoch auch Rezeptoren gibt, wie beispielsweise die des Gleichgewichtsorgans, welche unter der als Dauerreiz wirkenden Schwerkraft permanent Impulse emittieren und ihre Impulsfolgefrequenz nur bei Änderung der Reizstärke verändern, erscheint eine erweiterte Deutung angebracht. Bezieht man nämlich in die möglichen Wertebereiche der Reizstärke s und der Impulsfolgefrequenz f den Wert Null mit ein, dann kann man sagen, daß generell alle Rezeptoren auf eine Änderung der Reizstärke ds/dt mit einer Änderung der Impulsfolgefrequenz df/dt reagieren. Zusätzlich tritt bei den meisten Rezeptorarten in mehr oder weniger großem Maße eine Verringerung der Impulsfolgefrequenz auf, wenn nach dem Setzen des Reizes die Reizbedingungen zeitlich konstant bleiben. Dieses Verhalten bezeichnet man als Adaptation.

Rezeptoren sind immer Bestandteile übergeordneter funktioneller Systeme und können, soweit es ihre Funktion betrifft, nicht losgelöst von diesen betrachtet werden. Diese übergeordneten Systeme werden als Analysatoren bezeichnet. Sie bestehen jeweils aus drei Hauptabschnitten:

- aus einem durch die zugeordneten Rezeptoren bestehenden peripheren Abschnitt,
- aus einem Leitungsabschnitt, in dem die von den Rezeptoren ausgehenden Erregungen zum Zentralnervensystem und zur Großhirnrinde geleitet werden und
- aus dem zentralen (kortikalen) Abschnitt, in dem auf der Grundlage einer Vielzahl von Verbindungen zwischen den Rindenzellen des Analysators und der verschiedenen Analysatoren untereinander die höhere Analyse und Synthese erfolgt.

Benannt werden die Analysatoren nach den ihnen zugeordneten Rezeptorarten. Dementsprechend rechnet man zur Gruppe der Analysatoren mit Widerspiegelungsfunktion alle äußeren Analysatoren (Sehanalysator, Höranalysator, Gleichgewichtsanalysator, Geruchsanalysator, Geschmacksanalysator und Hautanalysator) sowie den für die "Tiefensensibilität" zuständigen Bewegungsanalysator. Alle anderen inneren Analysatoren haben keine Widerspiegelungsfunktion.

Die zu den Begriffen "Rezeptor" und "Analysator" erläuterten Sachverhalte erlauben eine Reihe von Schlußfolgerungen für die Gestaltung entsprechender technischer Systeme.

Von den biologischen Analysatoren und den ihnen zugeordneten Rezeptionsorganen ist bekannt, daß ihnen spezifische Aufgaben für die Erhaltung des Systems zukommen. Dabei sind zwei Arten der Systemreaktion von Bedeutung. Bei aktiver Reaktion des Systems werden sein Energie-, Stoff- und Informationsaustausch im Sinne der Aufrechterhaltung der Funktion an Eigenschaften der Umwelt oder des Systems selbst angepaßt. Im Gegensatz hierzu führen Eigenschaften der Umwelt oder des Systems, welche für die Aufrechterhaltung der Funktion nicht mehr verträglich sind, zur passiven Reaktion des Systems im Sinne einer Reduzierung seiner Funktion.

Dieses Grundkonzept einer von äußeren oder inneren Eigenschaften abhängigen Steuerung der Funktion mit Betriebs- und Schutzbereichen ist für Mensch-Maschine-Systeme in zweifacher Hinsicht von Bedeutung. Bei der bereits in Abschn. 1.1. genannten direkten Steuerung der Maschine erhalten Teile des menschlichen Rezeptionsapparates, welche der bewußten Handhabung zugänglich sind, über ihre körperbezogene Funktion hinaus zusätzliche Aufgaben zur Anpassung oder Reduzierung der Funktion der Maschine. In diesem Falle stellt die Maschine ein Werkzeug des Menschen dar, dessen Funktion mittels bestimmter Analysatoren des Bedienenden überwacht und gesteuert wird.

Anders sind die Verhältnisse, und darin liegt die zweite Bedeutung des erwähnten Grundkonzepts, bei indirekter Steuerung der Maschine. In diesem Falle werden bestimmte Analysatoren des Bedienenden von den für direkte Steuerung typischen zusätzlichen Funktionen entbunden und technische Alternativlösungen solcher Analysatoren in die Maschine verlegt. Das bedeutet eine Dezentralisierung der für ein bestimmtes Mensch-Maschine-System insgesamt erforderlichen Erkennungsleistungen.

Die Erkennungsleistungen des Menschen beruhen immer auf den Analysatoren als Gesamtheit. Technische Nachbildungen solcher Erkennungsleistungen müssen daher die Nachbildung der Analysatorfunktionen zum Ziel haben, das heißt über das technische Analogen der Rezeptorfunktion hinaus die dazugehörige Signalverarbeitung gewährleisten. Aus diesem Grunde ist es zweckmäßig, auch begrifflich die technische Nachbildung des Analysators von der seiner Rezeptoren zu unterscheiden.

Biologische Analysatoren und deren technische Nachbildungen haben immer eine Erkennungsfunktion zu erfüllen, wobei Erkennen sehr allgemeingültig als Zuordnen innerhalb einer endlichen Anzahl bekannter bzw. vereinbarter Fälle (Klassen) verstanden werden soll. Sowohl die biologische als auch die ihr analoge technische Kategorie benötigen hierzu der Informationsaufnahme dienende Eingangsglieder. Es ist daher sinnvoll, die technische Nachbildung eines Analysators als Erkennungssystem und die den Rezeptoren entsprechenden Bestandteile des Erkennungssystems als Sensoren bzw. als Sensorsysteme zu bezeichnen. Die hergestellten Bezüge zu biologischen Vorbildern gestatten es, als weitere Merkmale des Terminus "Sensor" zu formulieren:

- Sensoren sind technische Alternativlösungen zu biologischen Rezeptoren oder Rezeptorgruppen.
- Sensoren bilden die Eingangsglieder von Erkennungssystemen als technische Alternativlösungen zu biologischen Analysatoren.

Als konstruktive Einheit ausgeführte Sensoren zur technischen Nachbildung von Rezeptorgruppen sollen im weiteren als Sensoren mit verteilten Rezeptoren bezeichnet werden. Dabei sind linienhafte, flächenhafte und räumliche Verteilungen möglich.

Sinnesorgane stellen Spezialfälle von Rezeptorgruppen dar und sind daher in die zum Terminus "Sensor" getroffene Zuordnung mit einbezogen. Die Verdeutlichung der Begriffe "Erkennungssystem" und "Sensor" aus der Sicht ihrer biologischen Vorbilder läßt erkennen, daß Sensoren zwar eine wichtige Voraussetzung für den Aufbau von Erkennungssystemen darstellen, ihr Nutzen jedoch erst durch die geeignete Verarbeitung der mit ihnen gewonnenen Signale im übergeordneten Erkennungssystem eintritt. Aus diesem Grunde muß gleicherweise vor einer isoliert betriebenen Sensorforschung wie vor der Vernachlässigung erforderlicher Verarbeitungsalgorithmen gewarnt werden.

Ein Vergleich der Analysatoren des Menschen mit heute realisierbaren Erkennungssystemen zeigt:

- Die Analysatoren sind strukturell und funktionell in einem Maße in das Gesamtsystem des Organismus integriert, wie das für technische Nachbildungen bisher nur in Ansätzen realisiert ist.
- Jeder der Analysatoren verfügt über eine Vielzahl mikroskopisch kleiner Rezeptoren (Tab. 1.3), von denen jeder einen

Tab. 1.3 Eigenschaften einiger Arten von Rezeptoren

	OPTOREZEPTOREN	CHEMOREZEPTOREN		MECHANOREZEPTOREN			THERMOREZEPTOREN		NOZIZEPTOREN
		Geruch	Geschmack	Schalldruck	Lage/Beschleunig.	Druck/Dehnung	Kälte	Wärme	
Anzahl	$(1...2)\cdot10^{[illegible]}$ Stäbchen $(3...6)\cdot10^6$ Zäpfchen	10^7	10^7	$3\cdot10^4$		$5\cdot10^5$	10^5	10^4	$3\cdot10^6$
• Sinnesfläche in cm^2		2,5				$2\cdot10^4$ (Druck/Dehnung bis Nozizeptoren)			
• Rezeptoren pro cm^2 Sinnesfläche						25	13	2	200
• Anzahl der abgehenden Nervenfasern	$(1...2)\cdot10^6$	10^3	10^3	$(2...3)\cdot10^4$					10^6
• Frequenzbereich in Hz	$(395...1000)\cdot10^{[illegible]}$			16...20000					
• Mindesteingangsleistung in W	$4\cdot10^{-17}$			$4\cdot10^{-17}$					
• Mindestreizzeit in s	0,5			0,5					
• Amplitudenbereich	$10^6:1$			$10^6...1$					
• Max. unterscheidbare Amplitudenwerte	1025			1025					
• Max. unterscheidbare Frequenzwerte	$6\cdot10^5$			$4\cdot10^5$					
• Max. Adaptionszeit in min	80			2					
• Räumliches Auflösungsvermögen	1'			10°					
• Informationskapazität in bit/s	$(3...4)\cdot10^{[illegible]}$			$(2...3)\cdot10^4$					

kompletten Energieformwandler mit einheitlichem frequenzanalogen elektrischen Ausgangssignal darstellt. Moderne festkörperelektronische Lösungen ermöglichen zwar heute Energieformwandlungen in vergleichbaren Bauvolumen, schließen jedoch die für die Rezeptoren typische Bildung des unifizierten elektrischen Ausgangssignals nicht ein. Damit muß das Problem der technischen Realisierung sehr kleiner energieformwandelnder Elemente bei unifiziertem frequenzanalogen elektrischen Ausgangssignal als derzeit ungelöst eingestuft werden. Die Meinungen über die hinter einer solchen Forderung stehenden Strategie mögen geteilt sein. Ohne Zweifel würde jedoch die Bereitstellung solcher Elemente einen Entwicklungsschritt darstellen, der hinsichtlich seiner Anwendungskonsequenzen mit dem Übergang vom diskreten elektronischen Bauelement zur integrierten Schaltung vergleichbar wäre. Solche Lösungen würden insbesondere eine rapide Senkung des heute unverhältnismäßig hohen Anteils (etwa 40 %) der Sensoren an den Gesamtkosten des informationstechnischen Teils der Erzeugnisse zur Folge haben und damit anwendungsstimulierend wirken.

- Im Gegensatz zur vollständigen Integration der Rezeptoren in die sie enthaltenden Organe werden Sensoren derzeit noch als separate Baugruppen gehandhabt. Sie werden, aus Gründen des Bauvolumens meist nur mit ihrem energieformwandelnden Teil, als diskrete Elemente in das als Funktionsträger vorgesehene mechanische Bauteil, zum Beispiel in die Klauen des Greifers eines Industrieroboters, eingesetzt. In diesem Sachverhalt kommt ein weiteres noch ungelöstes Problem der Sensortechnik zum Ausdruck. Es läßt sich durch die Aufgabe kennzeichnen, Herstellungsverfahren zu entwickeln, bei denen in einem einheitlichen Prozeß mechanische Bauteile mit integrierten Sensoren entstehen. Solche Verfahren setzen die Lösung sehr kleiner Sensorelemente mit unifiziertem Ausgangssignal voraus. Sie sind jedoch auch ohne die Sensorintegration von genereller Bedeutung für die Herstellung mechanischer Bauteile /1.8/.
- Jeder der zu einem Analysator gehörenden Rezeptoren stellt die bei überschwelligem Reiz entstehende Erregung auf einer separaten Leitung zur Verfügung. Auf diese Weise wird dem signalverarbeitenden zentralen Teil des Analysators in paralleler Übermittlung ein Wertemuster über die ortsabhängige Verteilung be-

stimmter überschwelliger Reize zugeführt. Biologische Analysatoren beruhen damit auf einem einheitlichen Grundkonzept, das durch gleichartige Signalerfassung in Form von frequenzanalog abgebildeten Wertemustern im Raumvielfach, gleichartige parallele Signalübermittlung und zentralisierte Signalverarbeitung gekennzeichnet ist. Erkennungssysteme als technische Alternativlösungen hierzu sind derzeit von einem einheitlichen Grundkonzept weit entfernt. Der Tatbestand nicht befriedigend gelöster Unifizierung gilt gleicherweise für die Sensoren, für die benötigten signalverarbeitenden Strukturen und für die Übertragungswege zwischen beiden Teilen. Die Entwicklung deutet darauf hin, daß für die Unifizierung von Übertragungswegen Lichtleitfasern an Bedeutung gewinnen werden /1.2/. Da dies an Lichtenergie gebundene Ausgangssignale der Sensoren bedingt, wird neben die Mikroelektronik die Mikrooptronik als gleichwertiges Lösungsfeld treten.

- Die bisher genannten Details weisen auf Einschränkungen hin, die derzeit bei der Realisierung technischer Erkennungssysteme in Kauf genommen werden müssen. Erkennungssysteme, insbesondere die dafür erforderlichen Sensoren, können jedoch auch Erweiterungen gegenüber den Analysatoren des Menschen bedingen. Auf drei Richtungen solcher Erweiterungen soll dabei hingewiesen werden.

Als Träger von Informationen, die der Umwelt entstammen und zu den Sensoren gelangen, dienen Energieflüsse (unmittelbarer Transport) oder energietransportierende Stoffflüsse (mittelbarer Transport). Erweiterungen zeichen sich dadurch aus, daß für den Informationstransport Energieformen oder Bereiche derselben beziehungsweise Stoffflüsse benutzt werden, die nichttypisch für den Menschen sind. Beispiele hierfür enthält Tab. 2.1 in Abschn. 2.3.3.

Bei den äußeren Rezeptoren des Menschen werden die für den Informationstransport zum Rezeptor erforderlichen Energie- oder Stoffflüsse nicht durch das biologische System aufgebracht, sondern der Umwelt entnommen. Erweiterungen können sich dadurch auszeichnen, daß der prinzipbedingte Energie- oder Stofffluß durch den Sensorteil des Erkennungssystems bereitgestellt wird, dieser Teil des Erkennungssystems also gleicherweise Sende- und Empfangsfunktionen hat. Auf diese Weise lassen sich auch Sensorsysteme mit voneinander abhängigem Sende- und Empfangsregime schaffen, beispielsweise mit synchronisiertem Betrieb oder im Sinne adaptiven Verhaltens.

Von ihrer physiologischen Bestimmung her haben die äußeren Rezeptoren des Menschen trotz großer Dynamikbereiche nur relativ kleine obere Grenzwerte der durch sie erfaßbaren Reizintensitäten. Erweiterungen können dadurch gekennzeichnet sein, daß für Sensoren Meßbereiche erforderlich werden, die erheblich oberhalb dieser Grenzwerte liegen. Erweiternde Forderungen können in diesem Zusammenhang auch darin bestehen, daß Messungen unter Umweltbedingungen erfolgen müssen, die für den Menschen aus physiologischen Gründen nicht möglich oder nicht zumutbar sind, zum Beispiel Druckmessungen bei sehr hohen Temperaturen. Hierzu zählen auch Forderungen nach hoher Funktionssicherheit unter rauhen Betriebsbedingungen, zum Beispiel die Forderung nach hoher mechanischer Standfestigkeit der berührungssensibel ausgeführten Greifflächen eines Industrierobotergreifers.

1.4. Interdisziplinäre Aspekte der Sensortechnik

Im Gegensatz zu den inzwischen zahlreichen Publikationen über Sensoren und deren Einsatzmöglichkeiten führten sich diese bisher nur vergleichsweise zögernd in die industrielle Praxis ein. Lösungsvorschläge scheitern derzeit noch häufig daran, daß Aufwand und Nutzen in keinem ökonomisch vertretbaren Verhältnis stehen. Hierfür gibt es drei wesentliche Gründe.

Ein erster Grund liegt in den konzeptionellen Schwächen der inneren Physik der Sensoren, wie sie bereits in Abschn. 1.3. geschildert wurden.

Den zweiten Grund bildet die in vielen Fällen unbefriedigende prozeßspezifische Anpassung der Sensoren auf der Eingangsseite. Technische Prozesse, die sich in bestimmten Phasen über aktuelle Prozeßeigenschaften selbsttätig steuern sollen, werden häufig nicht von Anfang an unter dem Aspekt effektiver und zuverlässiger Informationsgewinnung konzipiert. In vielen Fällen ist dadurch eine wirkliche Integration der Sensortechnik in Maschinenbauelemente und -baugruppen im nachhinein nicht mehr möglich. An ihre Stelle müssen dann aufwendigere Alternativlösungen treten. Wenn zum Beispiel ein Fräsvorgang unter Zuhilfenahme eines Industrieroboters automatisiert ablaufen soll, so ist bei Lageunbestimmtheit der zu bearbeitenden Werkstückflächen eine Information über die am Fräser auftretende Schnittkraft erforderlich. Am effektivsten wäre es, den hierfür vorzusehenden Kraft- beziehungsweise Kraftmomentsensor in den Fräserantrieb zu integrieren, das heißt, ihn in Anbetracht zunehmender Bedeutung des Industrierobotereinsatzes durch den dafür spezialisierten Werkzeughersteller zum serienmäßigen Bestandteil der Antriebsbaugruppe zu machen. Beispiele präsentieren solche Sensoren jedoch gegenwärtig noch als individuell gelöste, konstruktiv aufwendige Zusatzbaugruppe außerhalb des Antriebes.

Der dritte Grund schließlich besteht in der häufig noch mangelhaften steuerungsspezifischen Anpassung der Sensoren auf der Ausgangsseite. Maschinen, Geräte und Anlagen mit Anteilen an automatischer Steuerung benötigen einen als Gesamtsystem gelösten informationstechnischen Teil. Wesentliche Fortschritte bei der Integration von Sensoren in informationstechnische Konzepte setzen daher die Einsicht voraus, daß Sensoren als periphere Subsysteme des informationstechnischen Gesamtsystems mit allen sich daraus ergebenden hard- und softwaremäßigen Konsequenzen gehandhabt werden müssen. Hilfsenergie- und Signalformen dieser Subsysteme können sich dabei von denen im Kern des Steuerungsanteils deutlich unterscheiden. Die vielfach noch anzutreffende Praxis, daß Sensoren in der Kompetenz von Meßtechnikern, der eigentliche informationsverarbeitende Teil dagegen in der Kompetenz von Steuerungstechnikern liegen, erfordert immer wieder individuelle Interfacelösungen, die im allgemeinen vom Anwender in Eigenleistung geschaffen werden müssen.

Es besteht natürlich ein ursächlicher Zusammenhang zwischen den genannten ungelösten Problemen der Sensortechnik und dem Entwicklungsstand der beteiligten Wissenschaftsgebiete. Der auf dem Gebiet der Sensortechnik gegenwärtig bestehende Widerspruch zwischen dem fortgeschrittenen Stand der Einzelwissenschaften und den unmittelbar praxiswirksamen Ergebnissen weist jedoch eindeutig auf ungelöste Probleme wissenschaftsorganisatorischer Art hin. Ihre Lösung erfordert es, Entwurf und Herstellung von Sensoren und Erkennungssystemen als Gemeinschaftsarbeit einer Vielzahl wissenschaftlicher und technischer Fachdisziplinen zu organisieren. In Tab. 1.4 sind einige dieser Fachdisziplinen mit den durch sie zu leistenden Beiträgen aufgeführt.

Tab. 1.4 Fachdisziplinen und durch sie zu leistende Beiträge für die interdisziplinäre Arbeit beim Entwurf von Sensoren und Erkennungssystemen

1	Prozeßgestaltung	Formulieren der Zielfunktionen des technischen Prozesses und der erforderlichen Teilziele
2	Mathematik	Mathematische Modellierung des technischen Prozesses
3	Steuerungstheorie und -technik	Bereitstellung von Steuerungskonzepten mit Einbeziehung von Sensoren bzw. Erkennungssystemen als periphere Subsysteme
4	Werkstoffwissenschaft	Erkundung der Eigenschaften von Konstruktionswerkstoffen und damit zusammenhängender physikalischer Größen für das Ankoppeln von Sensoren
5		Bereitstellung von Stoffsystemen für integrierte Sensorstrukturen
6	Meßtheorie und -technik	Bereitstellung mathematischer und technischer Verfahren zur Aufnahme von Meßgrößen und deren Verarbeitung zu Steuerworten
7	(Neuro-)-Physiologie	Erkundung von Struktur und Funktion biologischer Analysatoren
8	Bionik	Anwendung der Wirkprinzipien biologischer Analysatoren auf technische Erkennungssysteme und Sensoren
9	Mikroelektronik	Entwurf und Herstellung integrierter Sensorstrukturen
10		Bereitstellung modularer signalverarbeitender Strukturen für Erkennungssysteme und Steuerungen
11	Physik	Bereitstellung nichtelektrischer Subsysteme von integrierten Sensorstrukturen
12	Mikrorechentechnik	Bereitstellung modularer Software für signalverarbeitende mikroelektronische Strukturen
13	Konstruktionswissenschaft	Gewährleistung fertigungsreifer konstruktiver Lösungen von Erkennungssystemen und Sensoren einschließlich deren konstruktiver Abstimmung mit anderen Elementen des Einsatzprozesses

2. ENTWURFSGRUNDLAGEN FÜR ERKENNUNGSSYSTEME UND DEREN SENSOREN

2.1. Allgemeine Zielstellung

Aus der in Abschn. 1.3. getroffenen begrifflichen Festlegung, technische Alternativlösungen biologischer Analysatoren als Erkennungssysteme, technische Alternativlösungen der zu den Analysatoren gehörenden Rezeptoren dagegen als Sensoren zu bezeichnen, folgte, daß Sensoren ohne die Existenz übergeordneter Erkennungssysteme nicht praxiswirksam werden können. Der Entwurf von Sensoren muß daher als Bestandteil des Entwurfs von Erkennungssystemen gesehen und praktiziert werden. Aus diesem Grunde wird es auch als zweckmäßig erachtet, bei der Erarbeitung hierzu geeigneter Entwurfsgrundlagen vom Begriff "Erkennung" auszugehen. "Erkennung" wird heute ganz allgemein für Aufgaben angewandt, bei denen festzustellen ist, welcher von einer endlichen Anzahl vereinbarter Fälle vorliegt /2.1/.

Es ist üblich, die bei der Konzipierung des Erkennungsvorgangs zu vereinbarenden Fälle als Klassen zu bezeichnen. Die allgemeine Zielstellung dieses Hauptabschnittes, Entwurfsgrundlagen für Erkennungssysteme und deren Sensoren zu entwickeln, erfordert also Entwurfsgrundlagen für technische Systeme, die eine Zuordnung innerhalb einer endlichen Anzahl vereinbarter Klassen treffen. Hierbei müssen zwei Hauptaufgaben voneinander unterschieden werden. Sie sollen als

- Formulierung der Erkennungs-(Zuordnungs-)aufgabe und
- technische Umsetzung (Realisierung) der Erkennungs-(Zuordnungs-) aufgabe

bezeichnet werden. Hierfür wichtige Teilaufgaben sollen im folgenden dargestellt werden.

2.2. Entwurfsphasen

Beim Entwurf von Erkennungssystemen und deren Sensoren sind vier Phasen zu durchlaufen (Abb. 2.1). Von ihnen dienen die ersten drei der Formulierung, die vierte dagegen der technischen Umsetzung der Erkennungsaufgabe.

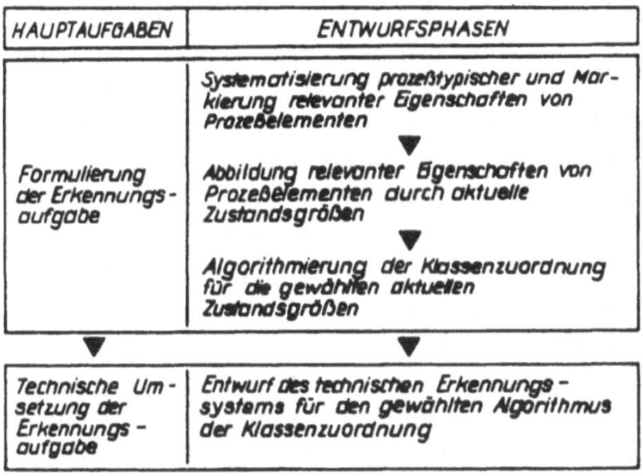

Abb. 2.1 Entwurfsphasen für Erkennungssysteme und deren Sensoren

2.2.1. Systematisierung prozeßtypischer und Markierung relevanter Eigenschaften von Prozeßelementen

Vereinbarungsgemäß werden Erkennungssysteme dann eingesetzt, wenn technische Prozeßabläufe über bestimmte Eigenschaften von Elementen des Prozesses einschließlich seiner Umwelt steuerbar sein sollen. Die erste Entwurfsphase dient daher der Beantwortung der Frage
"Welche Eigenschaften von Prozeßelementen sind prozeßtypisch und welche davon repräsentativ für die beabsichtigte Steuerung?"
Die Entwurfspraxis zeigt, daß dieser Phase noch zu wenig Aufmerksamkeit geschenkt wird. Häufig werden technische Forderungen an Erkennungssysteme formuliert, ohne daß hinreichend genaue Kenntnisse über den zu steuernden Prozeß vorliegen. Ursachen für diesen Mangel sind insbesondere
- eine nicht erfolgte oder nicht ausreichende Prozeßanalyse,
- theoretisch ungenügend geklärte Phasen des Prozeßablaufes und
- der unzureichende meßtechnische Nachweis von Funktionszusammen-

hängen des Prozeßablaufes, besonders unter Berücksichtigung von Fertigungstoleranzen bzw. Exemplarstreuungen der betrachteten Objekte.

Zuweilen ist allerdings eine verbesserte meßtechnische Erfassung von Funktionszusammenhängen des Prozesses erst mit Hilfe von Erkennungssystemen und damit verbundenen Steuerungen überhaupt möglich. In solchen Fällen kann die endgültige Konzeption des für den Prozeß optimalen Erkennungssystems nur schrittweise verwirklicht werden. So konnten beispielsweise bei Verbrennungsmotoren mit Hilfe sensorgeführter elektronischer Motorsteuerungssysteme wesentlich verbesserte Aussagen über funktionelle Zusammenhänge zwischen Zeitpunkt der Kraftstoffzufuhr, Zeitpunkt der Zündung des Kraftstoff-Luft-Gemisches, spezifischem Kraftstoffverbrauch, erreichbarem Drehmoment und Schadstoffemission gewonnen werden. Erst auf diese Weise war es dann auch möglich, Rückschlüsse zur Minimierung des Steuerungsaufwandes zu ziehen.

Für Klassen gleichartiger oder einander ähnlicher technischer Prozesse läßt sich immer eine Systematik der Eigenschaften angeben, die für Erkennungsaufgaben in Frage kommen bzw. deren Verwendbarkeit jeweils geprüft werden muß. Als Beispiel enthält Abb. 2.2 eine solche Systematik für Eigenschaften von Handhabeprozessen, deren Ablauf automatisiert werden soll /2.2/. Im Ergebnis der Untersuchung des Prozesses werden sich bestimmte der in der prozeßtypischen Systematik erfaßten Eigenschaften als relevant für die Erkennungsaufgabe erweisen, zum Beispiel die Eigenschaft "Lage" eines durch einen Industrierobotergreifer aufzunehmenden rotationssymmetrischen Teiles.

In der betrachteten Entwurfsphase sind damit zwei charakteristische Teilaufgaben zu lösen, nämlich

- die Systematisierung prozeßtypischer und
- die Markierung hiervon für die Erkennungsaufgabe relevanter Eigenschaften.

2.2.2. Die Abbildung relevanter Eigenschaften von Prozeßelementen durch aktuelle Zustandsgrößen

Die automatische Steuerung technischer Prozesse setzt voraus, daß geeignete Steuerfunktionen in Form logischer oder analytischer Beziehungen, gegebenenfalls auch als Wertetabelle, vorliegen. Prozeßspezifische unabhängige Variable solcher Steuer-

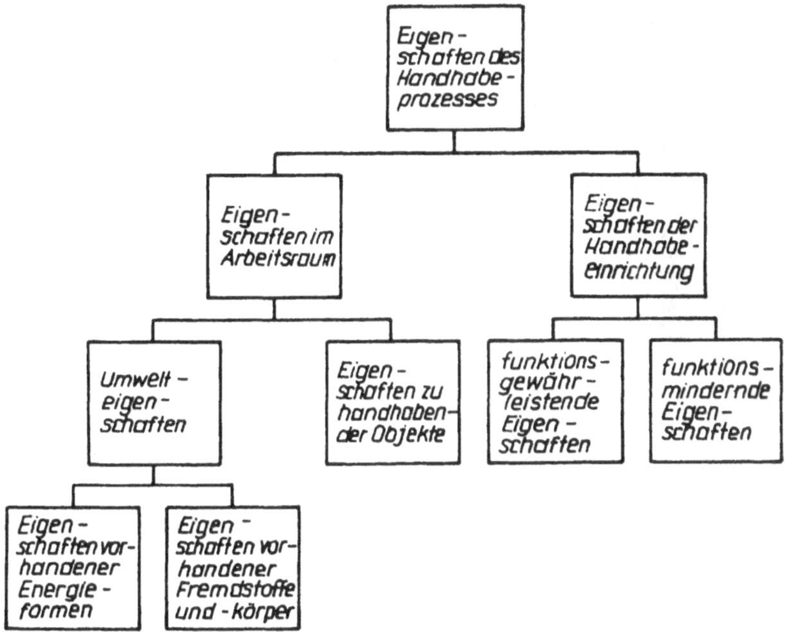

Abb. 2.2 Systematik der für Erkennungsaufgaben typischen Eigenschaften von Handhabeprozessen

funktionen sollen aktuelle Zustandsgrößen genannt werden. Häufig stellen jedoch als relevant markierte Eigenschaften von Prozeßelementen noch keine derartigen Größen dar. Die zweite Entwurfsphase dient dann der Beantwortung der Frage "Welche aktuellen Zustandsgrößen sind zur Beschreibung der als relevant markierten Eigenschaften geeignet?"

Ein typisches Beispiel hierfür bildet die in der Systematik nach Abb. 2.2 erfaßte Eigenschaft "Lage". Handelt es sich wie bei dem in Abschnitt 2.2.1. genannten Beispiel um die Lage eines rotationssymmetrischen Teiles, das mit einer seiner Stirnflächen auf einer Unterlage aufliegt, dann könnte die Beschreibung der Eigenschaft "Lage" dieses Teiles durch die beiden aktuellen Zustandsgrößen "x-Koordinate und y-Koordinate des Flächenschwerpunktes der Stirnfläche" erfolgen (Abb. 2.3a). Wäre dagegen das Teil von flacher, achsensymmetrischer Form, dann müßte zu den beiden genannten aktuellen Zustandsgrößen eine dritte hinzukommen, welche die Drehlage des Teiles um seinen Flächenschwerpunkt kennzeichnet (Abb. 2.3b).

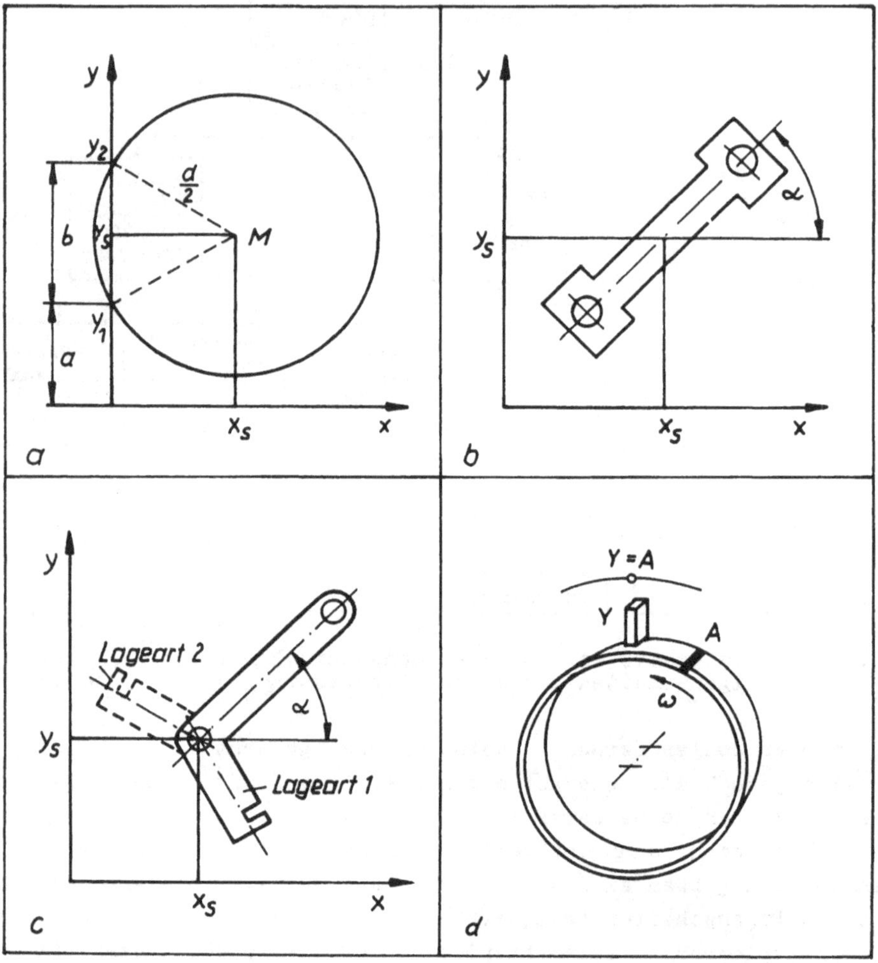

Abb. 2.3 Beispiele für aktuelle Zustandsgrößen zur Beschreibung der Eigenschaft "Lage"

a) rotationssymmetrisches Teil

b) achsensymmetrisches Teil

c) unregelmäßig geformtes Teil

d) Lage einer hergestellten Schweißverbindung an einem ringförmigen Teil

Bei einem unregelmäßig geformten flachen Teil nach Abb. 2.3c wäre eine Beschreibung der Eigenschaft "Lage" durch die vier aktuellen Zustandsgrößen x_0, y_0, α und Lageart möglich.

Wieder anders wäre zu verfahren, wenn beispielsweise bei einem durch Widerstandsschweißen geschlossenen Ring (Abb. 2.3d) an einer der nachfolgenden Bearbeitungsstationen über ein Erkennungssystem die Lage der Schweißverbindung identifiziert werden müßte. Ein Lösungsweg hierfür könnte darin bestehen, den Ring in Drehbewegung zu versetzen und so dessen Umfang einen fest angeordneten Sensor passieren zu lassen. Als aktuelle Zustandsgröße ließe sich eine binäre Größe Y wählen, die nachfolgender Vereinbarung genügt:

Zustand	Charakterisierung	log. Wert Y
1	Schweißverbindung A am Ort des Sensors nicht anwesend (log. Wert A = 0)	0
2	Schweißverbindung A am Ort des Sensors anwesend (log. Wert A = 1)	1

Für die gewählten aktuellen Zustandsgrößen müssen Anzahl und Bedeutung der erforderlichen Klassen vereinbart werden. Diese Aufgabe steht in engem Zusammenhang mit den unter Abschn. 2.2.3. genannten Erkennungsfällen.

2.2.3. Die Algorithmierung der Klassenzuordnung für die gewählten aktuellen Zustandsgrößen

Aktuelle Zustandsgrößen setzen voraus, daß an bestimmten Prozeßelementen hierfür geeignete Meßsignale gewonnen werden. Solche Meßsignale sollen als "Objektsignale" bezeichnet werden. In der Regel ist die für die aktuelle Zustandsgröße zu lösende Klassenzuordnung jedoch nicht auf die ausschließliche lineare Abbildung von Objektsignalen zu gründen, sondern erfordert die Verarbeitung gewonnener Objektsignale nach mathematischen bzw. logischen Algorithmen. Die dritte Phase des Entwurfs von Erkennungssystemen gilt daher der Frage "Aus welchen Objektsignalen und nach welchem Algorithmus sind die vereinbarten Klassen der gewünschten aktuellen Zustandsgröße gewinnbar?"

Für das Beispiel nach Abb. 2.3a sind die aktuellen Zustandsgrößen x_0 und y_0, die die Lage des Flächenschwerpunktes M des rotationssymmetrischen Teiles mit bekanntem Durchmesser d beschreiben sollen, aus den durch Objektsignale repräsentierbaren Werten $a = y_1$ und $b = y_2 - y_1$ berechenbar, und es ist

$$x_0 = \frac{1}{2}\sqrt{d^2 - b^2} \quad \text{und} \tag{2.1}$$
$$y_0 = a + \frac{b}{2} \, .$$

Die Abschnitte a und b sind durch einen längs der y-Achse angeordneten Liniensensor erfaßbar, dessen Auflösungsvermögen im Zusammenhang mit der Anzahl der Werteklassen gesehen werden muß, die für x_0 und y_0 vereinbart werden sollen.

Häufig sind für ein und dieselbe aktuelle Zustandsgröße mehrere Lösungen für den Algorithmus der Klassenzuordnung möglich. Ist beispielsweise von dem in Abb. 2.4a dargestellten Teil, dessen Lagefreiheitsgrade durch Anlaufen gegen einen Anschlag auf vier mögliche Drehlagen eingeschränkt werden, die Lageart festzustellen, so kann dies im einfachsten Falle auf der Grundlage von zwei entsprechend angeordneten Punktsensoren erfolgen (Abb. 2.4b). Aus den beispielsweise durch fotoelektrische Abtastung gewonnenen zwei binären Objektsignalen läßt sich die aktuelle Zustandsgröße "Lageart" auf einfache Weise als 2 Bit-Wort mit den vier Werteklassen $(y_1, y_2) = (1,1); (1,0); (0,1); (0,0)$ darstellen. Zu demselben Ziel kann man jedoch auch gelangen, wenn mittels einer TV-Kamera ein nur zwei Grauwerte benutzendes Fernsehbild des Teils aufgenommen wird, von dem zwei geeignet gewählte Zeilen ausgewertet werden (Abb. 2.4c). Dabei soll Vorhandensein des Teiles im Bildpunkt als Hoch-Pegel (H), Nichtvorhandensein als Tief-Pegel (T) ausgedrückt werden. Stellt man nun für jede Zeile die Länge des H-Pegels und den Versatz zwischen dem Beginn der H-Pegel beider Zeilen als längenproportionale Impulszahlen dar und vergleicht sie mit den für die vier Klassen gespeicherten Sollwerten auf größte Ähnlichkeit, so kann auf diese Weise die dazugehörige Klasse ermittelt werden. Gegenüber dem an erster Stelle genannten Verfahren ist diese Methode natürlich aufwendiger. Der größere Aufwand verleiht ihr jedoch eine höhere Flexibilität bei Änderungen der Teileform, da hierfür lediglich die geeigneten Bildzeilen für die Auswertung und die hierzu zu spei-

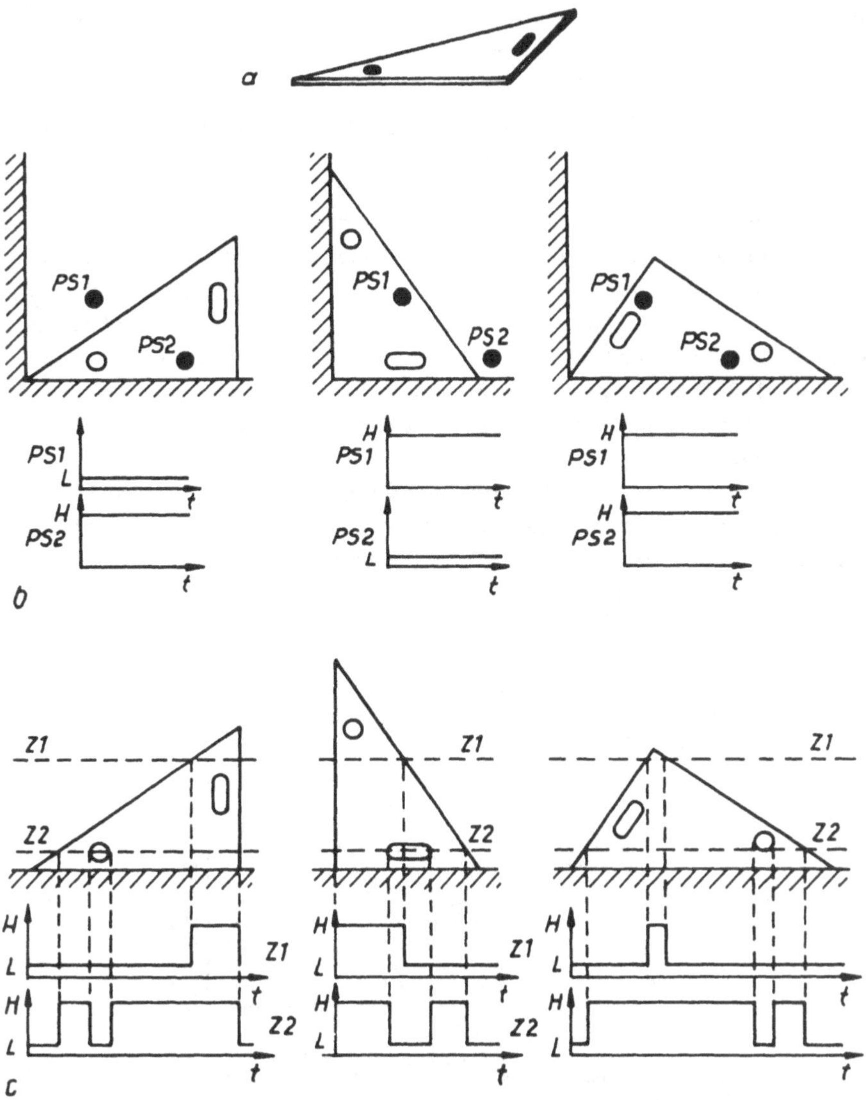

Abb. 2.4 Beispiele für unterschiedliche Algorithmen zur Bestimmung der Lageart eines Teiles

a) Ansicht des Teiles

b) Bestimmung der Lageart mit Objektsignalgewinnung durch Punktsensoren

c) Bestimmung der Lageart mit Objektsignalgewinnung durch TV-Kamera

chernden Impulszahl-Sollwerte neu festzulegen sind. Ergänzt werden muß noch, daß bei dieser Methode, ein hinreichend großes Bildfeld vorausgesetzt, der in Abb. 2.4c dargestellte senkrechte Anschlag auch entfallen kann. Das erstgenannte Verfahren benötigt dagegen in jedem Falle zwei Anschläge und ist nur für Teile mit einigen wenigen möglichen Drehlagen überschaubar. Die wissenschaftliche Fragestellung, wie auf rechnerischem Wege die Anordnung einer minimalen Anzahl von Punktsensoren mit binärem Ausgangssignal bestimmt werden kann, um eine bestimmte Anzahl möglicher Drehlagen eines Teiles voneinander zu unterscheiden, muß derzeit als ungelöst angesehen werden. Untersuchungen ergeben jedoch, daß für n voneinander zu unterscheidende geometrische Figuren minimal ld n und maximal n Punktsensoren erforderlich sein können.

Für Algorithmen der Klassenzuordnung ist bisher relativ wenig Systematisierungsarbeit geleistet worden. In grober Unterteilung sind hierzu jedoch fünf Schwierigkeitsgrade unterscheidbar. Sie sollen als Erkennungsfälle bezeichnet werden (Abb. 2.5) /2.3/.

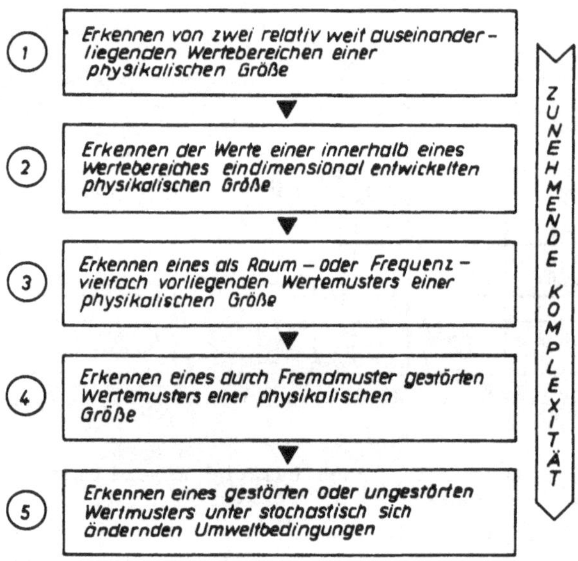

Abb. 2.5 Systematisierung von Erkennungsfällen

Erkennungsfall 1:

Die Klassenzuordnung (die Erkennung) beruht darauf, zwischen zwei Wertebereichen einer einzelnen, durch ein Objektsignal abgebildeten physikalischen Größe zu unterscheiden, die relativ weit auseinanderliegen.

Häufig läuft diese, auf einer Binärentscheidung beruhende Art der Erkennung darauf hinaus, die Anwesenheit oder Nichtanwesenheit eines Teiles, eines Stoffes oder von Energie in einem vorgegebenen Prüfvolumen zu signalisieren. Hierzu zählen beispielsweise

- das Signalisieren der Anwesenheit oder der Nichtanwesenheit eines zu handhabenden Teiles im Greifer eines Industrieroboters,
- das Signalisieren des Erreichens, Einnehmens oder Verlassens einer bestimmten Position oder
- das Signalisieren nicht erlaubter Lagen von Teilen.

Die Lösung solcher Erkennungsaufgaben bereitet im allgemeinen keine prinzipiellen Schwierigkeiten, sofern bei der Gewinnung der Objektsignale das Entstehen zweier deutlich voneinander unterscheidbarer Wertebereiche gewährleistet wird.

Erkennungsfall 2:

Die Klassenzuordnung beruht darauf, für eine oder mehrere durch Objektsignale abgebildete physikalische Größen die innerhalb eines vorgegebenen Wertebereiches eindimensional entwickelten Istwerte zu erfassen und nach mathematischen bzw. logischen Verfahren zu bewerten. Hierzu gehören Aufgaben wie beispielsweise das

- Messen und Bewerten von Temperatur-, Druck- oder Feuchtewerten an oder in Maschinenteilen bzw. in deren Umgebung,
- Messen und Bewerten der Greifkraft bei Industrierobotern,
- Messen und Bewerten von Verformungen an Maschinenteilen zur Gewährleistung ihrer mechanischen Stabilität oder zum Ausgleich von Positionsfehlern infolge von Verformungen und Schwingungen,
- Messen und Bewerten von Kräften bzw. Momenten beim automatischen Fügen von Teilen oder bei spanender Bearbeitung von Teilen sowie
- Unterscheiden verschiedenfarbiger Oberflächenpartien.

Für Erkennungsaufgaben dieser Art existieren, was die zu erfassenden physikalischen Größen selbst anbetrifft, die verschiedenartigsten Meß- und Verarbeitungsprinzipien. Die wesentliche und häufig komplizierte Aufgabe dieses Erkennungsfalles besteht jedoch darin, den Meßvorgang prozeßgerecht zu automatisieren. Betrifft diese Feststellung insbesondere die Eingangsseite des Erkennungssystems, so ist zur Ausgangsseite zu bemerken, daß bei einem großen Teil der diesem Erkennungsfall zuzurechnenden Erkennungsaufgaben im Endeffekt eine Zwei- bzw. Dreiklassenzuordnung ausreichend sind. Die Zweiklassenzuordnung entspricht dabei den Entscheidungen "Sollwert nicht erreicht"/ "Sollwert erreicht" und die Dreiklassenordnung den Entscheidungen "Sollbereich unterschritten"/ "Sollbereich erreicht"/ "Sollbereich überschritten".

Erkennungsfall 3:
Die Klassenzuordnung beruht darauf, mehrdimensional entwickelte physikalische Größen als Objektsignale abzubilden und neben der Informationsbewertung an einzelnen Koordinatenpunkten insbesondere Beziehungen zwischen den Informationen unterschiedlicher Koordinatenpunkte auszuwerten.

Häufig liegen solche "Wertemuster" im Raumvielfach vor. Das Erfassen und Auswerten solcher Wertemuster ist typisch für Aufgaben wie beispielsweise

- das Erkennen der Identität eines Teiles an bestimmten Formmerkmalen,
- das Erkennen der Lage eines Teiles in einem Bezugssystem für Beschickungs-, Bearbeitungs- oder Montagezwecke,
- das Erkennen von Bearbeitungszuständen der Oberfläche eines Teiles.

Das Wertemuster kann auch in einer vom Raumvielfach abweichenden Form vorliegen, zum Beispiel als Frequenzvielfach bei der Analyse von provozierten oder betriebsbedingt vorhandenen Geräuschen. Eine solche Analyse ist beispielsweise erforderlich

- bei der automatisierten Güteprüfung von Keramik-, Glas- oder Prozellanerzeugnissen durch Anschlagen,
- bei der automatisierten Güteprüfung oder der Betriebsüberwachung von Verbrennungs- oder Elektromotoren /2.4/ bzw. von Getrieben /2.5/ oder
- bei der automatisierten Justage von akustischen Signalgebern.

Das Erkennen von Wertemustern ist aus zwei Gründen problematisch. Hinsichtlich der Signalgewinnung besteht die Problematik vor allem in der funktionssicheren Automatisierung des erforderlichen Abtastvorganges. Für die Signalverarbeitung dagegen liegen die Probleme darin, die dem Wertemuster eigene große Informationsmenge auf einige wenige signifikante Merkmale zu reduzieren, die es erlauben, das erfaßte Wertemuster vereinbarten Vergleichsmustern (Klassen) zuzuordnen.

Erkennungsfall 4:
Die Klassenzuordnung beruht darauf, Wertemuster auszuwerten, die infolge teilweiser Überdeckung durch Fremdmuster nicht vollständig erfaßbar sind.

Eine solche "Szenenanalyse" ist zum Beispiel immer erforderlich

- beim Erkennen ungeordnet gelagerter, sich teilweise überdeckender Teile zum Zwecke ihrer automatisierten Aufnahme oder
- für das Erkennen der gegenseitigen Lage gefügter Teile bei Montageprozessen.

Szenenanalysen erfordern es, falls nicht die Erkennungsaufgabe durch Vereinzeln der Teile auf eine solche des Erkennungsfeldes 3 zurückgeführt wird,

- das die Szene repräsentierende Wertemuster in die Wertemuster einzelner Objekte aufzulösen und
- jeweils das Wertemuster eines Objektes als Nutzereignis zu favorisieren.

Gegenüber den vorgelagerten Erkennungsfällen ist schon die Lösung des Erkennungsfalls 3 geräte- und programmtechnisch aufwendig. Im Vergleich hierzu erfordern der Erkennungsfall 4 sowie der diesem noch nachzuordnende Erkennungsfall 5 eine nochmalige erhebliche Erweiterung des Umfangs, insbesondere des der Software. Für diese beiden Erkennungsfälle spielen maschineninterne logische Entscheidungen über den für den Einzelfall zeitoptimalen Funktionsablauf eine ausschlaggebende Rolle. Im Gegensatz zu dem oftmals etwas leichtfertigen Gebrauch des Wortes "intelligent" für implementierte Signalverarbeitung schlechthin ist hierfür "künstlische Intelligenz" im Sinne schneller Entscheidungsfähigkeit zwischen einer Vielzahl möglicher Reaktionen sowie im Sinne der Berücksichtigung positiver und negativer Erfahrungen die entscheidende Voraussetzung.

Erkennungsfall 5:

Die Klassenzuordnung beruht darauf, gestörte oder ungestörte Wertemuster unter Umweltbedingungen zu erfassen, die sich stochastisch ändern können.

Verhältnisse solcher Art können zum Beispiel vorliegen

- bei Robotern für bergbautechnische Arbeiten,
- bei mobilen Robotern für bedienerlose Produktionsabschnitte oder
- bei Verkehrssicherheitssystemen in Fahrzeugen.

Typisch für diesen Einsatzfall ist, daß durch die Beweglichkeit der mit derartigen Erkennungssystemen ausgerüsteten Maschinen der Gewährleistung der Sicherheit für die Maschine selbst sowie für Objekte der Umwelt einschließlich beteiligter Menschen besondere Bedeutung zukommt.

2.2.4. Die technische Realisierung des gewählten Algorithmus

Kommt den ersten drei Entwurfsphasen die Formulierung der Erkennungsaufgabe zu, so dient die vierte und häufig umfangreichste Entwurfsphase deren Lösung. Mit ihr ist die Frage zu beantworten "Wie ist der gewählte Algorithmus der Klassenzuordnung geräte- und programmtechnisch realisierbar?"

Hinsichtlich der gerätetechnischen Realisierung müssen dazu zwei Teilfragen beantwortet werden:

- Welche gerätetechnische Funktion ist beabsichtigt?
- Mit welchen Bauteilen soll die beabsichtigte gerätetechnische Funktion konstruktiv realisiert werden?

Für die konstruktive Realisierung von Erkennungssystemen oder von Teilen desselben sind drei Hauptwege denkbar (Abb. 2.6). Sie betreffen:

- Die Realisierung mit handelsüblichen Standardbaugruppen bzw. -geräten. Dieser Weg ist derzeit gehbar, wenn keine Ansprüche an den Grad der funktionellen Integration und keine speziellen Forderungen, beispielsweise hinsichtlich einer besonders flachen Bauweise eines Sensors, bestehen. Auf einige Sortimente hierfür wird in Abschn. 4. verwiesen.
- Die Realisierung als individuelle Eigenkonstruktion. Dieser Weg muß beispielsweise dann beschritten werden, wenn eine Sensorlösung zwar keinen hohen Integrationsgrad erfordert, besondere

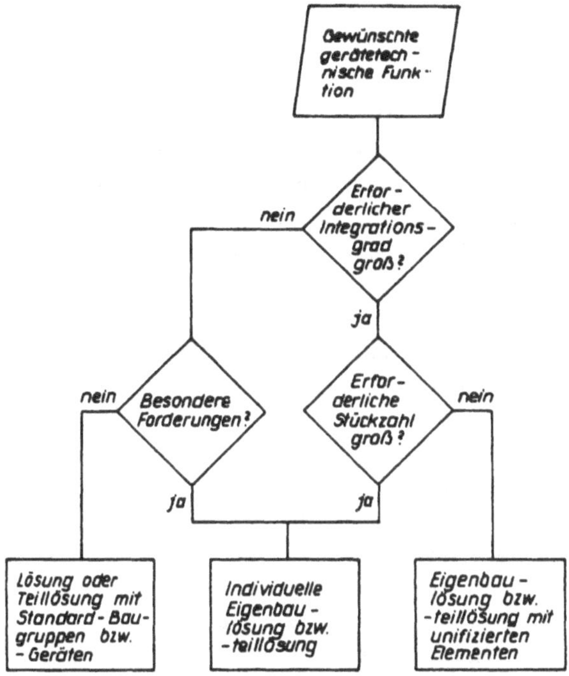

Abb. 2.6 Wege der konstruktiven Realisierung von Erkennungssystemen bzw. von Teilen derselben und Entscheidungskriterien hierfür

konstruktive Gegebenheiten jedoch die Verwendung handelsüblicher Kaufteile ausschließen. Er ist auch für den Fall geboten, daß höherintegrierte Lösungen für Sensoren oder komplette Erkennungssysteme in Serienerzeugnisse eingehen, die in großen Stückzahlen produziert werden sollen. Wenn zum Beispiel ein für Stellzwecke vorgesehener Elektromotor serienmäßig mit einem funktionell integrierten System für die Erkennung der relativen Lage zwischen Rotor und Stator auszurüsten ist, so empfiehlt es sich, den kompletten Stellmotor als in sich geschlossene konstruktive Lösung zu entwickeln und zu fertigen.

- Die Realisierung als Eigenkonstruktion auf der Grundlage unifizierter und zentral gefertigter Bauteile. Höher integrierte Sensoren bzw. Erkennungssysteme für Maschinen, Geräte oder Anlagen zur Produktionsrationalisierung zeichnen sich häufig durch stark erzeugnisspezifische Ausführung und kleine Stückzahlen aus. Solche Merkmale verbieten es, hierfür in großem Umfang die Entwicklung individueller Eigenkonstruktionen zu betreiben. Es ist jedoch auch nicht zu erwarten, daß die auf Serienfertigung orientierte Meßgeräteindustrie für solche Fälle komplette Lösungen bereitstellt. Der genannte dritte Hauptweg der konstruktiven Realisierung von Erkennungssystemen und deren Sensoren stellt den für die ökonomische Lebensfähigkeit derartiger Systeme entscheidenden Kompromiß zwischen den beiden anderen Hauptwegen dar.

Sein Hauptmerkmal ist es, durch Unifizierung häufig benötigter Details von Erkennungssystemen bzw. Sensoren und eine darauf gegründete zentralisierte Fertigung entsprechender Konstruktionsteile deren Wiederverwendbarkeit, Austauschbarkeit und Kombinierbarkeit zu gewährleisten.

Das darin zum Ausdruck kommende Prinzip ist Grundlage jeder technischen Standardisierung und daher nicht neu. Seine Aktualität besteht jedoch in der zu lösenden Anwendung auf ein Arbeitsfeld, das in bisher nicht gekanntem Maße die arbeitsteilige Zusammenarbeit einer Vielzahl verschiedenster wissenschaftlicher, technischer und ökonomischer Disziplinen bedingt (s. hierzu auch Abschn. 1.4.). Die weiteren Ausführungen zu Entwurfsgrundlagen für Erkennungssysteme und deren Sensoren sind darauf gerichtet, Systematisierungsarbeit für diese Aufgabe zu leisten.

2.3. Systematisierung der Entwurfsarbeit

2.3.1. Systemcharakter der Problemlösung

Die in Abschn. 1.1. genannten, für Informationstechnik in technischen Hilfsmitteln charakteristischen vier Gruppen von Funktionsmechanismen lassen sich in ihrem Zusammenwirken mit dem zu automatisierenden technischen Prozeß als Bestandteile eines Regelkreises auffassen (Abb. 2.7). Mit der in Abb. 2.7 gewählten Struktur soll keine Zuordnung hinsichtlich konstruktiv selbständiger Einheiten getroffen werden. Die Elemente repräsentieren vielmehr Funktionsebenen, in denen für das Mensch-Maschine-System typische Teilaufgaben gelöst werden. Inwieweit mehrere dieser Funktionsebenen oder Teile derselben als konstruktive Einheit realisiert werden, hängt sowohl von der Art des zu automatisierenden technischen Prozesses als auch vom Stand der Technik ab. So wird beispielsweise die Baugruppe "Steuerung" eines Industrieroboters im allgemeinen nicht ausschließlich die Steuerebene im Sinne der Abb. 2.7 verkörpern, sondern gleicherweise die gerätetechnischen Bestandteile der Abbildungsebene für fixe Zustandsgrößen, sowie von Teilen der Abbildungsebene für aktuelle Zustandsgrößen und der Entscheidungsebene enthalten. Aufgabe der in Abb. 2.7 dargestellten Struktur soll es insbesondere sein,

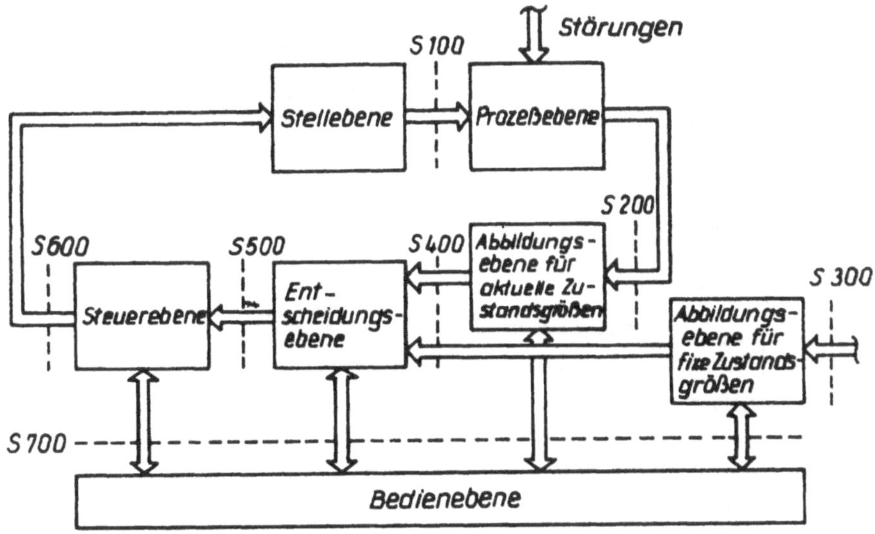

Abb. 2.7 Schema zum Zusammenwirken von Funktionsebenen bei der automatischen Steuerung eines technischen Prozesses

für die Entwurfspraxis sinnvolle Hauptschnittstellen zu fixieren und damit erste Ansatzpunkte für die Unifizierung informationeller, energetischer und stofflicher Verbindungen zu gewinnen. Mit der gewählten Bezeichnung gilt die Aussage:

Erkennungssysteme sind technische Repräsentanten der Abbildungsebene für aktuelle Zustandsgrößen. Sie sind über die Schnittstelle S 200 unmittelbar mit dem zu steuernden Prozeß und über die Schnittstelle S 400 mit der Entscheidungsebene als Träger "künstlicher Intelligenz", bei deren Fehlen mit der Steuerebene (S 400 ≡ S 500) gekoppelt.

2.3.2. Das allgemeine Wirkprinzip des Erkennungssystems

Für weiterführende Vereinbarungen innerhalb der Hauptschnittstellen S 200 und S 400 ist die Erkenntnis von Bedeutung, daß ein allgemeingültiges Wirkprinzip des Erkennungssystems formulierbar ist. Es läßt sich wie folgt fassen (Abb. 2.8):

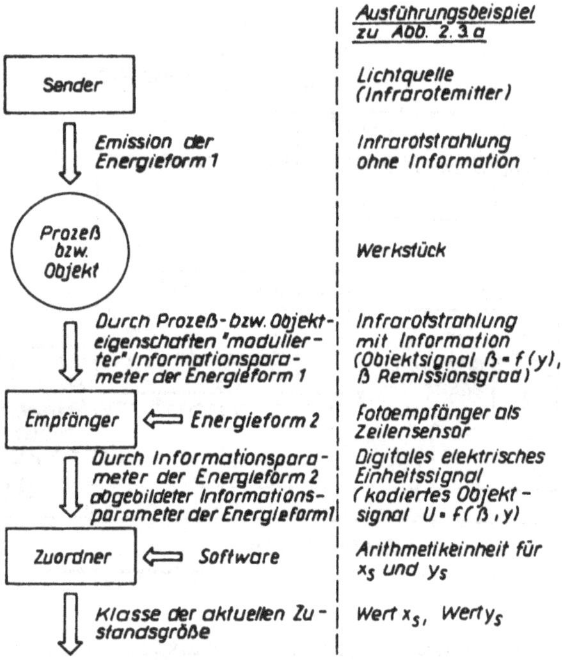

Abb. 2.8 Schema zum allgemeinen Wirkprinzip des Erkennungssystems mit Ausführungsbeispiel zu Abb. 2.3a

Ein Sender emittiert einen Energie- oder energietransportierenden Stofffluß mit vollständig, zumindest jedoch teilweise bekannten Eigenschaften (Energieform 1). Er wird mit geeigneten Mitteln zu dem für die Gewinnung von Objektsignalen interessierenden Prozeßelement[1] geleitet. Bestimmte bekannte Eigenschaf-

1) Für das Prozeßelement ist auch die Bezeichnung "Objekt" üblich.

ten der Energieform 1 werden über Wechselwirkungen mit Eigenschaften des interessierenden Prozeßelements in gesetzmäßiger Weise verändert. Die auf diese Weise zum Informationsträger gewordene und durch bestimmte "Objektsignale" repräsentierte Energie wird über geeignete Mittel einem Empfänger zugeleitet. Im Empfangswandler erfolgt nach einem bestimmten Regime, das durch eine Betriebsschaltung vorgegeben wird, die Übernahme der Information auf eine Energieform (Energieform 2), die für die weitere Behandlung erfaßter Informationen besonders geeignet ist. Hierfür kommt der elektrischen Energie mit den durch die Mikroelektronik gebotenen Möglichkeiten besondere Bedeutung zu. Die bei diesem Vorgang entstehenden "kodierten Objektsignale" stellen im allgemeinen natürliche Abbildungssignale dar, deren Eigenschaften durch die Spezifik des gewählten Empfangswandlers und dessen Betriebsregime bestimmt werden. Die Vielfalt der dabei prinzipbedingt möglichen Signalformen spricht dafür, das gewonnene natürliche Abbildungssignal in einem Signalwandler zunächst auf ein (beispielsweise für die Industrierobotertechnik) geeignetes Einheitssignal abzubilden. Ein solches, als Einheitssignal kodiertes Objektsignal erleichtert den Einsatz standardisierter Hardware für die durch den Verarbeitungsalgorithmus vorgeschriebenen weiteren Prozeduren. Sie gründen sich darauf, daß für den interessierenden Wertevorrat der aktuellen Zustandsgrößen eine Anzahl von Klassen mit für sie charakteristischen Merkmalen vereinbart und gespeichert werden. Die einem Zuordner zugeführten kodierten Objektsignale werden nach dem Vorhandensein solcher Merkmale analysiert (1. Zuordnungsschritt), so daß nach Vergleichen mit den gespeicherten Merkmalen die Zuweisung der entsprechenden Klasse (2. Zuordnungsschritt), repräsentiert durch ein Klassensignal, erfolgen kann.

2.3.3. Struktur und Elemente von Erkennungssystemen

Das formulierte allgemeine Wirkprinzip ermöglicht es, funktionsorientierte allgemeingültige Aussagen zur Struktur und zu den Elementen von Erkennungssystemen zu treffen.

Die aus Unifizierungsgründen als sinnvoll erachtete Gewinnung von kodierten Objektsignalen in Form geeigneter Einheitssignale führt auf die in Abb. 2.9 dargestellte, auf zwei Hauptelemente orientierte Grobstruktur des Erkennungssystems. Hierzu soll vereinbart werden,

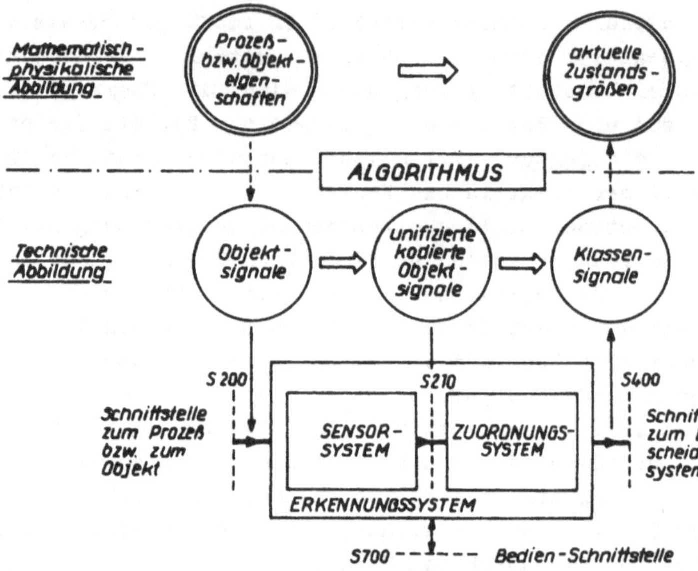

Abb. 2.9 Grobstruktur des Erkennungssystems mit schematischer Darstellung der Beziehungen zwischen mathematisch-physikalischer und technischer Abbildung

- den zwischen der Hauptschnittstelle S 200 und der neu eingeführten Schnittstelle S 210 liegenden Funktionsteil des Erkennungssystems als "Sensorsystem" und
- den zwischen der Schnittstelle S 210 und der Hauptschnittstelle S 400 liegenden Funktionsteil des Erkennungssystems als "Zuordnungssystem"

zu bezeichnen. Mit dieser Vereinbarung gilt nun für die beiden Hauptelemente des Erkennungssystems:

- Das Sensorsystem verkörpert die Gesamtheit der Hard- und Software für die Abbildung (Gewinnung und Wandlung) von Objektsignalen auf unifizierte kodierte Objektsignale.
- Das Zuordnungssystem verkörpert die Gesamtheit der Hard- und Software für die Verarbeitung unifizierter kodierter Objektsignale zu Klassensignalen.

Für eine feinere Strukturierung des Sensorsystems sind folgende Details wichtig:

- Die Bereitstellung der Energieform 1 als Energie- bzw. energietransportierenden Stofffluß kann im Einzelfall durch das Meßobjekt selbst, durch dessen Umwelt oder auch durch das Sensorsystem erfolgen. Soll beispielsweise die Schnittkraft eines spanenden Werkzeuges meßtechnisch erfaßt werden, so wird die Energieform 1 als mechanische Energie durch die Bearbeitungseinrichtung geliefert. Ein für einen Fügeprozeß erwärmtes Teil, dessen relative Lage zu einem anderen Teil einer Fügepaarung erfaßt werden soll, wird für die Objektsignalgewinnung nutzbare elektromagnetische Strahlung im Infrarotgebiet aussenden. Optoelektronische Abtastungen von Objekten können im Einzelfall bei normaler Raumbeleuchtung möglich sein, so daß in diesem Falle die Energieform 1 aus der Umwelt des Meßobjektes bereitgestellt wird. Gerade diese Form der Gewinnung von Objektsignalen erfordert jedoch häufig definiertere Beleuchtungsbedingungen, die zur Bereitstellung der erforderlichen Lichtenergie durch das Sensorsystem zwingen. Für den allgemeinen Fall muß daher angenommen werden, daß sich das vollständige Sensorsystem aus einem Sender- und einem Empfängerteil zusammensetzt. Sender- und Empfängerteil können eine konstruktive Einheit bilden, jedoch auch als gerätetechnisch getrennte Baugruppen vorliegen.
- Die Bereitstellung der Energieform 1 durch das Sensorsystem erfordert innerhalb des Senderteils Mittel zu einer an die verfügbare Hilfsenergieform angepaßten Energieformwandlung (Sendewandler) und gegebenenfalls weitere Mittel zur Steuerung der Energieformwandlung (Steuergenerator) sowie zur Vermittlung des Energie- oder Stoffflusses an das Meßobjekt (Vermittler).
- Auch der Empfängerteil des Sensorsystems erfordert Mittel zur Umformung der das Objektsignal tragenden Energieform 1 in die das kodierte Objektsignal tragenden Energieform 2 (Empfangswandler). Weitere Mittel sind notwendig zur Vorgabe des Betriebsregimes der empfängerseitigen Energieformwandlung (Betriebsschaltung) sowie zur Signalwandlung auf die geforderten unifizierten kodierten Objektsignale (Signalwandler). Gegebenenfalls sind schließlich auch im Empfängerteil Mittel erforderlich, um die informationstragende Energie vom Meßobjekt zum Empfangswandler zu leiten (Vermittler).

Aus den dargestellten Details folgt die in Abb. 2.10 angegebene feinere Strukturierung des Sensorsystems. In der Darstellung wird lediglich die Richtung des Energie- bzw. des Informationsflusses berücksichtigt, nicht die Gesamtheit der für die Gewährleistung des Informationsflusses erforderlichen Signale.

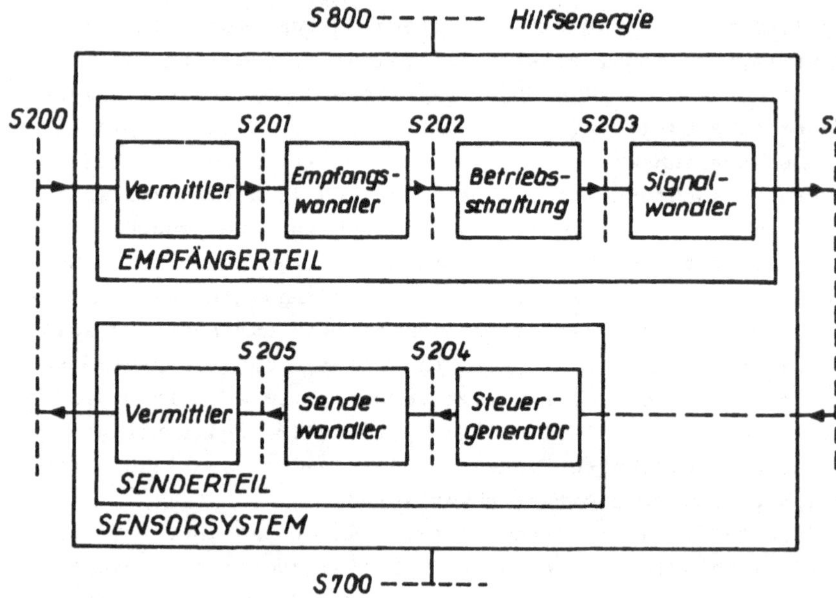

Abb. 2.10 Verfeinerte Struktur des Sensorsystems

Tab. 2.1 soll einen Überblick zu Formen von Energie- bzw. energietransportierenden Stoffflüssen geben, die für die Gewinnung von Objektsignalen genutzt werden können. Realisierungsformen für Elemente des Sensorsystems enthält Tab. 2.2 (siehe Anhang).

Für eine feinere Strukturierung des Signalverarbeitungssystems soll hier lediglich berücksichtigt werden, daß es als wesentliche Bestandteile den Analysator und den Klassifikator enthält (Abb. 2.10), wobei letzterer ein- oder mehrstufig ausgeführt sein kann. Auf dem Gebiet der digitalen signalverarbeitenden Systeme und der Umsetzer wird durch die Bauelemente- und die

Tab. 2.1 Übersicht zu Formen von Energie- bzw. energietransportierenden Stoffflüssen für die Gewinnung von Objektsignalen

MECHANISCHE ENERGIE				
als potentielle Energie	als kinetische Energie	als mechanische Feldenergie		
		im Infraschall-Bereich	im Hörschall-Bereich	im Ultraschall Bereich
MAGNETISCHE (FELD) ENERGIE				
ELEKTRISCHE ENERGIE				
als elektrostatische Feldenergie	als elektrodynamische Feldenergie			
THERMISCHE ENERGIE				
über Wärmeleitung	über Wärmekonvektion	(als Infrarot-Strahlung)		
ELEKTROMAGNETISCHE ENERGIE				
im Funkwellen-Bereich	im Infrarot-Bereich	im sichtbaren Bereich	im Ultraviolett Bereich	im Bereich der Röntgenstrahlung
BINDUNGSENERGIE				
als γ-Strahlung	als Korpuskularstrahlung			
CHEMISCHE BINDUNGSENERGIE				
im Zusammenhang mit Gasmolekülen	im Zusammenhang mit Lösungsmolekülen			
ENERGIETRANSPORT DURCH STOFFSTRÖME				
durch Gasströme (Fluide)	durch Flüssigkeitsströme			

Geräteindustrie intensiv an universell einsetzbarer Hardware gearbeitet. Erfordernisse zur Unifizierung bestehen jedoch auf dem Gebiet der Verarbeitungsalgorithmen und der daraus resultierenden Anwendersoftware.

Ergänzend sei auf einige Beziehungen zwischen dem gewählten Schnittstellenkonzept und im Gebrauch befindlichen Begriffen hingewiesen.

Die Bezeichnung "Sensorsystem" für den Funktionsbereich zwischen den Schnittstellen S 200 und S 210 wurde gewählt, um damit einen Sammelbegriff für die Vielfalt möglicher gerätetechnischer Umsetzungen dieses Funktionsbereiches zu schaffen. Solche Möglichkeiten sind beispielsweise:

- Die Umsetzung als sogenannter Punkt-Sensor für die Erfassung einer Einzelinformation an einem Meßpunkt, zum Beispiel in Form eines als selbständige gerätetechnische Einheit vorliegenden optoelektronischen Reflexkopplers.
- Die Umsetzung als Anordnung mit mehreren solcher Punkt-Sensoren zur Informationsgewinnung an mehreren räumlich verteilten Meßpunkten, zum Beispiel in Form eines Industrieroboter-Greifers mit Berührungssensoren in den Greifflächen.
- Die Umsetzung als Zeilen-Sensor, zum Beispiel als optisches Bildaufnahmesystem, bestehend aus den gerätetechnischen Baugruppen Beleuchtungseinrichtung (Senderteil) und Kamera mit integrierter Bildwandlerzeile einschließlich elektronischer Ansteuerung und Bildaufbereitung (Empfängerteil).
- Die Umsetzung als Mehrfach-Sensor für die Erfassung mehrerer Meßgrößen auf eng begrenztem Raum.

Von der Benennung in Abb. 2.10 abweichende Bezeichnungen werden in /1.4/ benutzt. Dort werden bezeichnet: der Funktionsbereich S 200/S 201 als Aufnehmer, S 201/S 202 als Geber, S 202/S 210 als Wandler und zusammenfassend die Funktionsbereiche S 200/S 202 als Sensor, Meßfühler, Transducer und S 200/S 210 als Meßumformer, Transmitter. Für einen gerätetechnisch ausgeführten einsatzbereiten Sensor werden die Bezeichnungen Sonde oder Meßsonde gebraucht.

Die Entwicklung der Mikroelektronik hat es ermöglicht, energieformwandelnde Elemente mit Teilen der für Erkennungssysteme typischen Elektronik funktionell zu integrieren. Im Zusammenhang mit dieser Entwicklung entstand der Begriff des "Sensors im Sinne der Bauelementeindustrie" als Bezeichnung für integrierte Schaltungen (Schaltkreise) mit nichtelektrischen Steuereingängen. Für solche Elemente ist auch die Bezeichnung "Elementarsensor" gebräuchlich.

Im Gegensatz zu dem durch den Funktionsbereich S 200/S 210 abgegrenzten Begriff des Sensorsystems ist dieser Sensorbegriff als Folge der sich weiterentwickelnden Integration vieldeutiger. So gibt es entsprechende Bauelemente, die die Funktionsbereiche

S 201/S 202, S 201/S 203 bzw. S 201/S 210 umfassen und zum Teil sogar Funktionen des zwischen den Schnittstellen S 210 und S 400 gelegenen Zuordnungssystems einschließen. Letztere werden aus diesem Grunde häufig als "intelligente Sensoren" bezeichnet.

Die genannten Beispiele für Begriffsbildungen sollen verdeutlichen, daß dem bloßen Begriff "Sensor" derzeit kein eindeutiger Funktionsumfang zuordenbar ist. Bei künftigen Standardisierungsvorhaben wird daher umfangreiche Abstimmungsarbeit zu begrifflichen Festlegungen zu leisten sein. Jedoch sind Ergebnisse hierzu nicht Voraussetzung für die Unifizierung gerätetechnischer Details von Erkennungssystemen und deren Sensorsystemen, Unifizierungsarbeiten müssen sich vielmehr auf ein allgemeingültiges Schnittstellenkonzept gründen. Seine Vereinbarung stellt die wesentliche Voraussetzung für die arbeitsteilige Lösung von Erkennungssystemen selbst bzw. von Geräten, Maschinen und Anlagen mit Erkennungssystemen dar.

2.3.4. Klassifikationsmerkmale für Schnittstellen von Sensor- und Erkennungssystemen

Klassifikation verfolgt immer das Ziel, eine Menge von Ereignissen so zu ordnen, daß aus der Ordnung allgemeingültige Aussagen zu bestimmten Fragestellungen ableitbar sind. Sie ist also stets zweckgebunden und daher auch zweckentsprechend zu wählen. Beispiele für entsprechende Klassifikationen sind in /1.4/ enthalten.

Die hier interessierende Fragestellung ist die nach der Unifizierbarkeit häufig vorkommender Details von Sensor- und Erkennungssystemen.

> Unifizierung bedeutet, <u>zwischen</u> bestimmten Schnitt-(Verbindungs-)stellen solche <u>Verhältnisse</u> zu realisieren, daß <u>an</u> den Schnittstellen vereinbarte Eigenschaften vorliegen. Unifizierung von Schnittstellen ist dabei gleichbedeutend mit Standardinterface-Gestaltung.

Aus der getroffenen Feststellung resultiert die Forderung, einen Weg der Klassifikation zu wählen, der bei der Schnittstellengestaltung zu lösende Teilaufgaben verdeutlicht.

Ein reales Erkennungssystem ist mit seiner Umwelt (Prozeß bzw. übergeordnetes technisches System bzw. Umgebung) und seine Bestandteile sind miteinander über drei Arten von Verbindungen

gekoppelt /2.6/. Diese sind
- informationelle Verbindungen zur Übertragung von Informationen,
- energetische Verbindungen zur Übertragung von Hilfsenergie sowie
- stoffliche Verbindungen zur mechanischen Kopplung.

Es wird als zweckmäßig erachtet, der beabsichtigten Klassifikation diese Kopplungen zugrunde zu legen (Tab. 2.3, siehe Anhang).

Zum Gebrauch des in Tab. 2.3 niedergelegten Klassifikationsschemas sei vermerkt:
- Das Klassifikationsschema ist sowohl für das Beschreiben einzelner Schnittstellen als auch für das Beschreiben des Sensorsystems oder des Erkennungssystems als Gesamtheit geeignet.
- Nicht alle genannten Klassifikationsmerkmale sind für jede Schnittstelle von Bedeutung.
- Für die Charakterisierung eines Sensor- oder eines Erkennungssystems wird häufig eine Auswahl von wenigen Klassifikationsmerkmalen ausreichend sein. Eine solche Vorgehensweise wurde auch bisher bereits geübt. Das niedergelegte Klassifikationsschema erlaubt es nunmehr, systematischer vorzugehen und eine objektivere Einordnung vorzunehmen. Außerdem ist es damit möglich, die Anzahl der verwendeten Merkmale nach Bedarf zu erweitern.

2.3.5. Kenngrößen zur quantitativen Beschreibung von Sensor- und Erkennungssystemen

Die in Abschn. 2.3.4. erläuterte Unifizierungsaufgabe erfordert Kenngrößen, die Aussagen ermöglichen
- zu Anschlußeigenschaften <u>an</u> bestimmten Schnittstellen oder
- zu Übertragungseigenschaften <u>zwischen</u> bestimmten Schnittstellen.

Die Tab. 2.4 (siehe Anhang) enthält eine geordnete Aufstellung solcher Kenngrößen, wobei sowohl Kenngrößen funktioneller als auch konstruktiver Art berücksichtigt werden. Eine ausführliche Darstellung der Eigenschaften von Meßsystemen, der für sie bestehenden Beschreibungsmöglichkeiten und der für sie geltenden Vorschriften wird in /2.7/ geboten.

2.3.6. Zur Systematisierung der Lösungswege für Sensorsysteme

Der an der technischen Realisierung eines Sensorsystems interessierte Anwender wird bei der Wahl des Lösungsweges davon ausgehen, an welche Energieform 1 die Gewinnung des Objektsignals gebunden sein soll und in welcher Energieform 2 das kodierte Objektsignal vorliegen muß. Eine auf die Entwurfspraxis zugeschnittene Systematisierung möglicher Lösungswege sollte daher von den technisch bedeutsamen Variationen der Energieformen 1 und 2 bzw. der sie begleitenden Stoffströme ausgehen (Abb. 2.11).

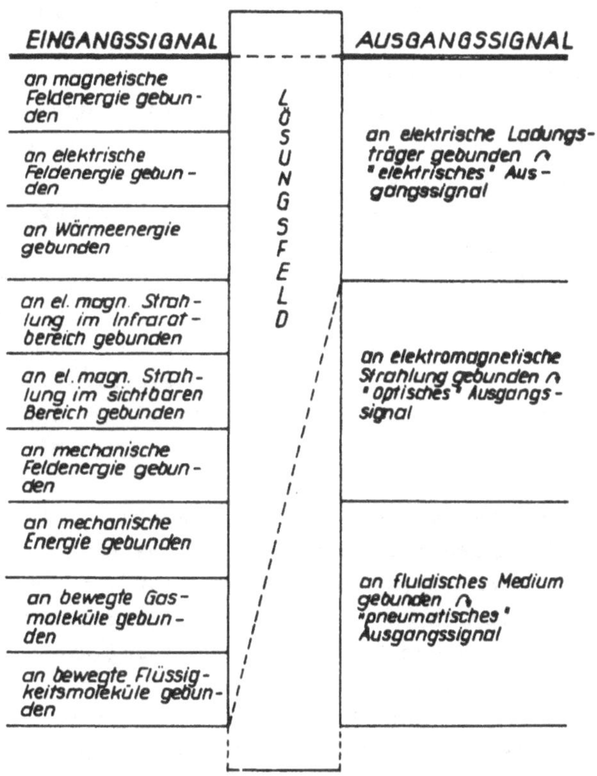

Abb. 2.11 Ordnungsschema für Sensorsysteme, bezogen auf Energieformmerkmale ihrer Ein- und Ausgangssignale

Von der durch die Abb. 2.11 umschriebenen Menge der Lösungswege sollen im weiteren Verlauf des Buches Sensorsysteme mit elektrischem Ausgangssignal näher betrachtet werden (in Abb. 2.11 durch Strichlinien gekennzeichnet).

Bei der funktionssystematischen Behandlung von Sensorsystemen mit elektrischem Ausgangssignal empfiehlt es sich, drei Komplexen besondere Beachtung zu schenken. Es sind dies

- die Abbildung nichtelektrischer auf elektrische Größenarten (die Funktionsbereiche S 204/S 200 und S 200/S 202 umfassend)
- die für die Empfangswandlerarten typischen Betriebsschaltungen (den Funktionsbereich S 202/S 203 umfassend) und
- die Signalwandlung auf einheitlich kodierte Objektsignale (den Funktionsbereich S 203/S 210 umfassend).

Die große Vielfalt der Lösungswege für Sensorsysteme mit elektrischem Ausgangssignal resultiert insbesondere aus Variationsmöglichkeiten bei der Abbildung nichtelektrischer auf elektrische Größenarten, so daß für diesen Komplex systematisierende Arbeiten besonders wichtig sind. Bei der Darstellung ausgewählter Hauptgruppen von Sensorsystemen mit elektrischem Ausgangssignal in den Abschnitten 3 bis 9 soll dem Rechnung getragen werden. Hierzu wird besonderer Wert darauf gelegt, Ordnungsansätze zu entwickeln, nach denen vorhandene und perspektivisch zu erwartende Lösungsdetails eingeordnet, gegenseitige Beziehungen verdeutlicht und Schlußfolgerungen für zu beschreitende Lösungswege abgeleitet werden können. Die reichlich vorhandene Literatur erlaubt es, dabei auf die ausführliche Darstellung von Übertragungseigenschaften und Dimensionierungsgrundlagen zu verzichten.

Das gemeinsame Merkmal aller in den Hauptabschnitten 3 bis 9 betrachteten Lösungswege ist der mittels des Empfangswandlers bewerkstelligte Wechsel der Energieform. Auf die Schnittstelle S 202 bezogen, bestehen dabei für die als Energieform 2 gewählte elektrische Energie sechs Formen der Abbildung nichtelektrischer Größenarten. Es sind dies (Abb. 2.12):

- die Abbildung der nichtelektrischen Größenart auf die physikalische Größe "Induktivität" (Prinzip der parametrisch gesteuerten Induktivität),
- die Abbildung der nichtelektrischen Größenart auf die physikalische Größe "Elektrische Kapazität" (Prinzip der parametrisch gesteuerten elektrischen Kapazität),

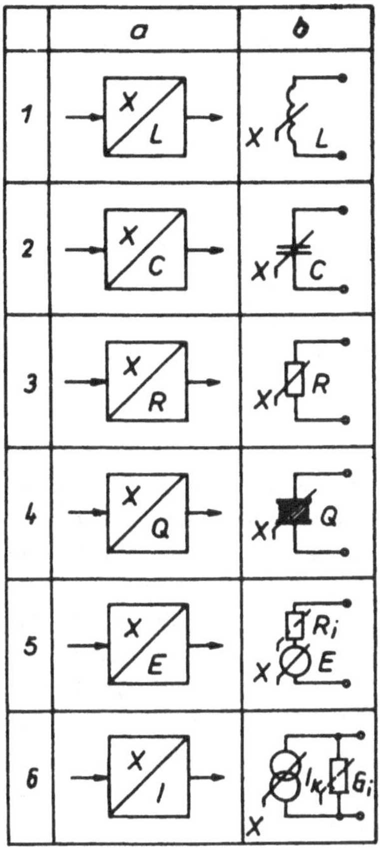

Abb. 2.12 Die sechs Formen der Abbildung nichtelektrischer auf elektrische Größenarten

a) Darstellung mittels Schaltungskurzzeichen

b) Darstellung als steuerbarer passiver bzw. aktiver Zweipol

- die Abbildung der nichtelektrischen Größenart auf die physikalische Größe "Elektrischer Widerstand" (Prinzip des parametrisch gesteuerten elektrischen Widerstandes),
- die Abbildung der nichtelektrischen Größenart auf die physikalische Größe "Elektrische Ladung" Q (Prinzip der nichtelektrisch gesteuerten elektrischen Ladungsquelle),
- die Abbildung der nichtelektrischen Größenart auf die physikalische Größe "Elektrische Spannung" U (Prinzip der nicht-

elektrisch gesteuerten elektrischen Spannungsquelle), sowie
- die Abbildung der nichtelektrischen Größenart auf die physikalische Größe "Elektrische Stromstärke" I (Prinzip der nichtelektrisch gesteuerten elektrischen Stromquelle).

Der Energieformwechsel im Empfangswandler kann auf zweierlei Weise erfolgen, nämlich
- als unmittelbarer Energieformwechsel nach dem Grundprinzip "Energieform 1 ⇒ Energieform 2", zum Beispiel "mechanische Energie ⇒ elektrische Energie", oder
- als mittelbarer Energieformwechsel nach Grundprinzip "Energieform 1 ⇒ Zwischen-Energieform(en) ⇒ Energieform 2", zum Beispiel "mechanische Energie ⇒ magnetische Energie ⇒ elektrische Energie".

Die an zweiter Stelle genannte Weise des Energieformwechsels muß gewählt werden, wenn für die Energieform 1, an die das Objektsignal und damit die Information über eine bestimmte Größenart gebunden sind, kein Prinzip für den unmittelbaren Wechsel existiert oder andere technische bzw. ökonomische Gründe dafür sprechen, beispielsweise der zu berücksichtigende Umgebungstemperaturbereich, die Verfügbarkeit oder die Kosten. Häufig ist dies der Fall bei der Abbildung von Objektsignalen, die Größenarten der Mechanik oder von Raum und Zeit repräsentieren.

Bei der Behandlung möglicher Lösungswege für Sensorsysteme mit elektrischem Ausgangssignal soll eine Gliederung nach Prinzipien des unmittelbaren Energieformwechsels erfolgen und dabei auf Möglichkeiten hingewiesen werden, die für die Verwendung der jeweiligen Energieform 1 als Zwischen-Energieform bestehen.

3. SENSORSYSTEME FÜR DIE ANKOPPLUNG ÜBER MAGNETISCHE FELDENERGIE (MAGNETO-SENSORSYSTEME)

3.1. Abgrenzung und Systematisierung der Lösungswege

Geht man von dem Objekt aus, das Gegenstand der Erkennungsaufgabe sein soll, so lassen sich vier für die Praxis bedeutsame Fälle der Ankopplung unterscheiden. Zwei Fälle stellen unmittelbare und zwei mittelbare Formen der Ankopplung dar (Abb. 3.1a). Für deren Abgrenzung soll gelten:

> Magneto-Sensorsysteme mit unmittelbarer Ankopplung sind Sensorsysteme, bei denen die Kopplung zwischen Objekt und Sensorsystem auf direktem Wege über ein Magnetfeld erfolgt. Dabei ist das Objekt Voraussetzung für das Zustandekommen eines vollständigen (geschlossenen) magnetisch-elektrischen Systems, d. h., es wird selbst zum Bestandteil dieses Systems. Magneto-Sensorsysteme mit mittelbarer Ankopplung sind Sensorsysteme, bei denen das Objekt selbst nicht Bestandteil eines geschlossenen magnetisch-elektrischen Systems ist, sondern lediglich über Objektsignale nichtmagnetische Energie in dieses System einspeist.

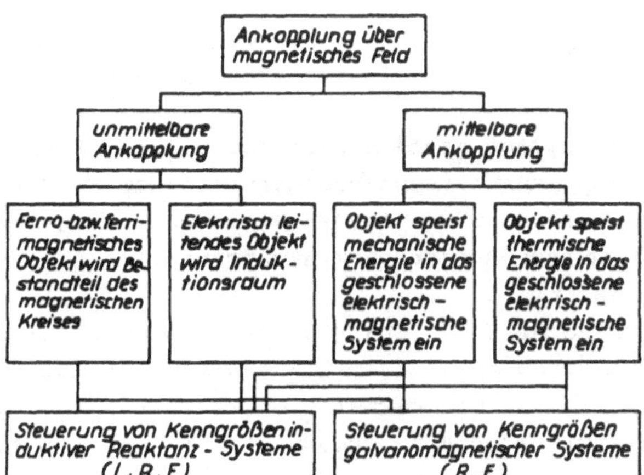

Abb. 3.1a) Ankopplungsfälle für Magneto-Sensorsysteme

Wie aus Abb. 3.1a hervorgeht, ist für Magneto-Sensorsysteme die Steuerung von Kenngrößen induktiver Reaktanz-Systeme sowie von Kenngrößen galvano-magnetischer Systeme interessant. Für die Darstellung ihrer Realisierungsmöglichkeiten ist eine weitere Systematisierung angebracht. Sie soll sich auf Magneto-Sensorsysteme mit unmittelbarer Ankopplung beschränken (Abb. 3.1b).

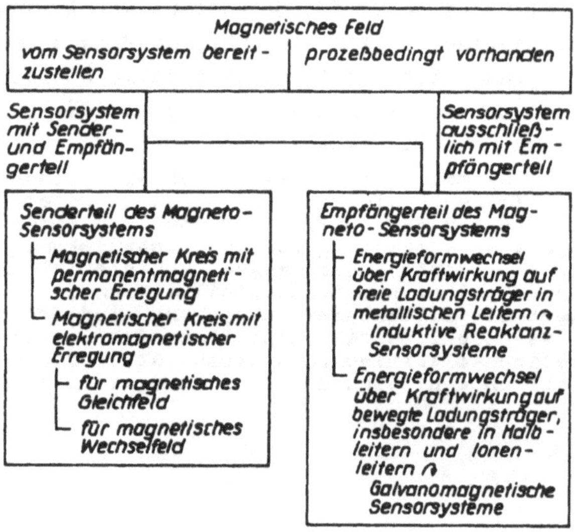

Abb. 3.1b) Systematik der Lösungsprinzipien für Magneto-Sensorsysteme mit unmittelbarer Ankopplung

Diese Sensorsysteme gründen sich darauf, daß Kenngrößen eines am Ort der Ankopplung vorhandenen magnetischen Feldes durch Material- bzw. Formkenngrößen des zu erkennenden Objektes bestimmt werden. Dabei unterscheiden sich die prinzipiellen Lösungswege insbesondere darin,

- ob das magnetische Feld (Energieform 1) prozeßbedingt vorhanden oder vom Sensorsystem bereitzustellen ist und
- welcher Art die für den Magnetfeld-Detektor (Empfängerteil) typische Kraftwirkung des magnetischen Feldes auf elektrische Ladungsträger ist.

3.2. Induktive Reaktanz-Sensorsysteme mit amplituden-analog wirkendem Empfandswandler

Diese Sensorsysteme benutzen für Sender- und Empfängerteil ausschließlich elektromagnetische Spulenanordnungen, gegebenenfalls solche mit flußleitenden weichmagnetischen Kernmaterialien. Dadurch wird der Wertebereich des Objektsignals analog auf den Wertebereich einer elektrischen Spannung oder eines elektrischen Stromes abgebildet. Sie sind typische Nahfeldsensoren, müssen also in Oberflächennähe des zu erkennenden Objekts lokalisiert sein. Als Richtwert kann dabei gelten, daß der für die Signalgewinnung beherrschbare Tastabstand nicht größer als der halbe bis volle Durchmesser der Feldaustrittsfläche ist.

Bei dieser Art von Sensorsystemen können vier Gruppen unterschieden werden.

3.2.1. Induktive Reaktanz-Sensorsysteme nach dem Prinzip der gesteuerten Selbstinduktivität

Diese Gruppe von Sensorsystemen verwendet eine reale Selbstinduktivität (eine einzige Spule), die zugleich Sender- und Empfängerfunktion hat. Mit einer solchen Anordnung, für die das in Abb. 3.2 dargestellte vereinfachte elektrische Ersatzschaltbild[1)] angegeben werden kann, sind in der Praxis folgende zu Parametersteuerungen von L oder R_{Fe} führende Wechselwirkungen nutzbar:

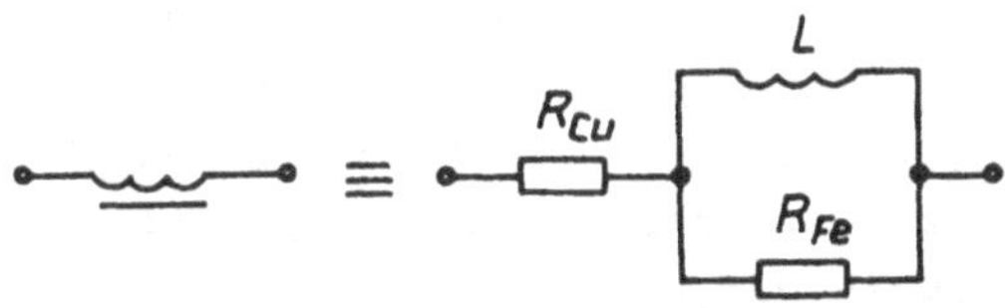

Abb. 3.2 Ersatzschaltbild der realen Selbstinduktivität

Die Beeinflußbarkeit der Induktivität L ist möglich, wenn das Objekt aus ferro- bzw. ferrimagnetischem Material besteht, so

1) Zur Bewertung von Betriebsschaltungen muß dieses, für die Textinterpretation bestimmte, Ersatzschaltbild erweitert werden.

daß bei Änderung des Abstandes zwischen stromdurchflossener Spule und Objekt eine Änderung des magnetischen Widerstandes R_m der Anordnung eintritt. Dabei führt die Verringerung des Abstandes zur Vergrößerung des Induktivitätswertes.

Die Beeinflußbarkeit des Eisen-Verlustwiderstandes R_{Fe} auf Grund einer Beeinflussung der Hystereseverluste ist möglich, wenn das Objekt aus ferro- bzw. ferrimagnetischem Material besteht. Sie dominiert gegenüber der an dritter Stelle genannten Beeinflussung, wenn die elektrische Leitfähigkeit des Objektmaterials klein ist und die Spule mit Wechselstrom kleiner Frequenz gespeist wird. Die Verringerung des Abstandes zwischen Spule und Objekt hat einen kleineren Wert des Eisen-Verlustwiderstandes und damit eine Erhöhung der Wirkstromaufnahme der Spule zur Folge. Dieser Effekt tritt gegenüber der an erster Stelle genannten Vergrößerung der wirksamen Induktivität um so mehr in Erscheinung, je größer die Frequenz des Spulenwechselstromes ist (Anwachsen der Hystereseverluste proportional der Frequenz).

Die Beeinflußbarkeit des Eisen-Verlustwiderstandes R_{Fe} auf Grund einer Beeinflussung der Wirbelstromverluste ist sowohl bei Objekten aus ferro- bzw. ferrimagnetischem Material als auch bei solchen aus nicht ferromagnetischem erreichbar. Auch hier führt die Verringerung des Abstandes der Spule zum Objekt zu einem kleineren Wert des Eisen-Verlustwiderstandes und demzufolge zu einer Vergrößerung der Wirkstromaufnahme der Spule. Der Effekt tritt um so mehr in Erscheinung, je größer die elektrische Leitfähigkeit des Objektmaterials und je größer die Frequenz des Spulenwechselstromes sind. Da bei ferro- bzw. ferrimagnetischen Materialien die Hystereseverluste linear, die Wirbelstromverluste dagegen quadratisch mit der Frequenz anwachsen, dominieren letztere bei großen Frequenzen. Bei nichtferromagnetischen Materialien treten nur Wirbelstromverluste auf. In metallischen Objekten erzeugte Wirbelströme führen, da sie Gegenamperewindungen verkörpern, außerdem zu einer Verkleinerung der wirksamen Spuleninduktivität L.

Das elektromagnetische System vereint in sich die Funktionsbereiche S 204/S 200 und S 200/S 202. Je nach beabsichtigter Parametersteuerung wird als Funktionsbereich S 202/S 203 eine Betriebsschaltung realisiert, die

- den Wert der gesteuerten Induktivität L identifiziert (Prinzip des L-Meters),
- die Steuerung der Induktivität zur Verstimmung der Resonanzfrequenz eines Schwingkreises gegenüber einer Vergleichsfrequenz ausnutzt (Prinzip des f-Meters),
- die Steuerung des Verlustwiderstandes R_{Fe} als Steuerung des Gütewertes eines Schwingkreises nutzt (Prinzip des Q-Meters) oder
- die Steuerung des Verlustwiderstandes R_{Fe} über den Scheinwiderstand der Anordnung auswertet (Prinzip des Z-Meters).

Von der Art der Betriebsschaltung hängt es auch ab, ob das Ausgangssignal des Sensorsystems analoges oder binäres Verhalten hat. Im zweiten Fall spricht man von induktiven Initiatoren.

Unter realen Betriebsbedingungen ist die durch Hysterese beziehungsweise Wirbelstromverluste auftretende Beeinflussung induktiver Reaktanz-Sensoren nach dem Selbstinduktionsprinzip im allgemeinen mit kleinerem schaltungstechnischen Aufwand auswertbar als auftretende Beeinflussungen des Induktivitätswertes. In vielen Fällen tragen praktisch ausgeführte Vertreter dieser Gruppe induktiver Reaktanz-Sensorsysteme dem Rechnung und beruhen auf dem Prinzip der Schwingkreisdämpfung beim Eintauchen metallischer Objekte in das Magnetfeld der Schwingkreisspule.

Tafel 3 in /1.5/ enthält eine Übersicht zu induktiven Reaktanz-Sensorsystemen nach dem Prinzip der gesteuerten Selbstinduktivität, wie sie vom VEB Meßgerätewerk Beierfeld als sogenannte Schlitz-, Näherungs- und Ringinitiatoren industriell gefertigt werden.

Induktive Reaktanz-Sensorsysteme sind, wie Sensorsysteme überhaupt, von besonderer Bedeutung für Schweißroboter /3.1/, /3.2/. Abb. 3.3 zeigt den Einsatz zweier induktiver Reaktanz-Sensoren für das Positionieren des Schweißbrenners bei einem Lichtbogenschweißroboter. Über den Einsatz eines flüssigkeitsgekühlten Wirbelstromsensors für die automatische Elektrodenführung beim UP-Lichtbogenschweißen wird in /3.3/ berichtet.

Ordnet man mehrere elektromagnetische Systeme so in einer als Werkstückauflage ausgeführten Fläche an, daß sich ihre Wirkungsbereiche überlappen, so läßt sich damit ein für die Lageerkennung metallischer Teile nutzbares Sensorsystem realisieren.

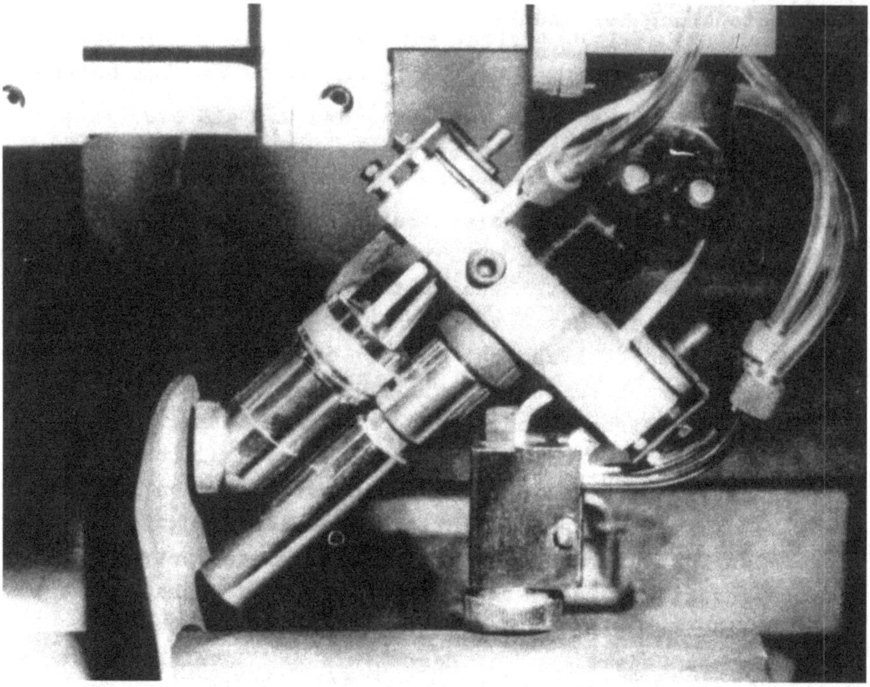

Abb. 3.3 Einsatz von induktiven Reaktanz-Sensoren ZIS 10-67 für das Positionieren des Schweißbrenners bei einem Lichtbogenschweißroboter (nach /3.2/)

3.2.2. Induktive Reaktanz-Sensorsysteme nach dem Prinzip der gesteuerten Gegeninduktivität

Im Gegensatz zur vorgestellten Gruppe induktiver Reaktanz-Sensorsysteme wird bei der zweiten Gruppe das elektromagnetische System als reale Gegeninduktivität (mindestens zwei magnetisch gekoppelte Spulen) ausgeführt (Abb. 3.4a). Die Primärspule dieser Gegeninduktivität ist Bestandteil des Senderteils (Funktionsbereich S 204/S 200), während die vorhandenen Sekundärspulen den Funktionsbereich S 200/S 202 des Empfängerteils verkörpern. Wird

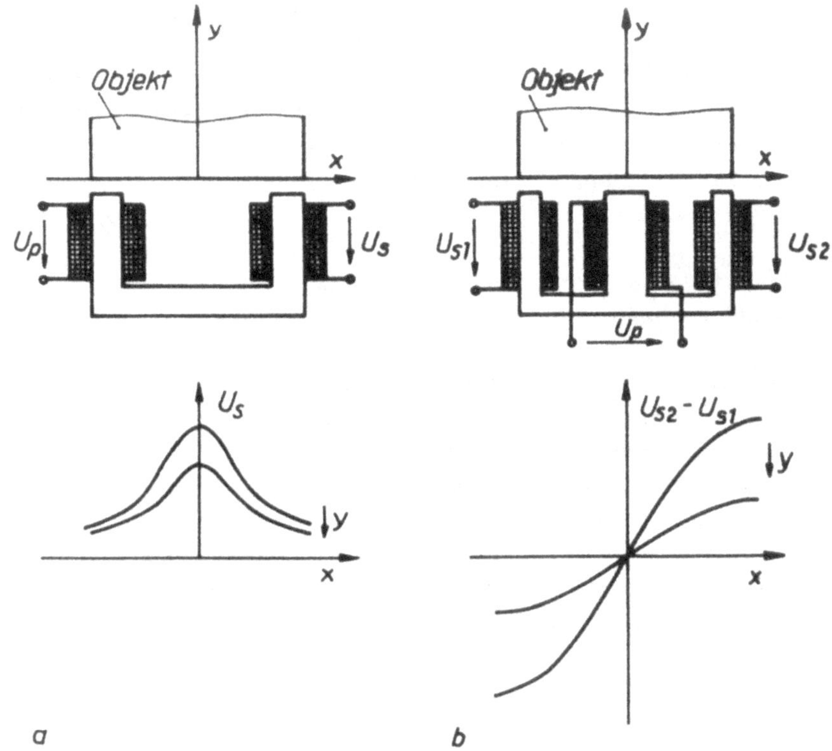

Abb. 3.4 Induktive Reaktanz-Sensorsysteme nach dem Prinzip der gesteuerten Gegeninduktivität
a) mit einer Primär- und einer Sekundärspule
b) mit einer Primär- und zwei Sekundärspuelen (Differentialtransformator)

die Primärspule von einem Wechselstrom durchflossen, so wird je nach dem Grad der magnetischen Kopplung der Primärspule mit einer oder mehréren Sekundärspulen in diesen eine mehr oder weniger große Wechselspannung induziert. Führt man das elektromagnetische System konstruktiv so aus, daß die magnetische Kopplung im wesentlichen durch das für die Erkennung interessierende ferro- oder ferrimagnetische (!) Objektiv bewirkt wird, so wächst mit Verringerung des Abstandes zwischen Objekt und Sensor die induzierte Spannung an, kann also als Maß für den Abstand gewertet werden. Induktive Reaktanz-Sensorsysteme nach dem Prinzip der

Gegeninduktivität mit steuerbarer magnetischer Kopplung ermöglichen es, mehrere räumlich getrennte Sekundärwicklungen zum Zweck der Summen- oder Differenzspannungsbildung elektrisch miteinander zu verbinden. Bekanntester Vertreter dieser Zusammenschaltungsmöglichkeiten ist die als Differentialtransformator bekannte Ausführung mit zwei elektrisch gegeneinander geschalteten Sekundärspulen gleicher Windungszahl (Abb. 3.4b).

3.2.3. Induktive Reaktanz-Sensorsysteme nach dem elektrodynamischen Prinzip

Ersetzt man die für die steuerbare Gegeninduktivität typische Wechselstromerregung mittels einer Primärspule durch eine permanentmagnetische Erregung, so erhält man Sensorsysteme für Formen der Objektsignalgewinnung, bei denen sich die Bewegung ferro- bzw. ferrimagnetischer Teile in zeitliche Abstandsänderungen zur Sensorempfangsfläche umsetzen läßt (Abb. 3.5). Die durch Abstandsänderung bedingte Flußänderung induziert in der den Empfangswandler bildenden Spule mit der Windungszahl N die Spannung $U = N \cdot d\Phi/dt$.

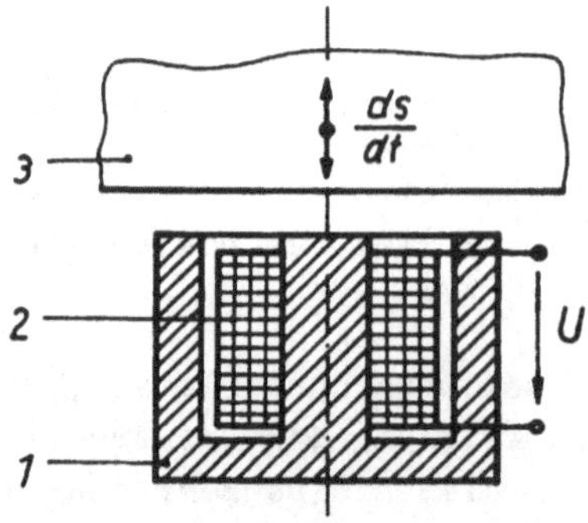

Abb. 3.5 Induktives Reaktanz-Sensorsystem nach dem elektrodynamischen Prinzip;
1 Permanentmagnet, 2 Induktionsspule, 3 Objekt

3.2.4. Induktive Reaktanz-Sensorsysteme mit ausschließlichem Empfängerteil

Das Gewinnen von Objektsignalen über prozeßbedingte Magnetfelder erfordert lediglich einen Empfängerteil. Wie schon bei den in den Abschnitten 3.2.2. und 3.2.3. genannten Sensorsystemen dienen als Empfangswandler auch hier eine oder mehrere Induktionsspulen. Ihre magnetische Kopplung mit dem prozeßbedingten Magnetfeld wird über Vermittlerformen realisiert, die stärker als bei den bereits genannten Gruppen induktiver Reaktanz-Sensorsysteme prozeßspezifisch sein müssen. Bei dieser Gruppe von Sensorsystemen kommt daher der konstruktiven Einbeziehung des Sensorsystems in das Fertigungsmittel besondere Bedeutung zu.

3.3. Induktive Reaktanz-Sensorsysteme mit binär wirkendem Empfangswandler

Überall dort, wo für eine aktuelle Zustandsgröße lediglich zwei Werteklassen erforderlich sind, ist auch die Frage nach Empfangswandlern interessant, die bereits beim Prozeß des Energieformwechsels das analoge Objektsignal unstetig auf ein binäres kodiertes Objektsignal abbilden. Bei Sensorsystemen für Ankopplung über magnetische Hilfsenergie sind hierfür magnetische Zweischichtstrukturen mit zwei stabilen magnetischen Zuständen interessant, bei denen nach Erreichen eines Schwellwertes der das Objektsignal verkörpernden magnetischen Feldstärke sprunghaft der Übergang von einem magnetischen Zustand in den anderen erfolgt (Wiegand-Effekt). Der unabhängig von der Änderungsgeschwindigkeit des Magnetfeldes erfolgende Umklappvorgang ist Grundlage des Wiegand-Sensorsystems /3.4/, /3.5/, /3.6/. Sein Empfangswandler enthält den Wiegand-Draht und eine magnetisch mit diesem gekoppelte Induktionsspule. Der etwa 10 bis 30 mm lange und etwa 0,25 bis 0,3 mm dicke Wiegand-Draht besteht aus einer Vanadium-Eisen-Kobalt-Legierung. Auf ihm hat sich nach mechanischer und thermischer Vorbehandlung eine dünne Mantelschicht gebildet, die gegenüber dem weichmagnetischen Kern eine höhere Koerzitivkraft besitzt. Durch geeignete Magnetisierung können dadurch die Magnetisierungsrichtungen von Mantel und Kern übereinstimmen (Zustand 1) oder entgegengerichtet sein (Zustand 2). Die aus dünnem teflonisierten Kupferdraht bestehende Induktionsspule mit etwa 1000 Windungen wird entweder auf den Wiegand-Draht gewickelt oder in dessen Nähe angeordnet und läßt sich mit einem Durchmesser von etwa 1 mm realisieren. In ihr wird, ohne daß hierfür elektrische Hilfsenergie erforderlich ist, beim Umklappvorgang ein Spannungsimpuls induziert, dessen Spitzenwert einige Volt beträgt. Bemerkenswert ist, daß dieser Spitzenwert bei Umgebungstemperaturen im Bereich $-190\ ^{\circ}C \leqq T \leqq +160\ ^{\circ}C$ gegenüber dem Wert bei Raumtemperatur nur um etwa 10 % abfällt. Bei sinusförmiger Änderung der den Schwellwert überschreitenden magnetischen Feldstärke bleibt die Impulsform bis zu einer Frequenz von etwa 10 kHz praktisch unverändert.

Im allgemeinen gewährleistet ein ebenfalls zum Empfangswandler gehörender Permanentmagnet die magnetische Ausgangslage des Wiegand-Drahtes. Die hierfür erforderliche Sättigungsfeldstärke beträgt 80 bis 120 $A\ cm^{-1}$.

Falls kein prozeßbedingtes Magnetfeld vorliegt, muß durch den Senderteil des Sensorsystems eine geeignete Erregung des zu erkennenden Teiles erfolgen.

Die vergleichsweise kleinen Abmessungen des Wiegand-Drahtes und der Induktionsspule, deren kontaktlose Kopplung sowie ihre mögliche räumliche Trennung gestatten eine Vielfalt konstruktiver Varianten für die Einbeziehung von Wiegand-Sensorsystemen in Maschinen und Geräte. Vorteile ergeben sich hieraus insbesondere auch für die Abbildung von Signalen, die räumliche Größen (zum Beispiel Weg- oder Winkelinkremente) oder zeitliche Größen (zum Beispiel Drehzahl oder Frequenz) repräsentieren und die Umkodierung auf ein äquivalentes elektrisches Signal über magnetische Energie als Zwischenphase lösen. Der große Arbeitstemperaturbereich, die Unempfindlichkeit gegenüber Verschmutzungen und die kleinen Abmessungen eröffnen dem Wiegand-Sensorsystem sehr gute Einsatzchancen in der Kraftfahrzeugelektronik, beispielsweise als Sensor für diskrete Kurbelwinkelwerte bei elektronischen Motorsteuerungssystemen.

3.4. Galvanomagnetische Sensorsysteme

Hierzu sollen Sensorsysteme gezählt werden, bei denen für den Funktionsbereich S 201/S 202 galvanomagnetische Effekte in Form des Hall- oder des Widerstandseffekts gerätetechnisch genutzt werden.

Soll ein solches Sensorsystem mit einem zu erkennenden ferro- oder ferrimagnetischen Objekt über magnetische Energie in Wechselwirkung treten, so ist als Senderteil des Sensorsystems ein elektromagnetisches oder permanentmagnetisches Erregersystem zu realisieren. Die eigentlichen Probleme hierbei stellen die erkennungsgerechte Führung des magnetischen Flusses im Objekt sowie seine Begrenzung auf Werte dar, die zu keinen die Handhabung des Objektes störenden magnetischen Feldkräften führen.

Beide Effekte beruhen auf dem Grundgesetz der Elektrodynamik. Es besagt, daß Ladungsträger, die sich in einem Magnetfeld bewegen, auf Grund der Wechselwirkung zwischen bewegter Ladung und Normalkomponente der magnetischen Induktion der Lorentz-Kraft unterworfen sind und dadurch eine Auslenkung senkrecht zum Vektor der elektrischen Feldstärke und zum Vektor der Normalkomponente der magnetischen Induktion erfahren.

Die moderne Halbleitertechnik hat mit der Bereitstellung der III-V-Verbindungen und mit der Entwicklung der funktionellen Integration die wesentlichen Voraussetzungen für die bauelementetechnische Nutzung dieser seit langem bekannten Effekte geschaffen. Sie führte bisher zu vier charakteristischen Gruppen von Bauelementen, den Hall-Generatoren /1.2/, /3.6/, /3.7/, /3.8/, den Feldplatten /1.2/, /3.9/, den Magnetodioden /3.10/ und den Ladungsträgerdomänen-Magneto-Transistorstrukturen /3.11/.

3.4.1. Galvanomagnetische Sensorsysteme mit gesteuertem Hall-Element

Hall-Elemente verwenden ein etwa 5 µm dickes Plättchen aus Indiumantimonid (InSb), Indiumarsenid (InAs), Galliumarsenid (GaAs) bzw. auch aus Silizium mit einer im Verhältnis zur Breite b großen Länge l (Abb. 3.6a). Das Plättchen enthält zwei linienförmige Kontakte an den Breitseiten und zwei punktförmige Kontakte an den Längsseiten. Wird mittels einer äußeren elektrischen Spannung über die linienförmigen Kontakte ein Strom I durch das Halbleiterplättchen erzwungen, so entsteht ohne Magnetfeld das in Abb. 3.6a gekennzeichnete Strömungsfeld. Bei Einwirkung des Magnetfeldes wird durch die Normalkomponente der magnetischen Induktion B_n das

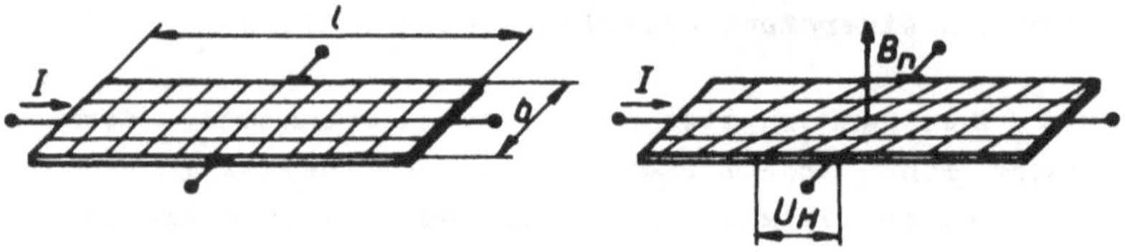

a b

Abb. 3.6 Prinzip des Hall-Elements
a) ohne Magnetfeld
b) mit Magnetfeld

Strömungsfeld in der durch Abb. 3.6b gekennzeichneten Weise verformt. Dabei erfolgt in der Nähe der als Äquipotentiallinien wirkenden linienförmigen Elektroden die stärkste Auslenkung der Stromlinien, im Bereich der Punktelektroden dagegen die stärkste Drehung der Äquipotentiallinien. Da die Punktkontakte jetzt über unterschiedlichen Äquipotentiallinien liegen, ist über ihnen die sogenannte Hall-Spannung abgreifbar. Sie hat den Wert

$$U_H = \frac{R_H}{d} \cdot I \cdot B.$$

R_H als Hallkoeffizient ist der Elektronenkonzentration n im Halbleiter ($n = 10^{16}\ cm^{-3} \ldots 10^{17}\ cm^{-3}$) umgekehrt proportional. Neben einer kleinen Elektronenkonzentration n müssen Hall-Elemente für einen guten Wirkungsgrad eine möglichst große Elektronenbeweglichkeit μ_n haben. Der bei Anpassung ($R_a = R_i$) erreichbare größte Wirkungsgrad ist

$$\eta_H = \frac{P_{H\ max}}{I^2 \cdot R} = \frac{\mu_n^2 \cdot B^2}{16}$$

(R Widerstand des Hall-Elements für den Speisestrom I). Danach ist die bei Anpassung über den Punktkontakten maximal entnehmbare Leistung

$$P_{H\ max} = \frac{\mu_n^2}{16} \cdot R \cdot I^2 \cdot B^2.$$

Für die Elektronen-Beweglichkeit μ_n werden erreicht: etwa $6{,}5 \cdot 10^4\ cm^2 \cdot V^{-1}s^{-1}$ bei InSb, etwa $2{,}3 \cdot 10^4\ cm^2 \cdot V^{-1}s^{-1}$ bei InAs und etwa $8{,}8 \cdot 10^3\ cm^2 \cdot V^{-1}s^{-1}$ bei GaAs. Auf Grund der erforderlichen großen Elektronenbeweglichkeit hat der Widerstand R praktisch ausgeführter Hall-Elemente nur Werte von einigen Ohm bis maximal 20 Ω.

Praktisch ausgeführte Hall-Elemente haben Kantenlängen von einigen Zehntelmillimetern und erreichen bei Speiseströmen von einigen mA bezogene Hall-Spannungen U_H/B von etwa 1 V/T. Die ohmsche Nullspannung bei verschwindendem Magnetfeld ist dabei nicht größer als etwa 10 bis 20 mV, die Nichtlinearität im Bereich $0 \leq B_n \leq 1$ T kleiner als ± 1 %.

Die für die Sensortechnik typische Tendenz zur funktionellen Integration des gesamten Sensorsystems, zumindest jedoch aber eines möglichst großen Teiles des Empfängerteils, hat zur Verwendung von Si als Material für das Hall-Element geführt. Der Nachteil kleinerer Hall-Spannungen gegenüber Hall-Elementen aus III-V-Verbindungen ist durch die funktionelle Integration von Verstärkerstrukturen ausgleichbar. Abb. 3.7 zeigt die Innenschaltung eines solchen Si-Hall-Elements mit integriertem Differenz-Verstärker. Die mit diesem integrierten Bauelement erreichbare Stromempfindlichkeit von etwa 240 mA/T /1.2/ weist deutlich auf die mit solchen Lösungen verbundene Gebrauchswerterhöhung hin.

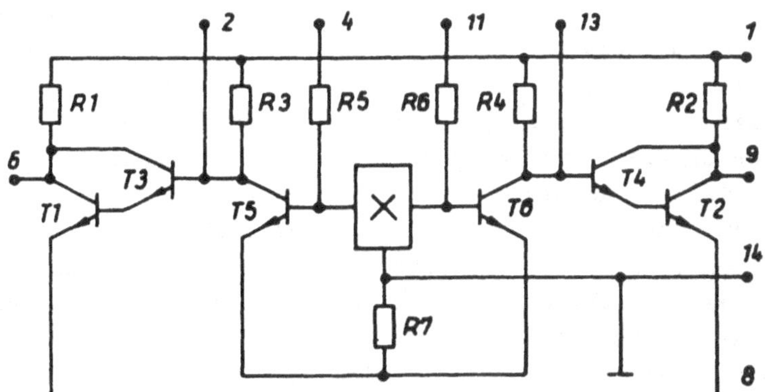

Abb. 3.7 Beispiel für eine integrierte Schaltung mit Si-Hall-Element und Differenzverstärker für die Hall-Spannung

3.4.2. Galvanomagnetische Sensorsysteme mit gesteuerter Feldplatte

Wählt man für das Halbleiterplättchen eine im Verhältnis zur Breite b kleine Länge l (Abb. 3.8a), so ist die auftretende Hall-Spannung vernachlässigbar klein und die in der Nähe der linienförmigen Kontakte am stärksten ausgeprägte magnetfeldabhängige Auslenkung der Stromlinien wird als Verlängerung des Stromweges und damit als Widerstandserhöhung wirksam.

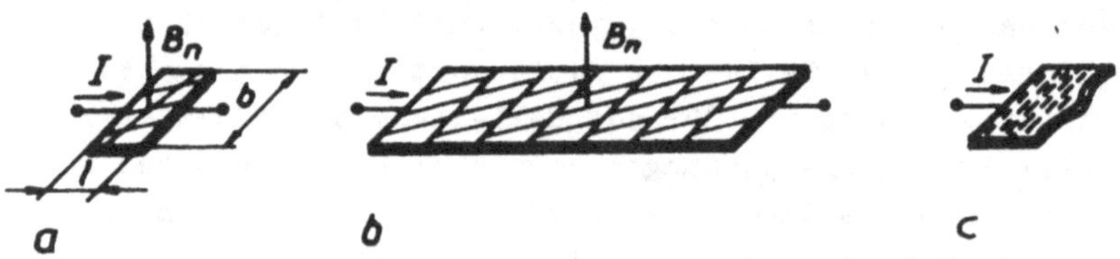

Abb. 3.8 Prinzip der Feldplatte
a) Grundelement
b) Ausführung als Querfeldsonde mit Reihenschaltung von Grundelementen
c) integrierte Form von b)

Um Feldplatten mit für die Praxis hinreichend großen Werten des Grundwiderstandes $R_o = R\ (B=0)$ zu erhalten, müssen eine kleinere oder größere Anzahl der in Abb. 3.8a dargestellten Grundelemente in Reihe geschaltet werden (Abb. 3.8b). Dies ist erreichbar, wenn in ein Halbleiterplättchen mit einer im Verhältnis zur Breite b großen oder vergleichbaren Länge l Nickelantimonidnadeln eingelagert werden, die sich parallel zu den linienförmigen Kontakten ausrichten, auf Grund ihrer guten elektrischen Leitfähigkeit als Äquipotentiallinien wirken und damit eine Quasi-Reihenschaltung von Feldplatten-Grundelementen zur Folge haben (Abb. 3.8c).

Für den Grundwiderstand R_o sind Werte von einigen Milliohm bis zu einigen Kiloohm realisierbar. Bei einer magnetischen Induktion B_n=1 T wird für die Widerstandsvergrößerung ein Verhältnis $R\ (B_n = 1\ T)/R_o = 5\ ...\ 20$ angegeben. Der zulässige Strom liegt bei einigen Milliampere.

Die mit der magnetischen Induktion B_n eintretende Widerstandserhöhung ist näherungsweise durch das Polynom

$$R(B_n) = R_o\,(1 + a_1 \cdot B_n^2 + a_2 \cdot B_n^4 + a_3 \cdot B_n^6 + a_4 \cdot B_n^8 + a_5 \cdot B_n^{10})$$

beschreibbar. Bezieht man den Wert $R(B_n)$ auf den Grundwiderstand R_o, so erhält man Werte von $R(B_n)/R_o \approx 10$ für $B_n = 1$ T und Werte von $R(B_n)/R_o \approx 100$ für $B_n = 10$ T.

Die zur R-Achse symmetrische Kennlinie $R = f(B_n)$ (Abb. 3.9) erfordert, wenn die Widerstandsänderung dR/dB_n vom Vorzeichen von B_n abhängig sein soll, eine Gleichfeld-Vormagnetisierung mit $+ B_V$ für beabsichtigtes $dR/dB_n > 0$ bzw. mit $- B_V$ für beabsichtigtes $dR/dB_n < 0$.

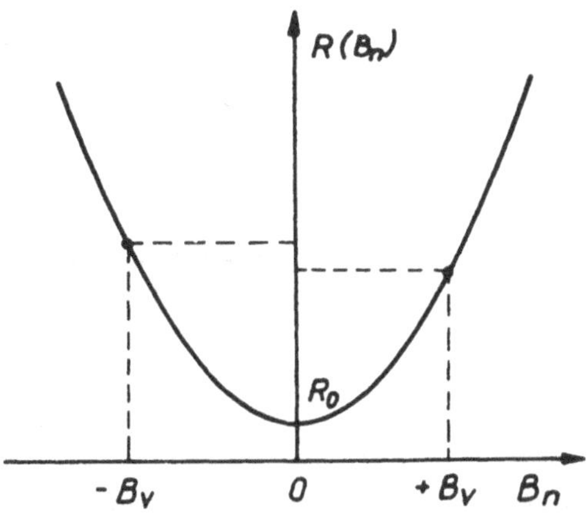

Abb. 3.9 $R(B_n)$-Kennlinie der Feldplatte

Wie das Wiegand-Sensorsystem, liefert auch der Feldplattenempfangswandler ein elektrisches Ausgangssignal, dessen Amplitude unabhängig von der Änderungsgeschwindigkeit des Magnetfeldes ist. Mit dem Wiegand-Sensorsystem gemeinsam hat er auch die Eignung für hohe Verschmutzungsgrade und im Bereich tiefer Temperaturen.

Für die Anwendung solcher Sensorsysteme ist über die Bauform der Feldplatten und über deren schaltungstechnische Einbeziehung in die Betriebsschaltung zu entscheiden. Hinsichtlich der Bauform ist es möglich, Quer- oder Längsfeldsonden vorzusehen. Für die schaltungstechnische Behandlung besteht prinzipiell die Möglichkeit,

- Feldplatten in Spannungsteiler- oder in Brückenschaltungen einzubeziehen,
- permanentmagnetisch vorgespannte Feldplatten zur Vergrößerung der Steilheit dR/dB bzw. zur Erzielung einer Änderung $dR/dB < 0$ vorzusehen,
- permanentmagnetisch vorgespannte Feldplatten mit Änderung $dR/dB < 0$ und nicht vorgespannte Feldplatten mit Änderung $dR/dR > 0$ zu kombinieren und
- Feldplatten zum Zwecke der Kompensation ihrer nicht zu vernachlässigenden Temperaturkoeffizienten von TK ≈ - (0,2 ... 3)% $\cdot K^{-1}$ zusammenzuschalten (s. Abschn. 4.).

Feldplatten als Empfangswandler erreichen Grenzfrequenzen von etwa 1 MHz bei Montage auf Eisenträger, von etwa 10 MHz bei Montage auf kupferkaschiertem Kunststoffträger und bis zu 10 GHz bei Montage auf nichtleitenden Trägermaterialien (keine Wirbelstrombildung!), sind also schnelle Wandler.

3.4.3. Galvanomagnetische Sensorsysteme mit gesteuerter Magnetodiode

Die Tendenz zur Konzipierung von Sensorsystemen, bei denen möglichst viele Bestandteile funktionell integrierbar und in einer einheitlichen Technologie herstellbar sind, hat auch zu der Frage geführt, inwieweit der Lorentz-Kraft-Effekt direkt mit dem Ladungsträgertransport in Dioden- und Transistorstrukturen kombinierbar ist. Für die Halbleiterdiode wurde diese Frage mit der Bereitstellung der sogenannten Magnetodiode beantwortet. Mit ihr steht ein Empfangswandler für Sensorsysteme zur Verfügung, der mit einem erreichbaren Übertragungsfaktor von etwa $30\ V \cdot T^{-1}$ ohne zusätzliche Verstärkung, sowie hinsichtlich seines Miniaturisierungsgrades und seiner Eignung für die Höchstintegration (VLSI) das Hall-Element deutlich übertrifft.

Moderne Magnetodioden sind in silicon-on-sapphire-Technologie (SOS-Technologie) gefertigte Schottky- und Fadendioden mit p^+nn^+-Struktur (Abb. 3.10). Auf dem Al_2O_3-Substrat befindet sich die etwa (0,5 ... 1) µm und weniger als 20 µm lange, schwach dotierte Si-Schicht mit dem p^+- und dem n^+-Anschlußkontakt. Wirkt in der Schicht eine magnetische Induktion, so werden die im Durchlaßbetrieb von der p^+- und der n^+-Elektrode injizierten

Löcher bzw. Elektronen senkrecht zur Richtung des elektrischen Feldes abgelenkt, und zwar je nach Vorzeichen der Normalkomponente der magnetischen Induktion entweder in Richtung der stark rekombinierenden Grenzschicht Si-Al_2O_3 oder in Richtung der schwach rekombinierenden Grenzschicht Si-SiO_2. Im Gegensatz zum Feldplatten-Empfangswandler, bei dem die Widerstandssteuerung durch Längenänderung der Stromlinien erfolgte, wird beim Magnetodioden-Empfangswandler die Steuerung des Durchlaßwiderstandes durch Änderung der elektrischen Leitfähigkeit bewirkt. Typisch sind dabei ein Durchlaßwiderstand von etwa 3 kΩ bei verschwindend kleiner magnetischer Induktion und eine Vergrößerung oder Verkleinerung um (1 ... 2)kΩ bei einer Induktion von ± 0,1 T.

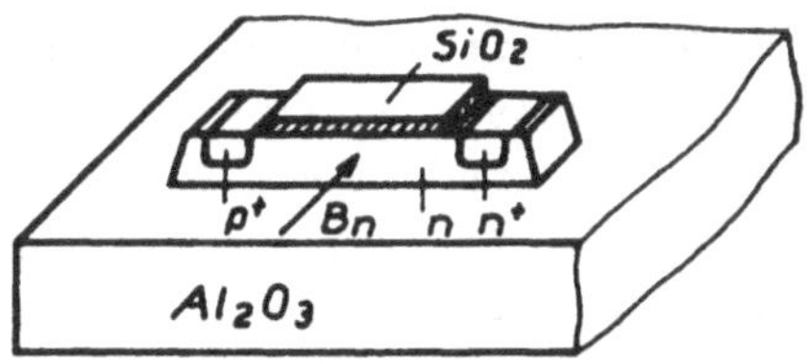

Abb. 3.10 Aufbauprinzip der Magnetodiode

Da die Nachweisrichtung für die magnetische Induktion in der Schichtebene liegt, läßt sich durch zwei auf dem Chip nichtparallel angeordnete Magnetodioden ein Empfangswandler realisieren, mit dem Intensität und Richtung der magnetischen Induktion auswertbar sind. Dies ist mit Hall-Elementen in vergleichbarer Weise nicht möglich.

3.4.4. Galvanoelektrische Sensorsysteme mit gesteuerten Ladungsträgerdomänen-Magneto-Transistorstrukturen

In Abschn. 1.3. wurde auf die Notwendigkeit hingewiesen, für den Aufbau moderner Sensoren energieformwandelnde Elemente mit frequenzanalogem Ausgangssignal zu schaffen. Bipolare Transistor-Strukturen mit Ladungsträgerdomänen können ein solches Prinzip für die Rezeption magnetischer Feldenergie realisieren. Der Empfangswandler eines solchen Sensorsystems besteht aus einem pnp- und einem npn-Transistor, die so konzentrisch ineinander angeordnet sind, daß jeweils der Kollektor des einen Transistors die Basis des anderen bildet. In dieser Struktur konzentriert sich infolge innerer Rückkopplung der in radialer Richtung fließende Strom auf einen schmalen Bereich. Geringe Inhomogenitäten im Silizium-Substrat oder in der Dotierung bestimmen die Lage dieser Ladungsträgerdomäne, deren Entstehung durch statistische Vorgänge eingeleitet wird. Der Ringstruktur für den pnp- und den npn-Transistor wird ein äußerer, in Sektoren unterteilter Hilfskollektorring hinzugefügt. Mit seiner Hilfe kann die Position (die Radius-Richtung) der den Strom führenden Ladungsträgerdomäne ermittelt werden. Der für die Energieformwandlung wichtige Effekt besteht darin, daß eine senkrecht zur Ebene der Ringstruktur wirkende magnetische Induktion zur Rotation der Ladungsträgerdomäne führt. Die Rotation beginnt oberhalb eines Schwellwertes der magnetischen Induktion mit einem durch das Vorzeichen der magnetischen Induktion bestimmten Drehsinn und hat dann eine mit der Intensität zunehmende Umlauffrequenz. Für ein Versuchsmuster mit 0,8 mm Außendurchmesser /1.2/ wurde hierfür bei einer magnetischen Induktion von 0,7 T ein Wert von 10 kHz ermittelt.

3.5. Mittelbare Ankopplung von Magneto-Sensorsystemen

3.5.1. Mittelbare Ankopplung durch Steuerung der relativen Lage von Teilen des magnetischen Kreises

Allen Magneto-Sensorsystemen, bei denen sich die Informationsgewinnung nicht auf prozeßbedingt vorhandene magnetische Felder stützt, ist unabhängig vom Prinzip des verwendeten Empfangswandlers gemeinsam, daß mittels ihres Senderteils ein Magnetfeld mit definierten Beträgen und Richtungen der magnetischen Feldstärke bzw. der magnetischen Induktion erzeugt werden muß. Die für sie typischen Vermittlerelemente (Abschn. 2.3.3.), meist in Form flußlenkender offener magnetischer Kreise, haben die Aufgabe, den magnetischen Fluß in definierter Weise vom Sendewandler zum ferro- oder ferrimagnetischen bzw. elektrisch leitenden Objekt und von diesem zum Empfangswandler zu leiten.

Ergänzt man die Vermittleranordnung durch ferro- bzw. ferrimagnetische oder elektrisch leitende Konstruktionselemente, die an die Stelle des Objektes treten und innerhalb der Anordnung translatorische oder rotatorische Bewegungen ausführen können, so erhält man eine neue Gruppe von Sensorsystemen. Sie sind, wenn die genannte translatorische oder rotatorische Bewegung durch Einwirkung mechanischer Energie gesteuert wird, für die Abbildung von Objektsignalen geeignet, die Größenarten der Mechanik bzw. von Raum und Zeit (s. Tab. 2.2. im Anhang) repräsentieren und damit das Prinzip "Mechanische Energie ⇒ Magnetische Zwischenenergie ⇒ Elektrische Energie" verwirklichen.

Als translatorisch oder rotatorisch bewegte Konstruktionselemente sind von Bedeutung:

- elektrisch leitende, nichtferromagnetische Elemente für wirbelstromsensible Sensorsysteme nach Abschn. 3.2.1.,
- weichmagnetische Elemente für magnetische Kreise mit konstanter elektro- oder permanentmagnetischer Erregung, insbesondere nutzbar für Sensorsysteme nach den Abschnitten 3.2.1., 3.2.2., 3.2.3., 3.4.1., 3.4.2., 3.4.3. und 3.4.4.,
- permanentmagnetische Elemente für die Erregung magnetischer Kreise, die ansonsten in weichmagnetischen Elementen oder in Luft verlaufen, insbesondere nutzbar für Sensorsysteme nach den Abschnitten 3.2.4., 3.4.1., 3.4.2., 3.4.3. und 3.4.4.
  Zur Realisierung der für das elektrodynamische Prinzip erforderlichen Relativbewegung zwischen Magnetfeld und Induktionsspule wird bei der mittelbaren Nutzung der Sensorsysteme nach Abschn. 3.2.4. der magnetische Kreis feststehend ausgeführt, während die mechanische Bewegung auf die im Magnetfeld bewegliche und wesentliche masseärmere Induktionsspule übertragen wird.
- permanentmagnetische Elemente für die zusätzliche Erregung vormagnetisierter magnetischer Kreise, insbesondere nutzbar für Sensorsysteme nach den Abschnitten 3.3., 3.4.2. und 3.4.3.

3.5.2. Mittelbare Ankopplung durch Steuerung der Materialeigenschaften von Teilen des magnetischen Kreises

Schließt man den ansonsten mit weichmagnetischen Materialien aufgebauten und als Vermittler wirkenden magnetischen Kreis eines Magneto-Sensorsystems über ein magnetoelastisches Element (Abb. 3.11), so erhält man ein Sensorsystem, das über das magnetoelastische Element Objektsignale aufnehmen kann, die Kräfte re-

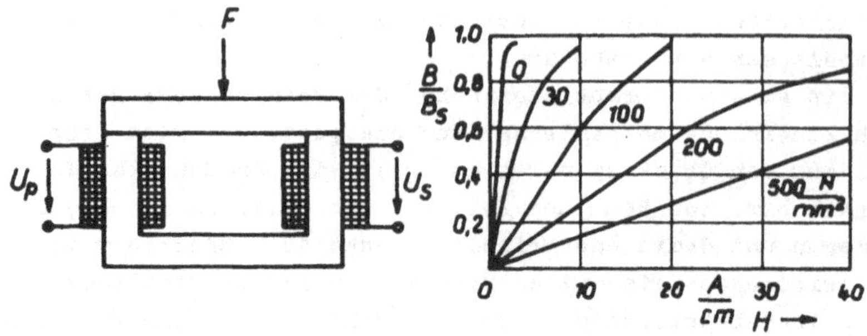

Abb. 3.11 Mittelbare Nutzung eines Magneto-Sensorsystems für die Erfassung von Kräften

präsentieren /2.7/. Als magnetoelastische Materialien kommen Nickel, Nickel-Eisen-Legierungen mit hohem Nickelgehalt (z. B. Permalloy) und in neuerer Zeit auch metallische Gläser in Betracht. Sie zeigen einen näherungsweise linearen Zusammenhang zwischen mechanischer Spannung σ und Permeabilität μ. Für Nickel-Eisen-Legierungen tritt bei einer mechanischen Spannung σ = 10 MPa eine Erniedrigung der Permeabilität bis zu 4 % ein. Sie ist nutzbar

- als Ursache für die Änderung der Induktivität L bei Reaktanzsensorsystemen nach dem Prinzip der gesteuerten Selbstinduktivität (Abschn. 3.2.1.),
- als Ursache für die Änderung der induzierten Sekundärspannung (durch Änderung der magnetischen Induktion B) bei Reaktanz-Sensorsystemen nach dem Prinzip der gesteuerten Gegeninduktivität (Abschn. 3.2.2.) und
- als Ursache für die Änderung der magnetischen Induktion B bei galvanomagnetischen Sensorsystemen.

Sensorsysteme mit gesteuertem magnetoelastischen Element verwirklichen das Prinzip "Mechanische Energie ($F \Rightarrow \sigma$) $\Rightarrow$ magnetische Zwischen-Energie $\Rightarrow$ Elektrische Energie". Sie sind insbesondere für große Kräfte und robusten Betrieb bei geringer Wartung geeignet.

Eine andere Möglichkeit der mittelbaren Nutzung von Magneto-Sensorsystemen bietet die Temperaturabhängigkeit der magnetischen Eigenschaften hartmagnetischer Werkstoffe. Die verschwindende Magnetisierung eines Permanentmagneten bei Erreichen der Curie-

Temperatur seines Materials wird beispielsweise ausgenutzt, um den Schaltzustand eines Reed-Schalters zu ändern, der durch die Wirkung des Permanentmagneten betätigt worden war. Für die Schalttemperatur sind Werte im Bereich $- 20\ ^{o}C \leq T \leq + 150\ ^{o}C$ üblich /1.2/.

3.5.3. Mittelbare Ankopplung durch Variation des Mediums für die Kraftwirkung des magnetischen Feldes auf bewegte elektrische Ladungsträger

Ersetzt man die für Magneto-Sensorsysteme typischen metallischen oder halbleitenden Materialien, in denen die Kraftwirkung des magnetischen Feldes auf bewegte elektrische Ladungsträger erfolgt, durch eine elektrisch leitende Flüssigkeit, so erhält man ein Sensorsystem für die Größenarten Strömungsgeschwindigkeit und Durchflußmenge /3.12/.

Von einer strömenden Flüssigkeit mit der Geschwindigkeit v transportierte elektrische Ladungsträger unterliegen, wenn sie ein senkrecht zur Strömungsrichtung orientiertes Magnetfeld passieren, wie alle bewegten Ladungsträger der Lorentz-Kraft-Wirkung. Sie hat in der strömenden Flüssigkeit ein senkrecht zur Strömungsrichtung und senkrecht zur Normalkomponente der magnetischen Induktion B_n gerichtetes elektrisches Feld der Feldstärke $E = v \cdot B_n$ zur Folge. Ordnet man daher in Feldrichtung im Abstand d zwei Elektroden an, so ist über ihnen die Spannung

$$U = E \cdot d = v \cdot B_n \cdot d$$

abgreifbar. Dabei geht der Wert der elektrischen Leitfähigkeit der transportierten Substanz nicht in den Wert der erzeugten Spannung ein. Er bestimmt jedoch den Innenwiderstand dieses elektrodynamischen Generators und damit die Belastbarkeit durch die Nachfolgeelektronik. Beimengungen in der Flüssigkeit wirken sich nicht störend auf das Meßprinzip aus. Es ist damit auch bei Wasser-Feststoff-Gemischen anwendbar.

Ordnet man die Elektroden an der Innenwandung eines isolierten Rohrstückes an, so läßt sich mittels des genannten Effektes aus der Beziehung

$$v = \frac{U}{B_n \cdot d}$$

die Strömungsgeschwindigkeit v der Flüssigkeit bestimmen (Abb. 3.12). Die Strömungsgeschwindigkeit v wiederum erlaubt über den Rohrquerschnitt A einen Rückfluß auf den Volumenstrom $\dot{V}$ als Kenngröße für die Durchflußmenge ($\dot{V} = v \cdot A$ bei laminarer Strömung und vollständig ausgenutztem Querschnitt).

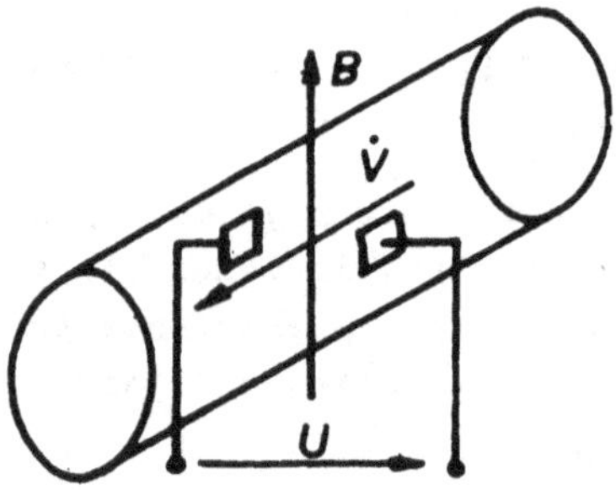

Abb. 3.12 Mittelbare Nutzung eines Magneto-Sensorsystems für die Erfassung der Strömungsgeschwindigkeit und der Durchflußmenge strömender Flüssigkeiten

4. SENSORSYSTEME FÜR DIE ANKOPPLUNG ÜBER ELEKTRISCHE FELD-ENERGIE (KAPAZITIVE REAKTANZ-SENSORSYSTEME)

4.1. Abgrenzung und Systematisierung der Lösungswege

Wie bei den Magneto-Sensorsystemen ermöglicht der Bezug auf das Objekt, das Gegenstand der Erkennungsaufgabe sein soll, auch hier die Unterscheidung zweier unmittelbarer und zweier mittelbarer Formen der Ankopplung (Abb. 4.1). Für deren Abgrenzung soll gelten:

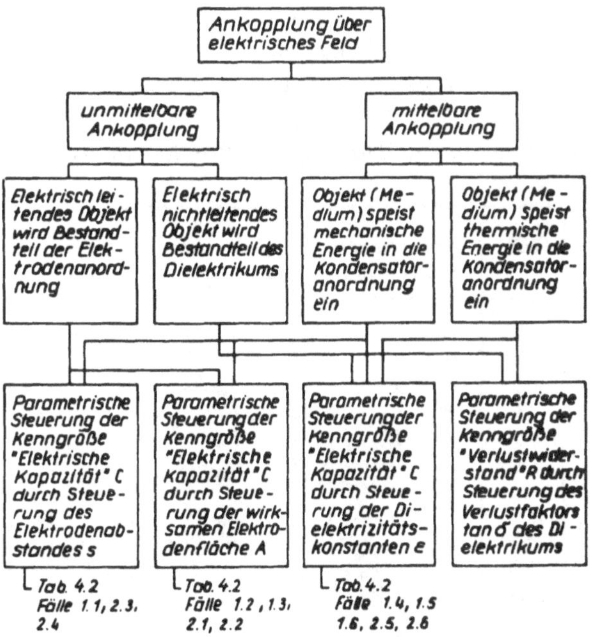

Abb. 4.1 Ankopplungsfälle für kapazitive Reaktanz-Sensorsysteme und diesen zuzuordnende Lösungsprinzipien

Kapazitive Reaktanz-Sensorsysteme mit unmittelbarer Ankopplung sind Sensorsysteme, bei denen die Kopplung zwischen Objekt und Sensorsystem auf direktem Wege über ein elektrisches Feld erfolgt. Dabei ist das Objekt Voraussetzung für das Zustandekommen einer vollständigen Kondensatoranordnung, d. h., es wird selbst Bestandteil derselben.
Kapazitive Reaktanz-Sensorsysteme mit mittelbarer Ankopplung sind Sensorsysteme, bei denen das Objekt selbst nicht Bestandteil einer geschlossenen Kondensatoranordnung ist, sondern über Objektsignale nichtelektrische Energie in diese einspeist.

Eine vollständige reale Kondensatoranordnung besteht aus mindestens zwei durch ein Dielektrikum kleiner elektrischer Leitfähigkeit getrennten Elektroden. Für sie gilt das in Abb. 4.2 dargestellte vereinfachte elektrische Ersatzschaltbild.[1)] Es verdeutlicht die Möglichkeit, Objektsignale entweder zur parametrischen Steuerung der Kapazität C oder zur parametrischen Steuerung des Verlustwiderstandes R zu benutzen. In Abb. 4.1 wird hierfür die Zuordnung zu den verschiedenen Formen der unmittelbaren und mittelbaren Ankopplung an das Objekt getroffen. Zu den ebenfalls in Abb. 4.1 angegebenen Realisierungsfällen sind weitere Hinweise in den Tabellen 4.1 und 4.2 enthalten.

Tab. 4.1 Steuerprinzipien für kapazitive Reaktanz-Sensorsysteme

Grundform	Fall	konstante Kenngrößen	variable Kenngröße	Steuerfunktion Einzel-C	Diff.-C
Platten-kondensator (Abb. 3.18a)	1.1	ε, A	s		
	1.2	ε, s	$A_W(s_x)$		
	1.3	ε, s	$A_W(\alpha)$		
	1.4	A, s	$\varepsilon_W(h)$; $h \perp s$		
	1.5	A, s	$\varepsilon_W(s)$		
	1.6	A, s	$\varepsilon_W(\vartheta)$		
Zylinder-kondensator (Abb. 3.18. b)	2.1	ε, r_2/r_1, l	$A_W(\alpha)$		
	2.2	ε, r_2/r_1	$A_W(l)$		
	2.3	ε, l, r_1	r_2		
	2.4	ε, l, r_2	r_1		
	2.5	l, r_2/r_1	$\varepsilon_W(h)$; $h = l$		
	2.6	l, r_2/r_1	$\varepsilon_W(\vartheta)$		

1) Zur Bewertung von Betriebsschaltungen muß dieses, für die Textinterpretation bestimmte, Ersatzschaltbild erweitert werden, siehe S.91.

Tab. 4.2 Realisierungsformen von Steuerprinzipien für kapazitive Reaktanz-Sensorsysteme

<table>
<tr><td colspan="3">Fall 1.1</td></tr>
<tr>
<td>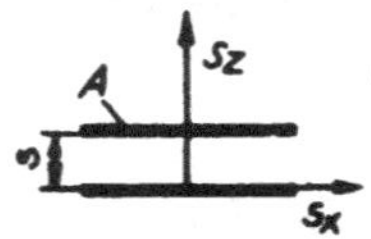Für $A = konst$, $s = s_z$ und $\varepsilon_0 \cdot \varepsilon_r \cdot A = k_1$ wird:
$C_z = \frac{k_1}{s_z}$
$\Delta C_z = -k_1 \frac{\Delta s_z}{s_z(s_z+\Delta s_z)}$
für $\Delta s_z \ll s_z$: $\Delta C_z \approx -\frac{k_1}{s_z^2} \cdot \Delta s_z$</td>
<td>unmittelbare Ankopplung
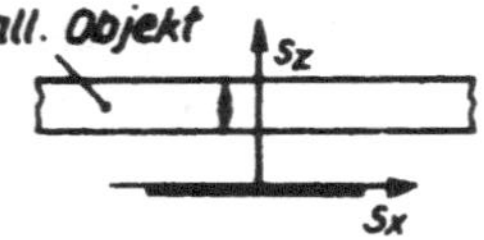</td>
<td>mittelbare Ankopplung
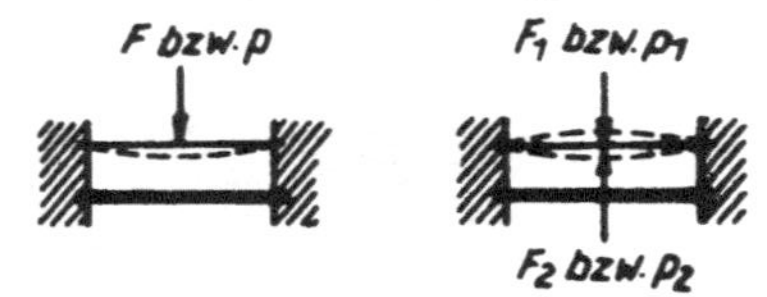F bzw. p → Δs_z $F_1 - F_2$ bzw. $p_1 - p_2$ → Δs_z</td>
</tr>
<tr>
<td>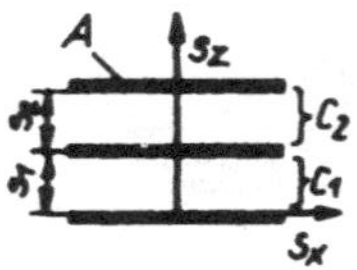Für $A = konst$, $s_1 = s_2 = s_z$ und $\varepsilon_0 \cdot \varepsilon_r \cdot A = k_1$ wird:
$C_{z1} = C_{z2} = \frac{k_1}{s_z}$
Für $\Delta C_z = C_{z2} - C_{z1}$ wird:
$\Delta C_z = -k_1 \frac{2\Delta s_z}{s_z^2 - (\Delta s_z)^2}$
für $\Delta s_z \ll s_z$: $\Delta C_z \approx -\frac{2k_1}{s_z^2} \cdot \Delta s_z$</td>
<td>unmittelbare Ankopplung
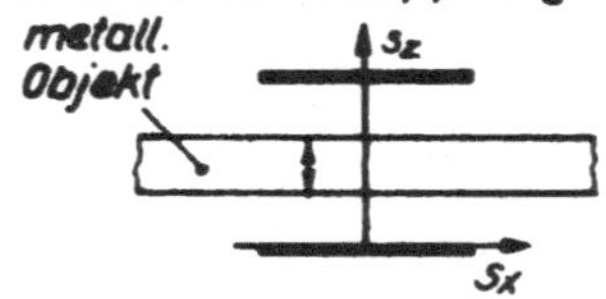</td>
<td>mittelbare Ankopplung
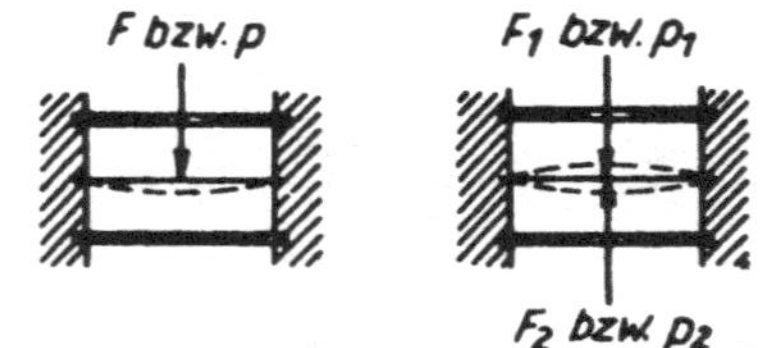F bzw. p → Δs_z $F_2 - F_1$ bzw. $p_2 - p_1$ → Δs_z</td>
</tr>
<tr><td colspan="3">Fall 1.2</td></tr>
<tr>
<td>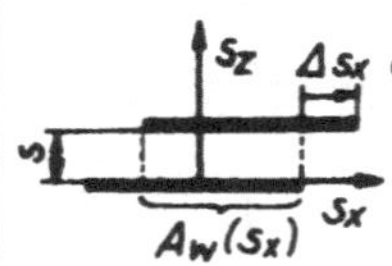Für $s = konst$, $A = A_W(s_x)$ und $\varepsilon_0 \cdot \varepsilon_r \cdot \frac{1}{s} = k_2$ wird:
$C_x = k_2 \cdot A_W(s_x)$
$\Delta C_x = k_2 \cdot \Delta A(s_x)$</td>
<td>unmittelbare Ankopplung
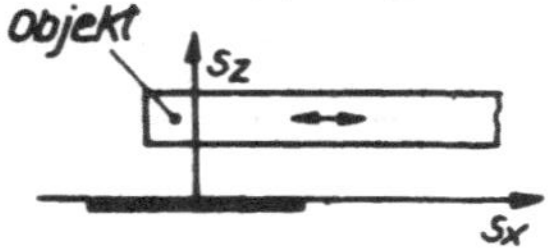</td>
<td>mittelbare Ankopplung
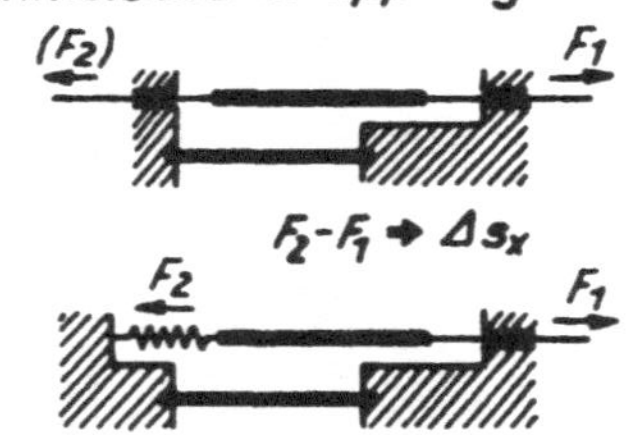$F_2 - F_1$ → Δs_x</td>
</tr>
</table>

Fall 1.3		
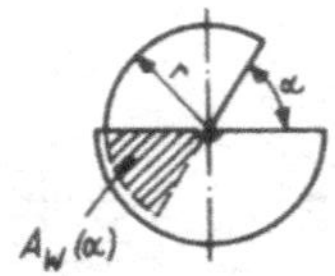 $A_W(\alpha)$ Für s = konst, $A = A_W(\alpha)$ und $\varepsilon_0 \cdot \varepsilon_r \cdot \frac{1}{s} = k_3$ wird: $C = k_3 \cdot A_W(\alpha)$ $\Delta C(\alpha) = k_3 \cdot \Delta A(\alpha)$ $\Delta C(\alpha) = \frac{k_3 \cdot r^2}{2} \cdot \Delta\alpha$		mittelbare Ankopplung 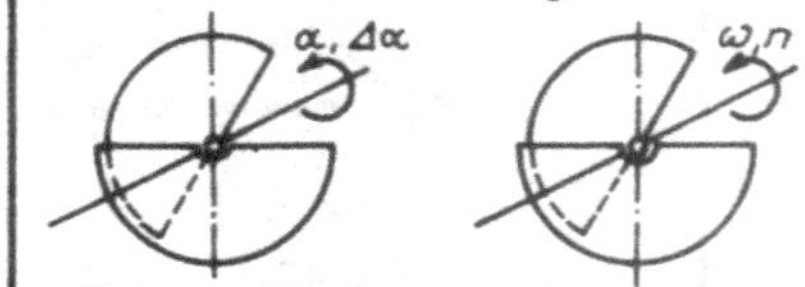
Fall 2.1		
 Für r_2/r_1 = konst, l = konst und $C_{max} = \frac{\pi \cdot \varepsilon_0 \cdot \varepsilon_r \cdot l}{\ln \frac{r_2}{r_1}}$: $C = \frac{C_{max}}{\pi} \cdot \alpha$ $\Delta C = \frac{C_{max}}{\pi} \cdot \Delta\alpha$		mittelbare Ankopplung 
Fall 2.2		
 Für r_2/r_1 = konst, $l = l_W$ und $\frac{2\pi \cdot \varepsilon_0 \cdot \varepsilon_r}{\ln \frac{r_2}{r_1}} = k_4$: $C = k_4 \cdot l_W$ $\Delta C = k_4 \cdot \Delta l_W$	unmittelbare Ankopplung metall. Objekt 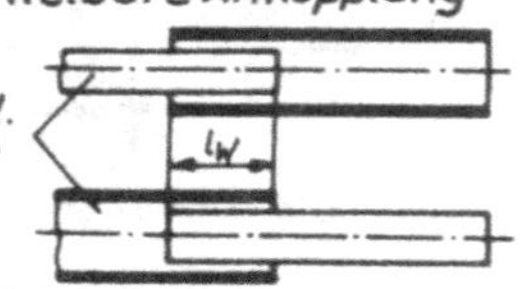	mittelbare Ankopplung 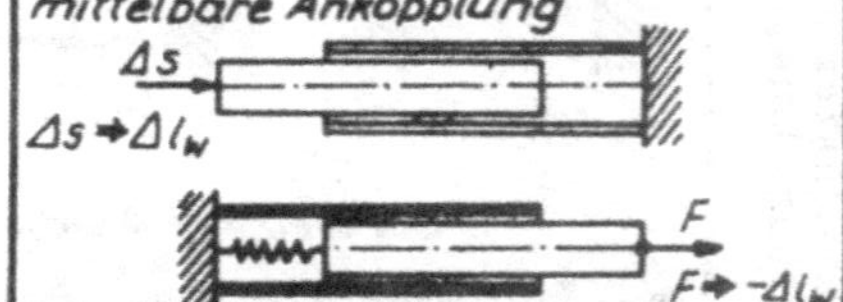
Fälle 2.3 und 2.4		
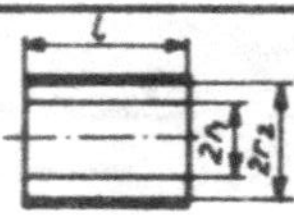 Für l = konst und $2\pi \cdot \varepsilon_0 \cdot \varepsilon_r \cdot l = k_5$: $C = \frac{k_5}{\ln \frac{r_2}{r_1}}$ $\Delta C(r_2) = \frac{k_5 \cdot \Delta r_2}{r_1 (\ln r_2/r_1)^2}$; $\Delta C(r_1) = -\frac{k_5 \cdot \Delta r_1}{r_2 (\ln r_2/r_1)^2}$	unmittelbare Ankopplung metall. Objekt. 	

Fälle 1.4 und 2.5

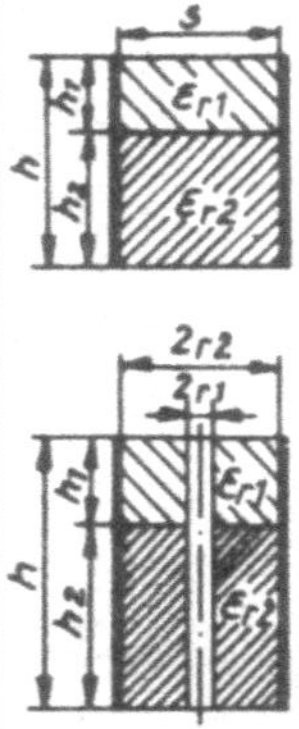

$$C(h_1=h)=C_0=\frac{\varepsilon_0\cdot\varepsilon_{r1}\cdot A}{s}$$ Plattenkond.

bzw. $$C_0=\frac{2\pi\cdot\varepsilon_0\cdot\varepsilon_{r1}\cdot h}{\ln\frac{r_2}{r_1}}$$ Zylinderkond.

Im allgemeinen ist konstant: h, ε_{r1} (häufig $\varepsilon_{r1}=1$), sowie s, A bzw. r_2, r_1. Es ist $C=C_1(h_1,\varepsilon_{r1})+C_2(h_2,\varepsilon_{r2})$

$$C=C_0\left[1+\frac{h_2}{h}\left(\frac{\varepsilon_{r2}}{\varepsilon_{r1}}-1\right)\right]$$

$$C=C_0\left[1+\frac{h_2}{h}(\varepsilon_{r2}-1)\right] \quad \text{für } \varepsilon_{r1}=1$$

$$\frac{\Delta C}{C_0}=\frac{C-C_0}{C_0}=\frac{h_2}{h}(\varepsilon_{r2}-1)$$

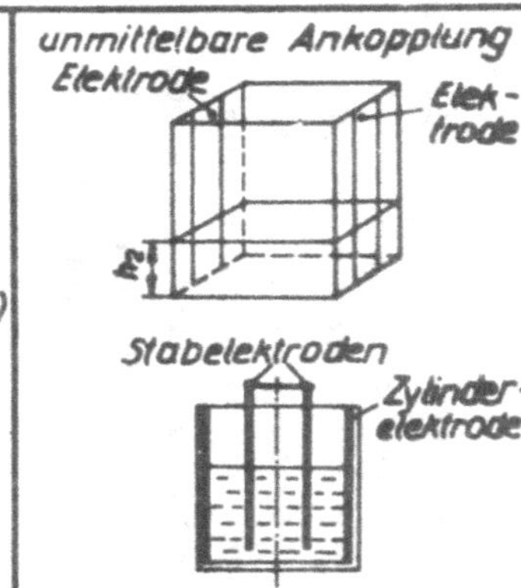

Fall 1.5

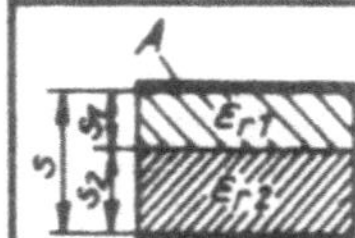

$$C(s_1=s)=C_0=\frac{\varepsilon_0\cdot\varepsilon_{r1}\cdot A}{s}$$

Im allgemeinen ist konstant: s, A, ε_{r1} (häufig $\varepsilon_{r1}=1$, da Luft)
Es ist $C=C_1(s_1,\varepsilon_{r1}) \parallel C_2(s_2,\varepsilon_{r2})$

$$C=C_0\,\frac{1}{1+\frac{s_2}{s}\left(\frac{\varepsilon_{r1}}{\varepsilon_{r2}}-1\right)}$$

$$C=C_0\,\frac{1}{1+\frac{s_2}{s}\left(\frac{1}{\varepsilon_{r2}}-1\right)} \quad \text{für } \varepsilon_{r1}=1$$

$$\frac{\Delta C}{C_0}=\frac{C-C_0}{C_0}=\frac{1}{1+\frac{s_2}{s}\left(\frac{\varepsilon_{r1}}{\varepsilon_{r2}}-1\right)}-1$$

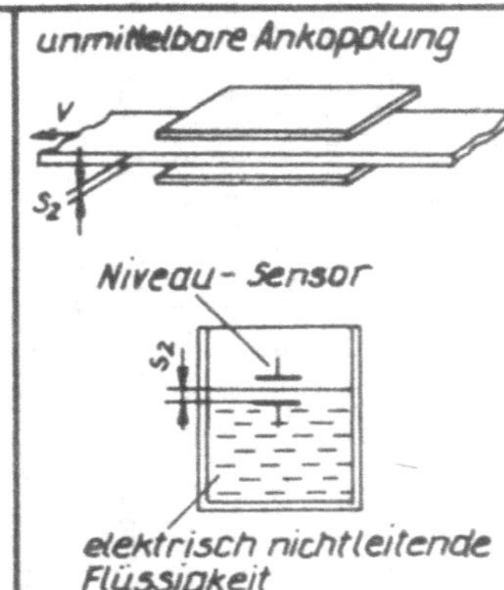

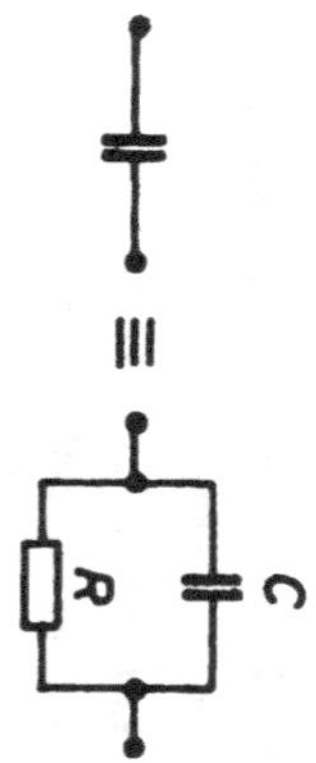

Abb. 4.2

Kapazitive Reaktanz-Sensorsysteme sind vorwiegend Sensorsysteme mit Sender- und Empfängerteil. Ihre Eignung für die zu lösende Erkennungsaufgabe hängt wesentlich davon ab, wie die durch die Wechselwirkung mit dem Objekt gesteuerten Kenngrößen C und R beziehungsweise deren Änderungen durch die gewählte Betriebsschaltung des Empfängerteils elektrisch nutzbar sind. Analog den Verhältnissen bei induktiven Reaktanz-Sensorsystemen, wie sie in Abschn. 3.2.1. beschrieben werden, wird auch hier durch den Funktionsbereich S 202/S 203 eine Betriebsschaltung realisiert, die

- den Wert der gesteuerten Kapazität C identifiziert (Prinzip des C-Meters),
- die Steuerung der Kapazität zur Verstimmung der Resonanzfrequenz eines Schwingkreises gegenüber einer Vergleichsfrequenz ausnutzt (Prinzip des f-Meters),
- die Steuerung des Verlustwiderstandes R als Steuerung der Gütewerte eines Schwingkreises nutzt (Prinzip des Q-Meters, häufig in sehr vereinfachter Form als Anschwing- oder Abreißoszillatorschaltung) oder
- die Steuerung des Verlustwiderstandes R über den Scheinwiderstand der Anordnung auswertet (Prinzip des Z-Meters).

4.2. Kapazitive Reaktanz-Sensorsysteme nach dem Prinzip der gesteuerten Elektrodenkonstellation

Die zur unmittelbaren Nutzung des elektrischen Feldes für den Funktionsbereich S 204/S 200/S 202 gewählten Kondensatoranordnungen sind in vielen Fällen Varianten des Plattenkondensators, zuweilen auch des Zylinderkondensators (Abb. 4.3) /2.7/, /4.1/.

Bei Varianten des einfachen Plattenkondensators stellt das elektrisch leitende Objekt eine der beiden Platten dar. Ändert das Objekt seine relative Lage zur Gegenelektrode, so kann sich das je nach Bewegungsrichtung als Änderung des Plattenabstandes s oder als Änderung der wirksamen Plattenoberfläche A_w auswirken (Tab. 4.1, Fälle 1.1, 1.2, 1.3). Kapazitive Reaktanz-Sensorsysteme nach dem Prinzip der gesteuerten Elektrodenkonstellation haben daher immer den Charakter von berührungslos arbeitenden Wegaufnehmern. Die aus Wegänderungen Δs_z (Änderung des Plattenabstandes) bzw. Δs_x (Änderung der wirksamen Plattenfläche $A_w(s_x)$) resultierenden Kapazitätsänderungen ΔC_z bzw. ΔC_x sind

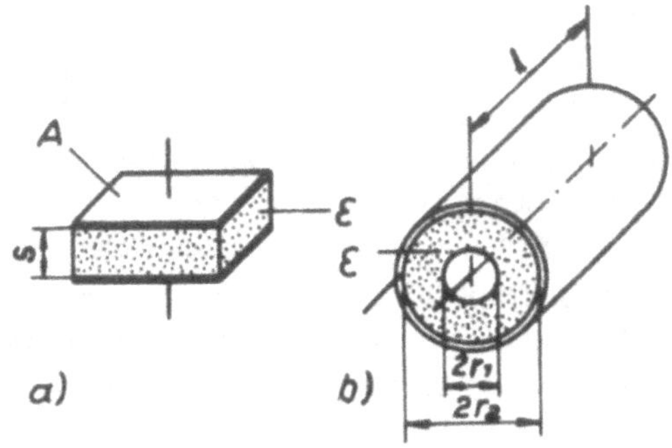

Abb. 4.3 Prinzip des Plattenkondensators (a) und des Zylinderkondensators (b)

Tab. 4.2 entnehmbar. Sie gelten allerdings nur für ebene Objekte. Ist dies nicht der Fall, so wird zweckmäßigerweise die Berechnung $\Delta C = f(s_z, s_x)$ für das reale Objekt experimentell ermittelt und das Sensorsystem dementsprechend kalibriert.

Bei Varianten des Zylinderkondensators (Tab. 4.1, Fälle 2.1, 2.2, 2.3, 2.4) gilt die Beziehung $\Delta C = f(l, r_1, r_2)$ nur, wenn das Objekt stabförmig ist und damit die Innenelektrode bildet, oder wenn es rohrförmig ist und damit die Außenelektrode bilden kann. Im ersten Fall kann mit einem solchen Sensorsystem der Außendurchmesser zylindrischer Teile, im zweiten Fall der Innendurchmesser von Rohren oder Bohrungen berührungslos erfaßt und überwacht werden. Auch hier ist für reale Objekte, die von diesen Formen abweichen, eine entsprechende Kalibrierung des Sensorsystems zweckmäßig. Eine solche Maßnahme ist auch geboten bzw. unumgänglich notwendig, um Einflüsse metallischer Nebenobjekte, beispielsweise der Unterlage des Objekts, zu berücksichtigen. Um störende Einstreuungen zu vermeiden, ist es wichtig, dem Objekt ein konstantes elektrisches Potential zu geben, wofür in vielen Fällen ungestörtes Erdpotential zweckmäßig ist.

Die bei Sensorsystemen dieser Art auftretenden Kapazitätswerte und deren Änderungen sind häufig so klein, daß ein Betrieb mit höheren Frequenzen, hohe Signalverstärkungen und umfangreiche Stabilisierungsmaßnahmen erforderlich sind. Durch die Realisierbarkeit solcher Betriebsschaltungen über den Weg funktioneller Integration und deren konstruktive Einbeziehung in die Kondensatoranordnung sind diese Eigenschaften allerdings für die nahe

Zukunft keine entscheidenden Nachteile mehr. Der hinsichtlich zulässiger Umgebungsbedingungen anderen Empfangswandlerprinzipien häufig überlegene kapazitive Empfangswandler läßt dieser Entwicklung besondere Bedeutung zukommen und eine Aufwertung kapazitiver Reaktanz-Sensorsysteme erwarten.

Die meßtechnische Erfassung der Kapazitätsänderung kann durch eine Spannungsmessung ersetzt werden, wenn das metallisch leitende Objekt in ein zwischen zwei Elektroden bestehendes elektrisches Feld gebracht wird. Die Oberfläche eines solchen Objektes wird zwangsläufig zur Äquipotentialfläche dieses Feldes. Schließt man den für die Praxis wenig wahrscheinlichen Fall aus, daß die Objektoberfläche mit einer Äquipotentialfläche des ungestörten Feldes übereinstimmt, so tritt durch das eingebrachte Objekt eine von Objektform und -lage abhängige Feldverzerrung auf. Die dadurch eintretende Änderung des Potentialverlaufes ist durch eine oder mehrere im Feld angeordnete Meßelektroden als Potentialunterschied erfaßbar und erlaubt bei bekannter Objektform Rückschlüsse auf die Objektlage. Auf die Anwendung dieses Prinzips zur Ortung von Werkstücken in roboterbeschickten Aufkohlungsöfen von Härtereien wird in /4.2/ hingewiesen. Es ist ebenso für nichtmetallische Werkstücke verwendbar, wenn nur deren Dielektrizitätskonstante von der des ungestörten Feldes abweicht.

4.3. Kapazitive Reaktanz-Sensorsysteme nach dem Prinzip der gesteuerten Dielektrizitätskonstanten

Wie schon bei der unter Abschn. 4.2. geschilderten Gruppe von Sensorsystemen sind für den Funktionsbereich S 204/S 200/S 202 auch hier Varianten des Platten- und des Zylinderkondensators üblich.

Da das Objekt Bestandteil des Dielektrikums der Kondensatoranordnung wird, hängt deren Kapazität vom Verhältnis der Volumenanteile ab, die Objektmaterial mit der relativen Dielektrizitätskonstanten ε_{r2} und Aufnahmemedium mit der relativen Dielektrizitätskonstanten ε_{r1} einnehmen. Häufig hat das Aufnahmemedium den kleineren Wert der relativen Dielektrizitätskonstanten. In diesem Falle tritt mit der Zunahme des Volumenanteils des Objektmaterials eine Kapazitätserhöhung ein. Im Gegensatz zu den unter Abschn. 4.2. geschilderten Sensorsystemen haben die hier behandelten Sensorsysteme mit "geschichtetem" Dielektrikum immer den Charakter von Volumenaufnehmern und bei Gewährleistung einer konstanten Grundfläche indirekt den Charakter von Materialdicken- bzw. Niveauaufnehmern.

Nach der Lage der Grenzfläche zwischen den beiden Teildielektrika lassen sich drei für die Praxis bedeutsame Wirkprinzipien unterscheiden (Abb. 4.3) /2.7/, /4.1/.

4.3.1. Kapazitive Reaktanz-Sensorsysteme mit geschichtetem Dielektrikum quer zur Elektrodenebene

Sensorsysteme dieser Art (Tab. 4.1, Fälle 1.4, 2.5) sind typisch für das Erfassen von Füllständen elektrisch nichtleitender Substanzen, und zwar sowohl von Flüssigkeiten wie beispielsweise Wasser (ε_{r2} = 80), Benzin und Heizöl (ε_{r2} = 2 ... 3) als auch von Schüttgütern wie zum Beispiel Zucker (ε_{r2} = 2,3), Reis (ε_{r2} = 3,5), Kaffee (ε_{r2} = 4,6) oder Eisenoxid (ε_{r2} = 9,3) /1.1/. Dabei kann der gesamte Behälter in die Kondensatoranordnung einbezogen sein und mit seiner metallischen Wandung die Außenelektrode eines Zylinderkondensators bilden, während eine oder mehrere (Berücksichtigung des Schüttkegels!) Stabelektroden in die Flüssigkeit oder das Schüttgut ragen. Das Sensorsystem kann jedoch auch isoliert vom Behälter in Form zweier stab- oder plattenförmiger Elektroden ausgeführt werden. Die notwendige Anpassung an die Abmessungen des Behälters wird in der Regel eine Miniaturisierung des Sensorsystems ausschließen, so daß bei dieser Art Merkmale klassischer Meßfühler vorherrschen werden und lediglich die Betriebsschaltung und der Signalwandler funktioneller Integration zugänglich sind.

Der Zusammenhang zwischen bezogener Füllhöhe h_2/h und bezogener Kapazität $C(h_2)/C_o$ geht aus Tab. 4.2 hervor.

4.3.2. Kapazitive Reaktanz-Sensorsysteme mit geschichtetem Dielektrikum parallel zur Elektrodenebene

Sensorsysteme dieser Art sind typisch für das berührungslose Erfassen der Dicke elektrisch nichtleitender Materialien mit flächenhafter Ausdehnung, zum Beispiel der Dicke von Lackschichten auf metallischem Untergrund, von Plastfolien oder von Geweben. Der Zusammenhang zwischen bezogener Dickenabmessung s_2/s des Objekts und bezogener Kapazität C/C_0 geht aus Tab. 4.2, Fall 1.5 hervor. Die Dickeninformation wird prinzipbedingt als Mittelwert über der durch die Elektrodenfläche A gebildeten Meßfläche erfaßt. Dabei ist eine Verschiebung des Materials in Richtung der d-Koordinate ohne Einfluß. Zu beachten ist jedoch, daß bei Materialien mit Luftanteilen für das Meßergebnis nur der Volumenanteil mit $\varepsilon_{r2} > 1$ wirksam wird. Die meßtechnisch ermittelte Dickenabmessung s_2' ist daher kleiner als die tatsächliche Dickenabmessung s_2. Wird allerdings die tatsächliche Materialdicke s_2 auf andere Weise ermittelt, so kann aus dem Meßergebnis für s_2' der Luftanteil im Materialvolumen $s_2 \cdot A$ bestimmt werden. Dies kann beispielsweise für das Erkennen unerwünschter Lufteinschlüsse oder für das Steuern des Materialeinsatzes bei geschäumten Plastwerkstoffen von Interesse sein.

Das Prinzip des parallel zur Elektrodenebene geschichteten Dielektrikum kann man auch für das Überwachen von Füllständen elektrisch nichtleitender Flüssigkeiten verwenden (Tab. 4.2, Fall 1.5), wobei durch Einschränken des überwachten Niveauunterschiedes gegenüber dem in Abschn. 4.3.1. genannten Verfahren eine größere Meßempfindlichkeit erreichbar ist.

Ist $\varepsilon_{r1} \approx 1$ und $\varepsilon_{r2} \gg 1$, dann wird die bezogene Kapazität C/C_0 im wesentlichen durch das Verhältnis s_2/s bestimmt, während materialbedingte Änderungen von ε_{r2} sehr viel weniger eingehen. Dies ist von Vorteil für die sehr genaue Erfassung der Dickenabmessung s_2, jedoch nachteilig für das beabsichtigte Erfassen von Änderungen der relativen Dielektrizitätskonstanten ε_{r2} bei entsprechenden Fertigungsprozessen.

4.3.3. Kapazitive Reaktanz-Sensorsysteme mit verteilten Teildielektrika

Sensorsysteme dieser Art sind typisch für das Erfassung sowohl der Anwesenheit als auch der Konzentration gas- oder dampfförmiger Medien in der Luft oder in festen Schüttgütern /1.2/ und unumgänglich notwendig für automatisierte Dosiervorgänge. Da sie in Wechselwirkung mit Stoffströmen treten, sind für die Meßwerterfassung Zeitkonstanten bis zu einigen Minuten einzukalkulieren.

Kapazitive Reaktanz-Sensorsysteme für das Erfassen der Luftfeuchte benutzen ein Dielektrikum, das durch eine poröse Struktur die Einlagerung der feuchten Luft ermöglicht. Der in der Luft enthaltene Wasserdampf führt durch die große relative Dielektrizitätskonstante von Wasser (ε_r = 80 bei + 20 °C) zu gut auswertbaren Kapazitätsänderungen gegenüber dem Wert bei trockener Luft. Der Vergleich konstruktiver Varianten solcher Sensorsysteme läßt deutlich den Weg zur funktionellen Integration erkennen /1.2/. Abb. 4.4 zeigt die Übertragungskennlinie C = f(F) einer konstruktiven Variante, bei der eine hygroskopische Kunststofffolie beidseitig dünn mit Goldelektroden bedampft wurde. Für den Bereich 10 % ≦ F ≦ 90 % der relativen Luftfeuchte ergeben sich Kapazitätsänderungen im Bereich von etwa 110 pF bis 150 pF /4.3/. Das entspricht einem Übertragungsfaktor von etwa 0,4 pF/% relativer Luftfeuchte.

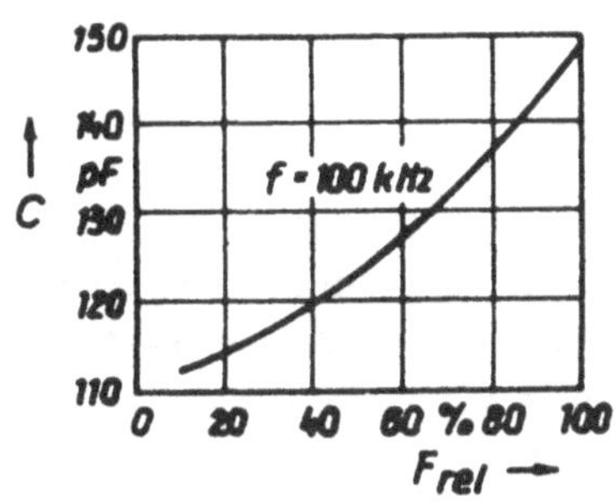

Abb. 4.4 Übertragungskennlinie eines kapazitiven Feuchte-Sensorsystems

Eine für die automatisierte Fertigung und Massenproduktion geeignetere konstruktive Variante ergibt sich, wenn man unter Nutzung der Dünnschichttechnologie auf ein feuchteunempfindliches und elektrisch nichtleitendes Substrat zwei kammförmig ausgebildete Elektroden aufdampft und diese mit einem hygroskopischen Polymer abdeckt (Abb. 4.5). Die gewählte Basistechnologie ermöglicht es außerdem, Betriebsschaltung (Funktionsbereich S 202/ S 203) und gegebenenfalls Signalwandler (Funktionsbereich S 203/

S 204) monolithisch zu realisieren und über die Dünnschicht-Hybridtechnologie den Weg funktioneller Integration zu beschreiten.

Noch einen Schritt weiter geht ein Lösungsweg, der vorsieht, das Feuchte-Sensorsystem ausschließlich monolithisch zu realisieren. Ein Silizium-Substrat, das gleicherweise für die funktionelle

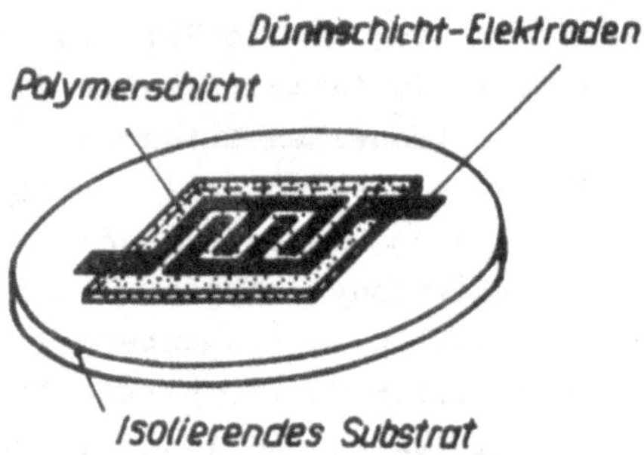

Abb. 4.5 Aufbauprinzip eines Feuchte-Sensorsystems in Dünnschicht-Hybridtechnik

Integration der Betriebsschaltung und des Signalwandlers bestimmt ist, erhält in bekannter Weise die der Oberflächenpassivierung dienende Siliziumdioxidschicht. Auf ihr wird durch Aluminiumaufdampfung die Elektrodenanordnung untergebracht. Als hygroskopisches Dielektrikum dient eine mit Argon-Implantation aktivierte Al_2O_3-Schicht, die durch Katodenzerstäubung auf die Elektrodenanordnung aufgebracht wird. Mit einem solchen Aufbau soll im Bereich 10 % $\leq$ F $\leq$ 90 % die Kapazität um etwa 15 % linear ansteigen /1.2/.

4.4. Kapazitive Reaktanz-Sensorsysteme nach dem Prinzip des gesteuerten Verlustwiderstandes

Wird ein elektrisch nichtleitendes Objekt dem elektrischen Wechselfeld einer als Sende-/Empfangswandler ausgeführten Kondensatoranordnung ausgesetzt, d. h. Bestandteil von deren Dielektrikum, so wird ein Teil der Energie des elektrischen Feldes im Objekt in Wärmeenergie umgesetzt (dielektrische Verluste). Mit Bezug auf das Ersatzschaltbild gemäß Abb. 4.2 entspricht das einer Verkleinerung des Verlustwiderstandes R der Kondensatoranordnung gegenüber dem Zustand ohne Objekt. Die dielektrischen Verluste eines Werkstoffes sind frequenz- und temperaturabhängig und werden durch die Materialkenngrößen "Verlustfaktor tan δ" oder "Verlustziffer $\varepsilon \cdot \tan \delta$" angegeben /4.4/, /4.5/.

Änderungen des Verlustwiderstandes R der Kondensatoranordnung lassen sich mit Betriebsschaltungen nach dem Prinzip des Q-Meters oder des Z-Meters erfassen, wobei auch hier die funktionelle Integration Voraussetzung für eine akzeptierbare Alternative zu anderen Wirkprinzipien ist. Besondere Bedeutung kommt dabei der Wahl eines Frequenzbereiches des elektrischen Wechselfeldes zu, für den der Verlustfaktor möglichst groß ist.

Sensorsysteme dieser Art werden mit Erfolg dort eingesetzt, wo die Anwesenheit elektrisch nichtleitender Objekte zu erkennen ist und die Objekte große Verlustfaktoren oder Verlustziffern haben. In diesem Zusammenhang ist als Betriebsschaltung das Q-Meter in seiner auf zwei Ausgangszustände (Klassen!) beschränkten Form des Abreißoszillators von besonderer Bedeutung.

4.5. Mittelbare Ankopplung kapazitiver Reaktanz-Sensorsysteme

4.5.1. Mittelbare Ankopplung durch mechanische Steuerung der relativen Elektrodenlage

Sensorsysteme dieser Art enthalten für den Funktionsbereich S 201/S 202 eine Kondensatoranordnung, bei der mindestens eine Elektrode durch ein mechanisches Objektsignal in ihrer relativen Lage zu einer oder mehreren festen Elektroden steuerbar ist. Sie realisieren damit das Prinzip "Mechanische Energie $\Rightarrow$ elektrische Feldenergie $\Rightarrow$ elektrische Strömungsenergie" und haben generell den Charakter von Längenaufnehmern.

Die als Empfangswandler nutzbaren Kondensatoranordnungen gründen sich auf die in Tab. 4.2 dargestellten Wirkprinzipe für steuerbare Elektrodenkonstellation. Da im Gegensatz zu den Sensorsystemen nach Abschn. 4.2. die Elektrodenanordnung jetzt konstruktiv eindeutig bestimmt ist, gelten die in Tab. 4.2 angegebenen Beziehungen für das Übertragungsverhalten exakt und erfordern keine Kalibrierung im Zusammenhang mit dem Objekt. Für ihre konstruktive Ausführung sind, in Verbindung mit entsprechenden Vermittlerelementen (Funktionsbereich S 200/S 201), vielfältige Formen möglich.

4.5.2. Mittelbare Ankopplung durch thermische Steuerung von Kenngrößen des Dielektrikums

Die Temperaturabhängigkeit der Dielektrizitätskonstanten oder des Verlustfaktors von Isolierstoffen bietet prinzipiell die Möglichkeit, für thermische Objektsignale geeignete kapazitive Reaktanz-Sensorsysteme zu schaffen. Dabei führt die thermische Steuerung der Dielektrizitätskonstanten ε zur parametrischen Steuerung der Kapazität C, die thermische Steuerung des Verlustfaktors $\tan\delta$ dagegen zur parametrischen Steuerung des Verlustwiderstandes R der realen Kondensatoranordnung.

Für das Erfassen tiefer Temperaturen hat sich zum Beispiel Strontiumtitanat als dielektrischer Werkstoff bewährt /1.2/. Ein solcher Empfangswandler kann Temperaturen im Bereich von 10 mK bis 400 K erfassen und gewährleistet durch extrem kleine Leistungsaufnahme (etwa 100 pW) die bei der Erfassung tiefer Temperaturen besonders kritische Einhaltung einer vernachlässigbar kleinen Verfälschung der Temperatur am Meßort. Bemerkenswert ist auch die Unempfindlichkeit der Kennwerte des Strontiumtitanatkondensators gegen magnetische Felder.

Bildet man die Kondensatoranordnung als Zweidraht-Bandleitung aus, so erhält man einen Empfangswandler, der auf einfache Weise zu einer mehr oder weniger großen Anzahl räumlich verteilter Meßorte geführt werden kann und für die Signalisierung unzulässig hoher Temperaturwerte einsetzbar ist.

5. SENSORSYSTEME FÜR DIE ANKOPPLUNG ÜBER THERMISCHE ENERGIE (THERMO-SENSORSYSTEME)

5.1. Abgrenzung und Systematisierung der Lösungswege

Der Bezug auf das Objekt, das Gegenstand der Erkennungsaufgabe sein soll, gestattet auch für diese Gruppe von Sensorsystemen die Unterscheidung unmittelbarer und mittelbarer Formen der Ankopplung (Abb. 5.1a) Wärmeenergie ist derzeit jedoch als Zwischenenergieform von untergeordneter Bedeutung. Aus diesem Grunde soll im folgenden eine Beschränkung auf Thermo-Sensorsysteme mit unmittelbarer Ankopplung erfolgen. Für ihre Abgrenzung soll gelten:

> Thermo-Sensorsysteme mit unmittelbarer Ankopplung sind Sensorsysteme, bei denen die Kopplung mit dem Objekt auf direktem Wege über thermische Energie erfolgt.

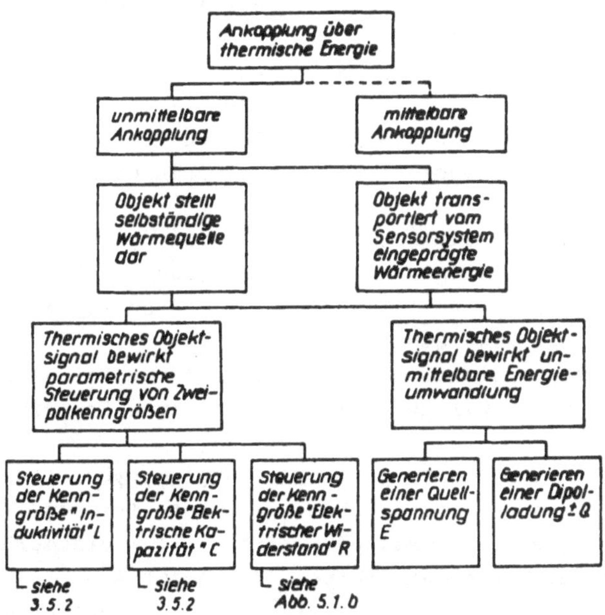

Abb. 5.1a Ankopplungsfälle für Thermo-Sensorsysteme und diesen zuzuordnende Lösungsprinzipien

Dabei gibt es für das Gewinnen thermischer Objektsignale zwei prinzipielle Vorgehensweisen.

Die erste Vorgehensweise ist dadurch gekennzeichnet, daß das Objekt prozeßbedingt eine Wärmequelle darstellt und dadurch an den auf tieferem thermischen Potential zu haltenden Empfangswandler des Sensorsystems einen Wärmestrom liefern kann, der eine Temperaturinformation vermittelt. Thermo-Sensorsysteme dieser Art enthalten als Funktionsbereich S 200-S 210 lediglich einen Empfängerteil.

Die zweite Vorgehensweise ist dadurch gekennzeichnet, daß dem Objekt durch das Thermo-Sensorsystem eine definierte Wärmeenergie zugeführt und deren Fortleitung zur Bildung eines thermischen Objektsignals genutzt wird. Das thermische Objektsignal vermittelt dann eine von Wärmeleitungseigenschaften des Objekts abhängige Temperaturinformation. Thermo-Sensorsysteme dieser Art enthalten als Funktionsbereich S 200-S 210 sowohl einen Sender- als auch einen Empfängerteil.

Da das aufgenommene thermische Objektsignal bei beiden genannten Arten von Thermo-Sensorsystemen eine Temperaturinformation vermittelt, müssen diese bei der weiteren Systematisierung nicht getrennt behandelt werden. Zweckmäßig ist vielmehr eine für beide Arten in gleicher Weise gültige, weiterführende Systematisierung nach charakteristischen Merkmalen des Empfangswandlers. Bei dieser Zielstellung ist es möglich, zwei Hauptgruppen von Thermo-Sensorsystemen voneinander zu unterscheiden (Abb. 5.1), nämlich

- Thermo-Sensorsysteme mit Empfangswandlern, bei denen das thermische Objektsignal die parametrische Steuerung der Zweipolkenngrößen "Induktivität", "Elektrische Kapazität" oder "Elektrischer Widerstand" bewirkt und
- Thermo-Sensorsysteme mit Empfangswandlern, bei denen das thermische Objektsignal zu einer unmittelbaren Energieumwandlung führt.

Bei der an erster Stelle genannten Hauptgruppe sollen in diesem Abschnitt lediglich die möglichen Wirkprinzipien für die parametrische Steuerung der Zweipolkenngröße "Elektrischer Widerstand" erfaßt werden. Für diese Gruppe erfolgt mit Abb. 5.1b eine Systematisierung möglicher Lösungsprinzipien. Die beiden anderen Gruppen wurden bereits in vorangegangenen Abschnitten behandelt.

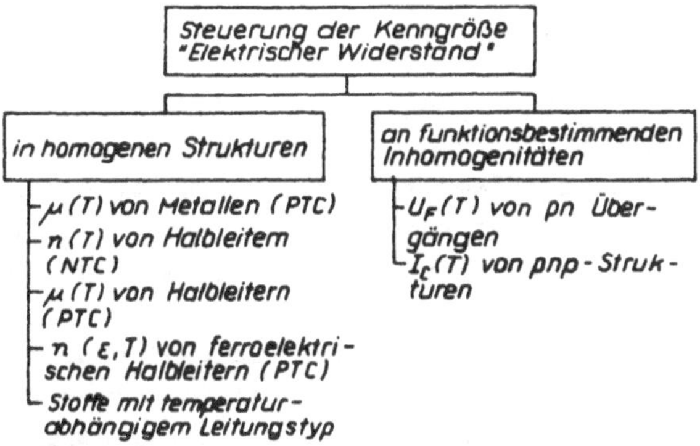

Abb. 5.1b Lösungsprinzipien für die thermisch bewirkte parametrische Steuerung der Kenngröße "Elektrischer Widerstand"

Obwohl von der getroffenen Abgrenzung her keine einschränkende Bedingung dieser Art besteht, werden im folgenden zunächst nur Empfangswandler für Thermo-Sensorsysteme behandelt, deren Kopplung mit dem Objekt über die Mechanismen der Wärmeleitung bzw. der Wärmekonvektion realisiert wird. Empfangswandler für Thermo-Sensorsysteme mit Strahlungskopplung dagegen sollen gesondert als Gruppe der Infrarot-Sensorsysteme (Abschn. 6.) dargestellt werden.

5.2. Empfangswandler für Thermo-Sensorsysteme mit parametrischer Steuerung der Kenngröße "Elektrischer Widerstand" in homogenen Strukturen

5.2.1. Empfangswandler mit parametrischer Steuerung der Ladungsträgerbeweglichkeit in Metallen

Empfangswandler dieser Art nutzen die Erscheinung, daß die Beweglichkeit μ_n der freien Elektronen in Metallen mit zunehmender Temperatur abnimmt, was sich in einer Verringerung der elektrischen Leitfähigkeit bzw. in einer Vergrößerung des elektrischen Widerstandes der Leiteranordnung äußert. Der elektrische Widerstand metallischer Leiter hat daher einen positiven Temperaturkoeffizient, wobei sich die Temperaturabhängigkeit in der Form

$$R(T) = R(T_o)\left[1 + TK_{R1}(T-T_o) + TK_{R2}\cdot(T-T_o)^2+\ldots+TK_{Rn}(T-T_o)^n\right]$$

darstellen läßt. Im allgemeinen reicht es dabei aus, bei Temperaturbereichen von einigen 10 K das Temperaturverhalten durch den linearen TK_{R1} und bei Temperaturbereichen von einigen 100 K zusätzlich durch den quadratischen TK_{R2} zu beschreiben.

Aus der Sicht der Sensorik sind für diese Art von Empfangswandlern zwei Anmerkungen wichtig.

Die erste Anmerkung soll der Feststellung dienen, daß derartige Empfangswandler seit vielen Jahrzehnten zum Standardinstrumentarium der Thermometrie gehören, so daß hinsichtlich verfügbarer Werkstoffsysteme reiche Erfahrungen vorliegen. Häufig im Gebrauch sind vor allem Platin-Meßwiderstände ($TK_{R1} = 3{,}9\cdot10^{-3}K^{-1}$, $TK_{R2} = -0{,}59\cdot10^{-6}K^{-2}$) mit Nennwiderständen bei Zimmertemperatur von 100Ω, 50Ω und 10Ω. Widerstandselemente mit kleinerem Nennwert neigen dabei wegen des verwendeten dickeren Drahtes weniger zu Rekristallisationserscheinungen, was eine bessere Stabilität ihrer Kennwerte über die Zeit und bei häufiger thermischer Wechselbeanspruchung zur Folge hat. Mit Thermo-Sensorsystemen auf der Grundlage von Platin-Meßwiderständen sind heute Temperaturwerte im Bereich von etwa 20 K bis etwa 800 K erfaßbar, bei besonderer Ausführung Temperaturwerte bis zu etwa 3 K nach unten bzw. bis zu etwa 1250 K nach oben. Eine Übersicht zu den in der DDR industriell gefertigten Widerstandsthermometern und deren Bestandteilen ist in /1.5/ enthalten. Im Vergleich zu Platin-Meßwiderständen ergeben Nickel-Meßwiderstände ($TK_{R1} = 6{,}6\cdot10^{-3}K^{-1}$, $TK_{R2} = +7{,}9\cdot10^{-6}K^{-2}$) größere relative Widerstandsänderungen, weisen jedoch auch eine größere Nichtlinearität des Verlaufes R(T) auf. Meßwiderstände aus Legierungen von Edelmetallen (z. B. Gold) mit geringen Beimengungen von Übergangsmetallen (z. B. Mangan) ermöglichen es, Temperaturwerte bis herunter zu Bruchteilen eines Kelvin zu erfassen.

Bezieht sich die erste Anmerkung auf das von den klassischen Temperaturaufnehmern übernehmbare "Erbe", so soll die zweite Anmerkung der für moderne Sensorsysteme charakteristischen Weiterentwicklung gelten. Mit der durch die Dünnschicht-Technologie der Mikroelektronik entwickelten Möglichkeit, über Aufdampfprozesse mit nachfolgender Elektronenstrahlbearbeitung hochgenaue und hochstabile miniaturisierte Metallschichtwiderstände zu erzeugen, wurde der Weg für metallische Meßwiderstände gebahnt, die hinsichtlich Abmessungen, Masse und Preis den Entwicklungstendenzen mikroelektronischer Bauelemente folgen. So werden heute in Transistor- oder Keramikgehäuse eingebaute Dünnschicht-Platin-Meßwiderstände mit Nennwerten von 100Ω und 1 kΩ gefertigt und damit billige Bauelemente für die massenhafte Anwendung in Haushaltgeräten, in Kraftfahrzeugen sowie für die vielfältigen Formen der Heiz- und Kühltechnik in Haushalt und Industrie bereitgestellt /5.13/. Ergänzt werden soll dabei noch, daß die eingeschlagene Entwicklung es ermöglicht, Ansprechzeit sowie Leistungsbedarf der metallischen Widerstands-Thermometer zu verringern und damit die aus Ansprechzeit bzw. Meßleistung resultierenden Meßfehler zu reduzieren.

5.2.2. Empfangswandler mit parametrischer Steuerung der Ladungsträgerkonzentration in polykristallinen Halbleitern

Anders als der klassische Metalldraht-Meßwiderstand wurden die für diese Gruppe von Empfangswandlern typischen Thermistoren vom Heißleitertyp (NTC-Halbleiterwiderstände) schon von jeher zu den "elektronischen" Bauelementen gezählt. Ihr Wirkungsmechanismus beruht auf der mit steigender Temperatur stark nichtlinearen Zunahme der Ladungsträgerkonzentration in polykristallinen Halbleiterwerkstoffen aus Oxiden bzw. Karbonaten bestimmter Metalle. Für die Abhängigkeit der Kenngröße "Elektrischer Widerstand" von der Temperatur (Abb. 5.2) gilt dabei näherungsweise die Beziehung

$$R\ (T) = a \cdot \exp \frac{b}{T} .$$

a "Mengenkonstante", abhängig von den Werkstoffeigenschaften und der Bauform;

b "Energiekonstante", abhängig von den Werkstoffeigenschaften und von der Temperatur;

T absolute Temperatur.

Aus dieser Beziehung folgt durch Differentiation $dR(T)/dT$ der für Thermistoren vom Heißleitertyp charakteristische temperaturabhängige und negative Temperaturkoeffizient zu

$$TK_R\ (T) = \frac{dR}{R \cdot dt} = - \frac{b}{T^2} .$$

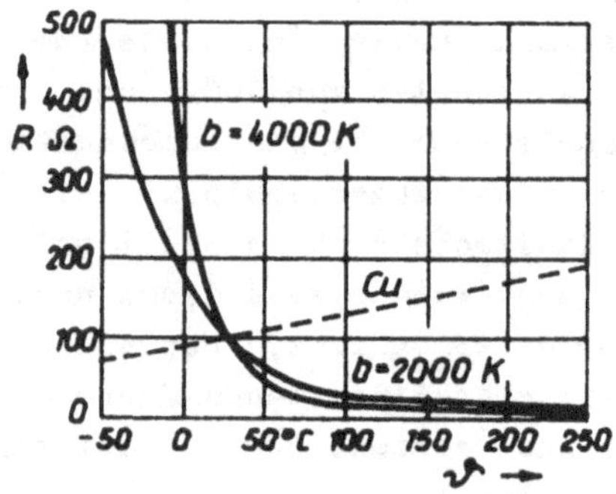

Abb. 5.2 Elektrischer Widerstand von NTC-Thermistoren als Funktion der Temperatur

Mit Thermistoren vom Heißleitertyp ist heute ein Meßtemperaturbereich von sehr tiefen Temperaturen unter 70 K bis zu Temperaturen über 1000 K beherrschbar /5.2/, /5.3/. Diese Eigenschaft zeichnet sie aus der Sicht der Sensortechnik in zweifacher Weise aus

- Thermistoren vom Heißleitertyp stellen zu den metallischen Meßwiderständen eine bedeutsame Alternative dar. Sie haben bei vergleichbarem Bereich beherrschbarer Meßtemperaturen deutlich größere Beträge des Temperaturkoeffizienten TK_R ($/TK_R/ \approx (1 \ldots 10) \cdot 10^{-2} K^{-1}$ gegenüber $/TK_R/ \approx (0{,}4 \ldots 0{,}7) \cdot 10^{-2} K^{-1}$ bei metallischen Meßwiderständen), kleinere Abmessungen mit der daraus folgenden kleineren Ansprechzeit und größere Werte des Nennwiderstandes.
- Thermistoren vom Heißleitertyp sind auch dort noch einsetzbar, wo der Einsatz monokristalliner Halbleiterstrukturen mit ihrem heute auf etwa (220 ... 470)K begrenzten Arbeitstemperaturbereich ausscheidet.

Die Weiterentwicklung der Thermistoren vom Heißleitertyp ist durch drei Tendenzen gekennzeichnet.

- Die für klassische Thermistoren typischen großen Toleranzbereiche der Kennwerte a und b lassen sich durch weiterentwickelte Stoffsysteme wesentlich verkleinern. Das ermöglicht engtolerierte Thermistoren mit großer Langzeitstabilität, für die die sonst übliche fertigungsaufwendige exemplargebundene Kalibrierung der Betriebsschaltung entfallen kann.

- Die Verwendung von Pressmassen mit Oxiden der Seltenerdmetalle anstelle solcher der bisher üblichen Übergangsmetalle ermöglicht Thermistoren vom Heißleitertyp, die bei einem Meßtemperaturbereich von etwa (470 ... 1270)K einen etwa dreimal so großen Temperaturkoeffizienten TK_R aufweisen, so daß der Unterschied zu den metallischen Meßwiderständen nunmehr fast 2 Größenordnungen ausmacht.
- Wie schon bei den metallischen Meßwiderständen läßt sich auch bei den Thermistoren vom Heißleitertyp mit Erfolg die für die Mikroelektronik typische und die kostengünstige Massenproduktion fördernde Dünnschicht-Technik einsetzen. Als Schicht-Werkstoff für den Halbleiter-Widerstand hat sich Siliziumkarbid bewährt. Es wird als wenige Mikrometer dicke polykristalline Schicht auf das isolierende Substrat aufgestäubt. Für eine solche Lösung werden ein Meßtemperaturbereich von (170 ... 720)K, Nennwerte von (10 ... 1000)kΩ mit einer Toleranz von ± 1,5 % und eine Chipfläche von etwa 1 mm x 8 mm genannt /5.4/.

5.2.3. Empfangswandler mit parametrischer Steuerung der Ladungsträgerbeweglichkeit in monokristallinen Halbleitern

Bipolare Halbleiterbauelemente mit Störstellenleitung werden im allgemeinen im Bereich der Störstellenreserve betrieben, d. h. in einem Temperaturbereich, für den die Ladungsträgerkonzentration nahezu konstant bleibt. Dieser Temperaturbereich, er liegt für normale Dotierung (Donatorendichte N_D = $(10^{15} \ldots 10^{17})\ cm^{-3}$) zwischen etwa -50 °C und +150 °C, ist für die Sensortechnik insofern interessant, als in ihm trotz nahezu konstanter Ladungsträgerkonzentration die Ladungsträgerbeweglichkeit mit zunehmender Temperatur deutlich abnimmt. Die damit einhergehende Verringerung der elektrischen Leitfähigkeit hat einen positiven Temperaturkoeffizienten TK_R der Kenngröße "Elektrischer Widerstand" zur Folge. Die Verbindung dieses Effekts mit den Vorteilen der in der Mikroelektronik weit verbreiteten Silizium-Planar-Technologie ermöglicht Billigausführungen von Empfangswandlern für Thermo-Sensorsysteme /5.5/. Für den konstruktiven Aufbau solcher Elemente hat sich die Form des sogenannten "Ausbreitungswiderstandes" (spreading resistance) bewährt. Das ist der elektrische Widerstand, den ein Halbleitervolumen, welches sich zwischen einer

Punktelektrode und einer großflächigen Gegenelektrode befindet, dem Stromfluß entgegensetzt. Um die vorhandene Stromrichtungsabhängigkeit des Widerstandswertes zu vermeiden, werden dabei zwei solcher Kontaktanordnungen nach Art der Abb. 5.3 kombiniert. Als Anschlüsse für den temperaturabhängigen monolithischen Si-Meßwiderstand dienen die beiden Punktelektroden. Abb. 5.4 zeigt den Zusammenhang zwischen den Kenngrößen Elektrischer Widerstand und Temperatur für einen praktisch ausgeführten Si-Meßwiderstand.

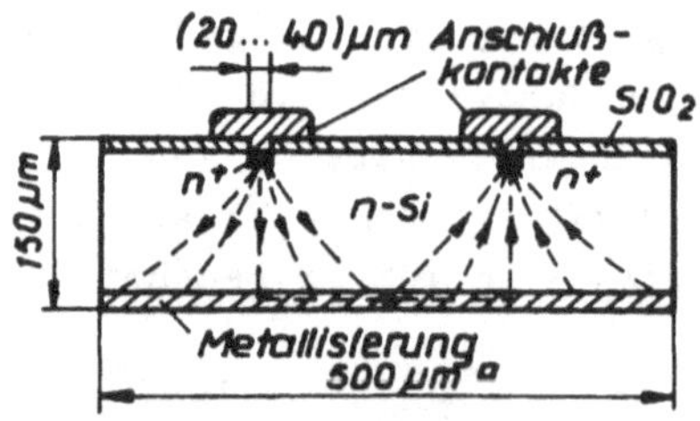

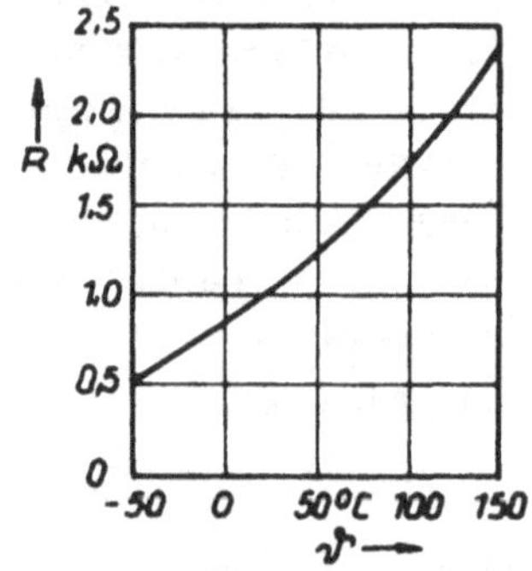

Abb. 5.3 Prinzipieller Aufbau eines thermisch steuerbaren monokristallinen Si-Meßwiderstandes in Form des Ausbreitungswiderstandes

Abb. 5.4 Abhängigkeit des Ausbreitungswiderstandes von der Temperatur für den Si-Meßwiderstand KTY 81 (Valvo)

Widerstandswerte in der angegebenen Größenordnung erhält man bei Donatorendichten $N_D = (10^{15} \ldots 10^{17})\mathrm{cm}^{-3}$ und Abmessungen, wie sie in Abb. 5.3 angegeben sind. Der Verlauf R(T) ist weniger linear als der von Platin-Meßwiderständen, weist jedoch mit etwa $0{,}7 \cdot 10^{-2}\mathrm{K}^{-1}$ einen fast doppelt so großen Wert des Temperaturkoeffizienten auf /5.6/. Betriebsströme von etwa 1 mA begrenzen die auftretende Meßleistung auf den mW-Bereich. Setzt man solche Si-Meßwiderstände in Gehäuse ein, wie sie zum Beispiel für Transistoren kleiner Verlustleistung üblich sind, so ergeben sich Bauelemente, die in charakteristischer Weise den im Begriff "Sensor" enthaltenen technischen Fortschritt gegenüber konventionellen Bauelementen verdeutlichen. Das Beispiel zeigt jedoch auch die durch die Wahl des Grundmaterials bedingten Grenzen des Meßtemperaturbereiches auf, woraus sich nach wie vor Forderungen nach alternativen Empfangswandlern für den Tief- und den Hochtemperaturbereich ergeben.

5.2.4. Empfangswandler auf der Grundlage bistabiler Leitfähigkeit mit PTC-Charakter

Ferroelektrische Werkstoffe verlieren oberhalb einer bestimmten Temperatur, die als ferroelektrische Curie-Temperatur des Werkstoffs bezeichnet wird, die Eigenschaft der Ferroelektrizität. Der Übergang in diesen Zustand erfolgt innerhalb eines relativ kleinen Temperaturbereiches von etwa (50 ... 100)K, wobei sich die Dielektrizitätskonstante ε und die Ladungsträgerkonzentration des Werkstoffs mit zunehmender Temperatur stark verringern. Die Verwendung solcher Werkstoffe für Meßwiderstände ergibt Widerstandswerte, die innerhalb des Übergangsbereiches je nach Meßspannung um 1 bis 3 Zehnerpotenzen zunehmen (Abb. 5.5) /5.7/.

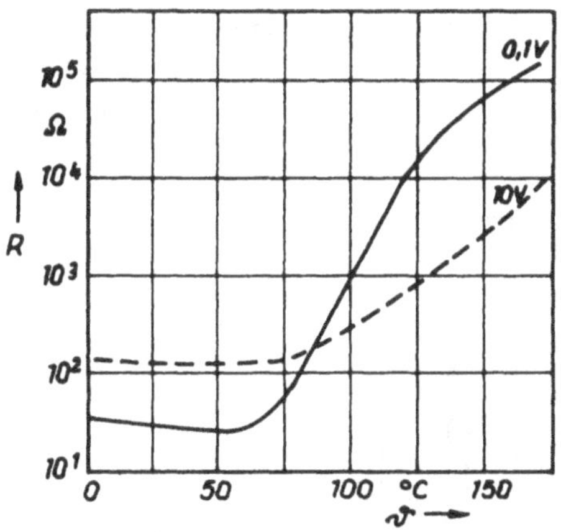

Abb. 5.5 Elektrischer Widerstand von PTC-Thermistoren als Funktion der Temperatur und der Meßspannung

Solche als Kaltleiter oder PTC-Thermistoren bezeichneten Meßwiderstände werden als polykristalline Halbleiterwiderstände ausgeführt, wobei als bevorzugter Werkstoff Bariumtitanat mit Barium- oder Titanüberschuß bzw. mit Beimengungen aus Niob oder Lanthan verwendet wird. Dabei lassen sich mit heute verfügbaren

Werkstoffen Curie-Temperaturen zwischen etwa 250 K und 520 K verwirklichen.

5.2.5. Empfangswandler auf der Grundlage bistabiler Leitfähigkeit mit NTC-Charakter

Das Interesse an Werkstoffen mit bistabilem Leitungstyp führte auch zu Stoffsystemen mit Heißleiterverhalten, bei denen der Wechsel des Leitungstyps noch sprunghafter als bei den in Abschn. 5.2.4. genannten Stoffsystemen mit Kaltleiterverhalten erfolgt. So wurde bei aufgestäubten (gesputterten) Vanadiumdioxidschichten festgestellt, daß bei einer Temperatur von etwa + 70 °C das System innerhalb eines Bereiches von wenigen K vom Halbleiter- bzw. Halbisolatorzustand in den Zustand metallischer Leitung übergeht (Abb. 5.6) /5.8/. Dabei nimmt der Wert des elektrischen Widerstandes oberhalb des Übergangsbereiches der Temperatur gegenüber dem Wert unterhalb des Übergangsbereiches um 3 bis 5 Zehnerpotenzen ab. Die Widerstands-Temperatur-Charakteristik weist im Übergangsbereich eine Hysterese auf. Sie liegt für einkristalline Schichten unter 0,1 K, für polykristalline Schichten bei (3 ... 10)K. Für die Sprungtemperatur solcher Meßwiderstände,

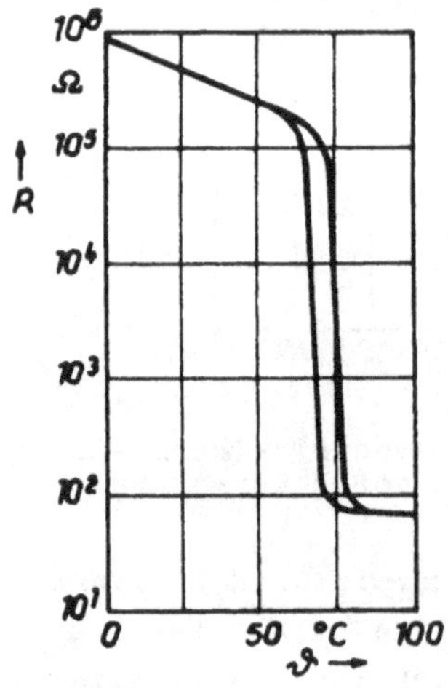

Abb. 5.6 Elektrischer Widerstand einer Vanadiumdioxidschicht als Funktion der Temperatur

für die auch die Bezeichnungen "Steiler NTC-Thermistor" oder CTR (Critical Temperature Resistor) gebräuchlich sind, werden je nach Wahl des Stoffsystems Werte zwischen etwa (5o ... 85) °C realisiert.

5.3. Empfangswandler für Thermo-Sensorsysteme mit parametrischer Steuerung der Kenngröße "Elektrischer Widerstand" an funktionsbestimmenden Inhomogenitäten

Die der Sensortechnik innewohnende Tendenz zur funktionellen Integration des Empfangswandlers mit seiner Betriebsschaltung sowie mit erforderlichen Signalwandlerfunktionen hat für Thermo-Sensorsysteme zur Folge, daß die integrierte Gesamtstruktur der Meßtemperatur ausgesetzt ist und in deren Grenzen funktionsfähig sein muß. Bei der nicht vernachlässigbaren Temperaturabhängigkeit der Kenngrößen halbleiterelektronischer Funktionselemente wirft dies indes generelle Probleme auf. Die Suche nach Alternativen ließ den Gedanken aufkommen, die Temperaturabhängigkeit bestimmter Kenngrößen bipolarer Funktionselemente selbst für die Thermometrie zu nutzen. Auf diese Weise wurden neue Lösungswege für integrationsfreundliche Thermo-Sensorsysteme erschlossen /3.6/, /5.9/, 5.10/.

5.3.1. Die pn-Struktur als thermisch-elektrischer Empfangswandler

Der Verlauf der Strom-Spannungs-Kennlinie eines pn-Übergangs ist sowohl in Sperrichtung als auch in Durchlaßrichtung temperaturabhängig. Den bestimmenden Einfluß hierauf hat die starke Temperaturabhängigkeit des Sperrsättigungsstromes I_s der Halbleiterdiode. Er folgt der Beziehung

$$I_s(T) = I_s(T_o) \cdot \exp c\,(T-T_o) = I_s(T_o) \cdot \exp\,(c \cdot \Delta T)$$

($I_s(T)$ Sperrsättigungsstrom bei der Temperatur T;
$I_s(T_o)$ Sperrsättigungsstrom bei der Bezugstemperatur T_o;
c Konstante mit $c \approx 0{,}1\ K^{-1}$).

Betreibt man die Halbleiterdiode in Sperrichtung, so wird

$$I_R(T) = -\,I_s(T) = -\,I_s(T_o) \cdot \exp(c \cdot \Delta T),$$

und man erhält durch den exponentiellen Verlauf der Funktion $I_R(T)$ eine stark nichtlineare Charakteristik des thermisch-elektrischen Empfangswandler (Abb. 5.7). Bei ihm tritt jeweils mit einer Temperaturzunahme von etwa 7 K eine Verdopplung der Sperrstromes ein.

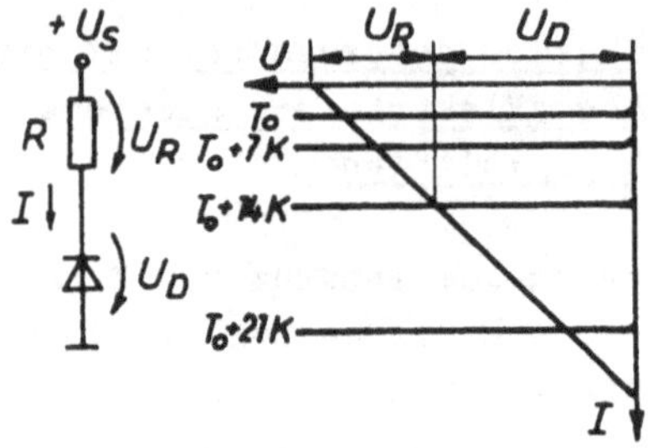

Abb. 5.7 Nutzung des Sperrkennlinienfeldes der Halbleiterdiode für einen thermisch-elektrischen Empfangswandler

Wird die Halbleiterdiode in Durchlaßrichtung betrieben, so kommt zur starken Temperaturabhängigkeit des Sperrsättigungsstromes ein schwacher Einfluß durch die Temperaturspannung U_T hinzu, und es gilt näherungsweise (Abb. 5.8)

$$I_F(T) = I_s(T)\ (\exp \frac{U_F}{U_T} - 1),$$

$$I_F(T) = I_s(T_o) \cdot \exp\ (c \cdot \Delta T) \cdot (\exp \frac{U_F}{k/e \cdot T} - 1).$$

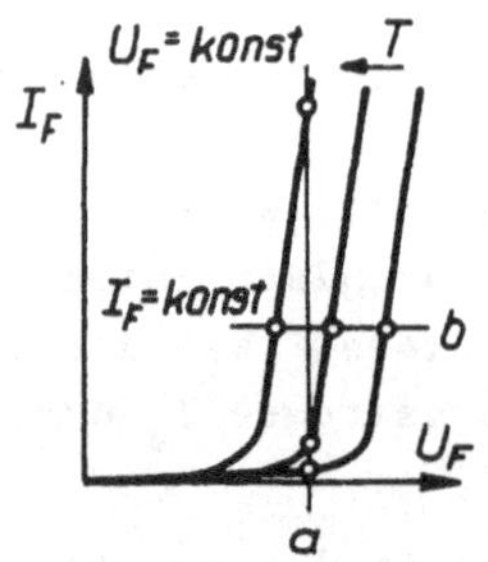

Abb. 5.8 Nutzung des Durchlaßkennlinienfeldes der Halbleiterdiode für einen thermisch-elektrischen Empfangswandler

Hieraus folgt
- für $U_F(T)$ = konst (Gerade a) eine exponentielle Zunahme des Durchlaßstromes mit einer Steilheit

$$\frac{\partial I_F(T)}{\partial T} \approx c \cdot I_F(T), \text{ dadurch wird } \Delta I_F \approx \frac{\partial I_F(T)}{\partial T} \cdot \Delta T = c \cdot I_F(T) \cdot \Delta T.$$

- für $I_F(T)$ = konst (Gerade b) eine näherungsweise lineare Abnahme der Flußspannung U_F mit einer Steilheit

$$\frac{\partial U_F(T)}{\partial T} \approx - c \cdot U_T = - \frac{c \cdot k}{e} \cdot T = - \frac{c \cdot k}{e} \cdot (T_o \pm \Delta T)$$

$$= \begin{cases} -1{,}9 \ \frac{mV}{K} \text{ bei } -55\ ^oC \\ -4{,}1 \ \frac{mV}{K} \text{ bei } +200\ ^oC. \end{cases}$$

Dadurch wird

$$U_F \approx \frac{\partial U_F(T)}{\partial T} \Delta T = - \frac{c \cdot k}{e} (T_o \pm \Delta T) \cdot \Delta T$$

$$= - \frac{c \cdot k}{e} (T_o \cdot \Delta T \pm \Delta T^2).$$

Von den beiden genannten Möglichkeiten wird der zweite Weg für moderne thermisch-elektrische Empfangswandler auf Halbleiterbasis genutzt. Für den Betrieb solcher Empfangswandler finden dabei die in Abb. 5.9 dargestellten zwei Prinzipien Anwendung. Dabei wird allerdings auf den für $I_F(T)$ = konst erforderlichen Wert $R \rightarrow \infty$ verzichtet und ein Kompromiß zwischen hochohmigem Widerstand und akzeptierbarer Speisespannung U_s geschlossen. Von Vorteil ist dabei außerdem, daß durch Variation des Widerstandswertes der für das Ausgangssignal des Empfangswandlers gewünschte Gradient dU/dT einstellbar ist.

Betreibt man zwei thermisch starr gekoppelte Halbleiterdioden in der in Abb. 5.9b angegebenen Weise, so lassen sich die für die Austauschbarkeit der Empfangswandler problematischen Exemplarstreuungen der Durchlaßkannlinien weitgehend eleminieren. Außerdem ist durch die Wahl der Widerstandswerte R_1 und R_2 der Proportionalitätsfaktor zwischen Differenzspannung U_D und T vorgebbar, beispielsweise in der Form, daß der Temperatur T = 272 K ($\approx$ 0 ^oC) die Ausgangsspannung U_D = 2720 mV entspricht. Für solche Empfangswandler werden heute Meßtemperaturbereiche zwischen - 55 ^oC und + 150 ^oC verwirklicht.

Nutzt man die Möglichkeit, die Widerstände R_1 und R_2 als engtolerierte Dünnschichtausführungen herzustellen, so erhält man

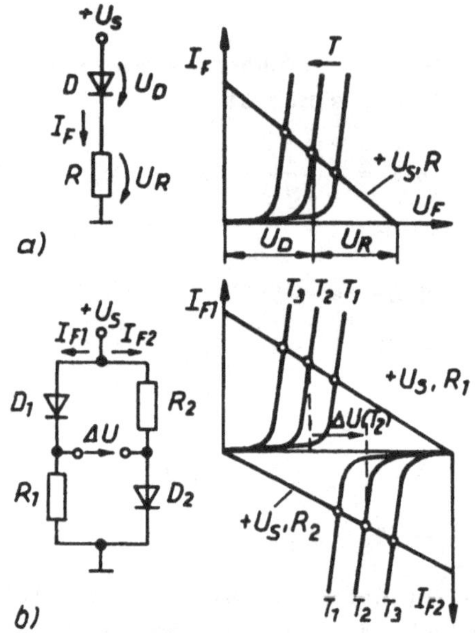

Abb. 5.9 Betriebsschaltungen (a und b) der Halbleiterdiode mit thermisch gesteuertem Durchlaßwiderstand

eine den Empfangswandler, die Betriebsschaltung und eventuell Teile des Signalwandlers umfassende integrierbare Anordnung. In ihr werden die Halbleiterdioden zweckmäßigerweise als Basis-Emitter-Strecken von Bipolartransistoren realisiert. Mit solchen Empfangswandlern sind bei einem Meßbereich von - 40 °C bis + 150 °C Linearitätsabweichungen von $\leq \pm$ 2 K erreichbar (Abb. 5.10).

5.3.2. Die npn-Struktur als thermisch-elektrischer Empfangswandler

Durch den Stromverstärkungsmechanismus des Bipolartransistors überträgt sich die unter 5.3.1. formulierte Abhängigkeit $I_F(T, U_F) = I_B(T, U_{BE})$ auf dessen Kollektorstrom I_C. Werden daher zwei durch Integration auf einem Chip thermisch eng gekoppelter Bipolartransistoren mit unterschiedlichen Kollektorströmen betrieben,

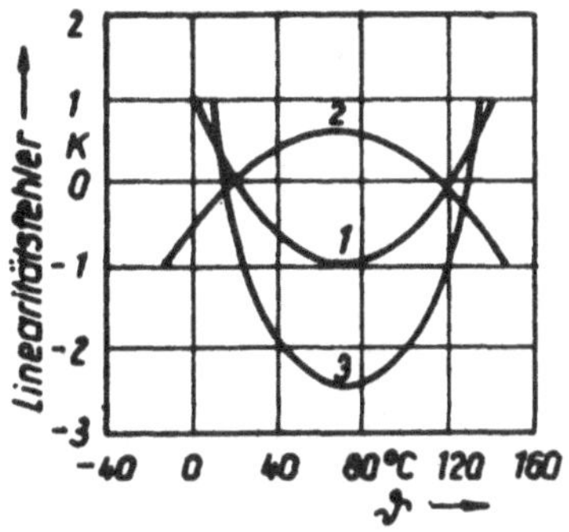

Abb. 5.10 Linearitätsabweichung eines industriell ausgeführten thermisch-elektrischen Empfangswandlers (Motorola MTS 102)

1 MTS 102, 2 Pt-Meßwiderstand, 3 CuKo-Thermoelement

so haben die dazugehörigen Basis-Emitter-Spannungen U_{BE1} und U_{BE2} unterschiedliche Werte, und es ist

$$U_{BE1} - U_{BE2} = \Delta U_{BE} \approx \frac{k \cdot \ln r}{e} \cdot T \quad \text{mit } r = \frac{I_{C1}}{I_{C2}} .$$

U_{BE} ist also der absoluten Temperatur direkt proportional. Der Proportionalitätsfaktor ist durch Wahl von r vorgebbar und wird bei industriell gefertigten Ausführungen solcher Empfangswandler durch das Verhältnis zweier engtolerierter Dünnschichtwiderstände eingestellt, deren Trimmung beispielsweise über Laserstrahlabgleich erfolgt. Die Nutzung von Transistoren als Empfangswandler bietet ideale Voraussetzungen für integrierte Thermo-Sensorsysteme. Sie werden heute in zwei Hauptformen angeboten. Vertreter der ersten Hauptform wirken nach außen hin als temperaturgesteuerte Spannungsquelle. Für sie sind ein Meßtemperaturbereich von etwa − 55 °C bis + 125 °C und ein Übertragungsfaktor von etwa − 10 mV · K^{-1} typisch. Bei Parallelschaltung mehrerer dieser temperaturgesteuerten Spannungsquellen (Abb. 5.11a), von denen jede einer anderen Temperatur ausgesetzt ist, wirkt die mit der größten Ausgangsspannung, so daß der Spannungspegel am Punkt A eine Information über die auftretende minimale Temperatur vermittelt. Bei ihrer Reihenschaltung dagegen (Abb. 5.11b) ist am Punkt A eine Information über den arithmetischen Mittelwert der Einzeltemperaturen gewinnbar. Vertreter der zweiten Hauptform wirken nach außen hin als temperaturgesteuerte Strom-

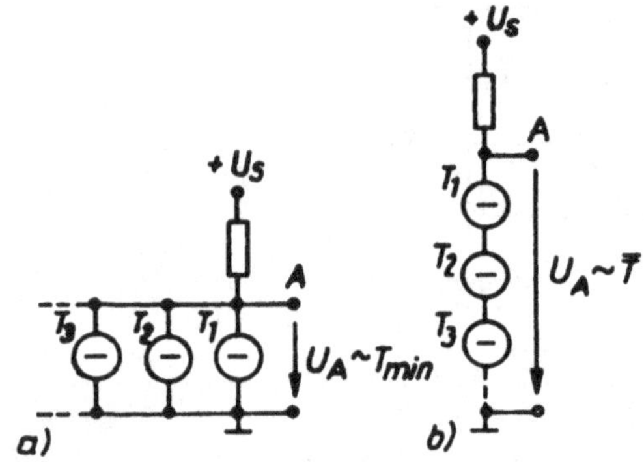

Abb. 5.11 Zusammenschaltung mehrerer temperaturgesteuerter Spannungsquellen
a) Parallelschaltung
b) Reihenschaltung

quellen. Bei einem typischen Übertragungsfaktor von 1 µA · K^{-1} werden dabei Meßfehler ≦ 1 % und Zeitkonstanten <1 s bei einem möglichen Speisespannungsbereich von (4 ... 30)V erreicht. Werden mehrere solcher Empfangswandler, die unterschiedlichen Temperaturen ausgesetzt sind, parallelgeschaltet (Abb. 5.12a), so

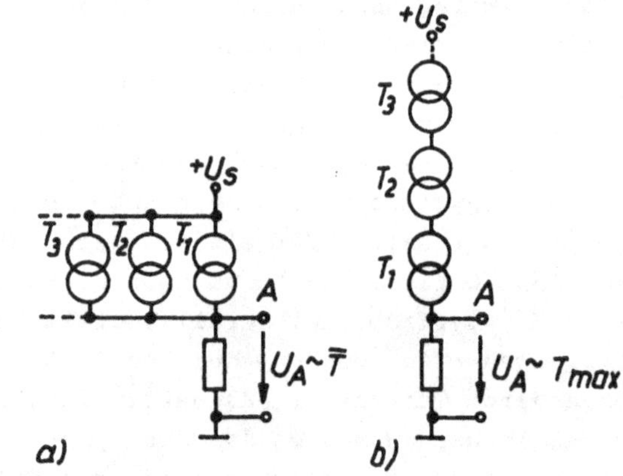

Abb. 5.12 Zusammenschaltung mehrerer temperaturgesteuerter Stromquellen
a) Parallelschaltung
b) Reihenschaltung

ist am Punkt A eine Information über den arithmetischen Mittelwert der Einzeltemperaturen zu erhalten. Bei ihrer Reihenschaltung dagegen (Abb. 5.12b) wirkt der Empfangswandler mit dem größten Stromsignal, so daß der Punkt A eine Information über die maximale Temperatur liefert.

5.4. Empfangswandler für Thermo-Sensorsysteme mit unmittelbarer Energieumwandlung

5.4.1. Empfangswandler mit thermisch gesteuerter Generation einer Quellspannung (Thermoelemente)

Empfangswandler dieser Art beruhen auf der allgemeinen Erscheinung, daß Konzentrationsunterschiede, die an der Kontaktstelle zweier unterschiedlicher Stoffe bestehen, einer von der Stoffkombination und von der Temperatur abhängigen Tendenz zum Ausgleich unterliegen. Handelt es sich dabei um Ladungsträgerkonzentrationen in elektrisch leitenden festen Stoffen, so läßt sich diese Tendenz durch eine von der Stoffkombination und der Temperatur abhängigen Quellspannung kennzeichnen, die auch als Kontaktspannung bezeichnet wird. Werden mehrere solcher Kontaktstellen in Reihe geschaltet (Abb. 5.13), so überlagern sich die Quellspannungen der einzelnen Kontaktstellen zu einer resultierenden Spannung. Für den in Abb. 5.13 dargestellten einfachsten Fall ergeben sich die beiden Quellspannungen E_1 und E_2, die resultierende Spannung $E_{ges} = E_1 - E_2 = 0$, wenn sich beide Kontaktstellen auf gleicher Temperatur befinden. Ist dies nicht der

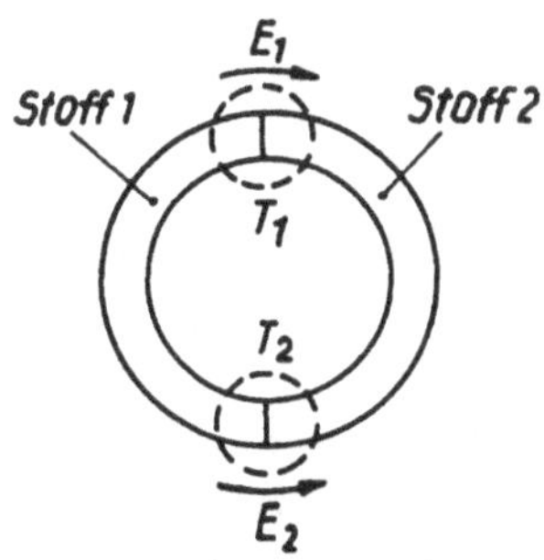

Abb. 5.13 Prinzip des Thermoelements mit Reihenschaltung zweier Kontaktstellen

Fall, so entsteht eine von Null verschiedene und mit der Temperaturdifferenz $T_1 - T_2$ zunehmende resultierende Spannung (Seebeck-Effekt). Sie wird als Thermospannung U_{th} bezeichnet und läßt sich als Beziehung

$$U_{th} = K_s (T) \cdot (T_1 - T_2) = K_s (T) \cdot \Delta T$$

ausdrücken. Der Faktor K_s (T) wird Thermokraft genannt. Er ist selbst temperaturabhängig, so daß Empfangswandler dieser Art eine nichtlineare Charakteristik U_{th} (T, ΔT) haben (s. hierzu auch Abb. 5.12).

Für die Sensortechnik haben heute zwei Gruppen von Stoffkontakten Bedeutung.

Die erste Gruppe der den Seebeck-Effekt nutzenden Empfangswandler beruht auf dem klassischen Metall-Metall-Kontakt. Abb. 5.14 kennzeichnet den bei der technischen Realisierung üblichen Aufbau mit drei Kontaktstellen, von denen die Kontaktstelle 1 der Meßtemperatur T_1 und die Kontaktstellen 2 und 3 der Vergleichstemperatur $T_2 = T_3 = T_0$ ausgesetzt sind. Hinsichtlich der Verfügbarkeit solcher Empfangswandler ist zu bemerken:

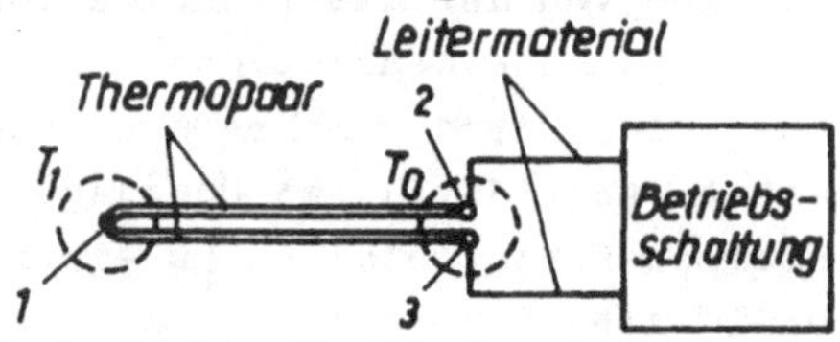

Abb. 5.14 Technisches Realisierungsprinzip des Thermoelements mit Metall-Metall-Kontakt

- Durch die Wahl entsprechender Stoff-Kombinationen für das Thermopaar ist heute ein Temperaturbereich erfaßbar, der vom Tieftemperaturgebiet (T_1 < 70 K) bis zu Temperaturen um die 3300 K reicht /5.11/ (Tab. 5.1).
- Das industrielle Angebot für den Aufbau von Thermo-Sensorsystemen umfaßt heute einzelne Thermopaare, Thermopaar-Meßeinsätze sowie komplette Thermoelemente in Standard- und in Sonderausführungen. Eine Übersicht hierzu ist in /1.5/ enthalten.
- Das stoffliche Grundkonzept der Thermoelemente mit Metall-Metall-Kontakt eröffnet die Möglichkeit zur Anwendung der Dünnschicht-Technologie mit dem sich daraus ergebenden effektiveren Materialeinsatz und einer Senkung der Herstellungskosten.

Tab. 5.1 Meßtemperaturbereich von Thermopaarungen

+Schenkel	-Schenkel	$U_{th}/\mu V \cdot K^{-1}$	T_{min}/K	T_{max}/K
Kupfer	Konstantan	43 (T=300K)	- 70	700
Eisen	Konstantan	54 (T=300K)	- 70	1000
Nickel-Chrom	Konstantan	61 (T=300K)		1000
Nickel-Chrom	Nickel	40 (T=300K)		1300
Platin-Rhodium	Platin	6 (T=300K)		1600
Chromel 89 % Ni; 9,8 % Cr; 1 % Fe; 0,2 % Mn	Konstantan 60 % Cu; 40 % Ni	63 (T=300K)	- 70	1300
Nickel-Eisen 66 % Ni; 44 % Fe	Nickel	24 (T=300K)		1400
Chromel	Alumel 94 % Ni; 2 % Al; 1 % Si; 2,5 % Mn; 0,5 % Fe	41 (T=300K)		1500
90 % Pt + 4,5 % Re + 5 % Rh	Platin	16 (T=300K)		1600
90 % Ir + 10 % Rh	90 % Ir + 10 % Ru	6 (T=300K)		2100
40 % Ir + 60 % Rh	Iridium	6 (T=300K)		2300
Wolfram	Molybdän	8 (T=2000K)		2700
Wolfram	50 % Wo + 50 % Mo	6 (T=2000K)		3100
Wolfram	Tantal	4 (T=200K)		3300
Gold-Eisen 98 % Au; 2 % Fe	Chromel oder Silber-Gold			Tieftemperaturtechnik

Die zweite Gruppe der den Seebeck-Effekt nutzenden Empfangswandler gründet sich auf den Metall-Halbleiter-Kontakt. Versieht man die Enden einer homogenen p-Halbleiterbahn mit ohmschen Kontakten und bringt sie auf unterschiedliche Temperaturen T_1 und T_0, so entsteht vom warmen zum kalten Ende ein Dichtegefälle für Löcher. Im stromlosen Zustand wird der dadurch bewirkte Diffusionsstrom durch einen gleichgroßen Feldstrom kompensiert. Das kompensierende Feld ist so gerichtet, daß das warme Ende negativ, das kalte Ende dagegen positiv gepolt ist. Da sich eine n-Halbleiterbahn umgekehrt verhält, führt die Reihenschaltung mit einer p-Halbleiterbahn zur Addition ihrer Thermospannungen. Dies wird für die technische Realisierung von Halbleiter-Thermoelementen genutzt (Abb. 5.15). Die Thermokraft solcher Anordnungen liegt mit einigen 100 $\mu V \cdot K^{-1}$ deutlich über der von gebräuchlichen Thermoelementen auf der Grundlage von Metall-Metall-Kontakten (z. B. 520 $\mu V \cdot K^{-1}$ für Silizium-Wismut).

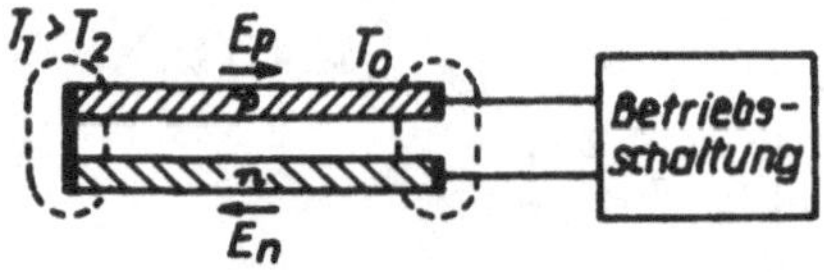

Abb. 5.15 Technisches Realisierungsprinzip des Thermoelements mit Metall-Halbleiter-Kontakt

5.4.2. Empfangswandler mit thermisch gesteuerter Generation einer Dipolladung (Pyroelemente)

Obwohl berührende Kopplung mit dem Objekt für diese Art von Empfangswandler möglich ist, wird für die Sensorpraxis hier der Übergang zu den strahlungsgekoppelten und damit berührungslos arbeitenden Empfangswandlern vollzogen. Ihre Behandlung soll daher im Abschn. 6. erfolgen.

5.5. Einsatz von Thermo-Sensorsystemen für die Zustandsbeschreibung nichtthermischer Prozesse

In weit stärkerem Maße als das bei Aufnehmern der klassischen Meßtechnik der Fall war, sind die mit Sensorsystemen abgebildeten

Objektsignale nicht das Endziel des Meßvorgangs, sondern Ausgangspunkt für die Beschreibung aktueller Zustände von technischen Prozessen, deren Mechanismus mit der Energieform des Objektsignals nichts zu tun hat. Das wird auch bei Thermo-Sensorsystemen deutlich. Bindeglied zwischen nichtthermischem Prozeß und Thermo-Sensorsystem ist dabei die Wärmeausbreitung in flüssigen oder gasförmigen Stoffen bzw. durch Stoffe dieser Art, die am Prozeß beteiligt sind. Ihre Nutzung erfordert Thermo-Sensorsysteme, die Sender- und Empfängerfunktion haben. Dabei erzeugt der Sendewandler, beispielsweise über den Stromwärmemechanismus in Widerstandsbahnen, im interessierenden Stoff eine definierte Wärmeleistung. In der Umgebung dieser Wärmequelle bildet sich auf Grund der Wärmeausbreitung ein durch bestimmtes Gefälle gekennzeichnetes Temperaturfeld aus, dessen Temperaturpotential durch den Empfangswandler an vorgegebenen Meßorten erfaßt wird. Bei den hierzu benötigten Thermo-Sensorsystemen sind eine Reihe verfahrenstechnischer Varianten gebräuchlich.

Hinsichtlich der räumlichen Zuordnung von Sende- und Empfangswandler sind unterscheidbar:

Variante 1

Meßort und Quellort sind identisch, wobei Sende- und Empfangswandler durch ein einziges, als eigenerwärmter temperaturabhängiger Widerstand ausgebildetes, Funktionselement verkörpert werden. Meßtechnisch genutzt wird der am Quellort/Meßort bestehende Zusammenhang zwischen elektrisch erzeugter Wärmeleistung P_1, durch den Stoff abgeführter Wärmeleistung P_2 und damit zusammenhängender Übertemperatur $T_Ü$ gegenüber der konstant angenommenen Umgebungstemperatur T_U in hinreichend großer Entfernung vom Quellort/Meßort. Für den stationären Fall ist im Gleichgewichtszustand $P_1 = P_2$

$$I^2 \cdot R\,(T_Ü) = \alpha \cdot A \cdot T_Ü \qquad T_Ü = \frac{I^2 \cdot R}{\alpha \cdot A}$$

(α Wärmeübergangszahl, wobei $\alpha = \alpha_L$ bei Wärmeleitung durch ruhende Medien, $\alpha = \alpha_K$ bei Wärmekonvektion durch bewegte Medien;

A Oberfläche der Wärmequelle;

$T_Ü$ Übertemperatur der Wärmequelle als Temperaturdifferenz zwischen Oberflächentemperatur T_A und Umgebungstemperatur T_U.)

$T_Ü$ bewirkt den temperaturabhängigen Widerstand R ($T_Ü$) des Empfangswandlers.

Variante 2

Durch zwei an den Endpunkten 1 und 2 einer Meßstrecke befindliche Empfangswandler wird die Temperaturdifferenz über der Meßstrecke erfaßt. Dabei kann einer der Meßorte in unmittelbarer Nähe des Quellortes liegen. Als Empfangswandler können die in den Abschnitten 5.2. und 5.3. genannten Vertreter fungieren. Meßtechnisch genutzt wird bei einer Variante der für die Meßstrecke bestehende Zusammenhang zwischen transportierter Wärmeleistung P, Temperaturdifferenz $\Delta T = T_1 - T_2$ und dem durch die Eigenschaften des Mediums bestimmten thermischen Übergangswiderstand $R_{th\ 1,2}$. Für den stationären Fall gilt dabei

$$P = \frac{T_1 - T_2}{R_{th\ 1,2}}\text{, d. h. } T_1 - T_2 = \Delta T = P \cdot R_{th\ 1,2}.$$

Hinsichtlich der Informationsabbildung sind unterscheidbar:

Variante 3

Die Abbildung der Information erfolgt nach dem Ausschlagverfahren. Hierzu wird mittels des Sendewandlers am Quellort eine konstante Wärmeleistung erzeugt, so daß sich am Meßort ein von der Wärmeausbreitung (Wärmeleitung oder -konvektion) abhängiges Temperaturpotential ergibt. Dieses wird auf das Ausgangssignal des Empfangswandlers abgebildet.

Variante 4

Die Abbildung der Information erfolgt nach dem Kompensationsverfahren. Hierzu wird mittels des Sendewandlers am Quellort eine solche Wärmeleistung erzeugt, daß sich unabhängig von der Wärmeausbildung am Meßort ein konstantes Temperaturpotential ergibt. Das durch den Empfangswandler erfaßte Temperaturpotential dient als Regelgröße, während die Information über die von den Stoffeigenschaften abhängige Wärmeausbreitung auf die Heizstromstärke des Sendewandlers abgebildet wird.

Hinsichtlich des Meßzeitraumes sind unterscheidbar:

Variante 5

Am Quellort wird eine konstante Wärmeleistung erzeugt, und es wird durch den Empfangswandler der sich nach abgeschlossenem Ausgleichvorgang einstellende stationäre Wert des Temperaturpotentials erfaßt.

Variante 6

Am Quellort wird durch sprungförmiges Einschalten des Heizstromes ein thermischer Impuls gesetzt. Der Empfangswandler erfaßt die von der Wärmeausbreitung abhängige Impulsantwort T(t) am Meßort, reagiert also auf zeitliche Temperaturänderungen.

Den einfachsten Realisierungsfall stellt Variante 1 in Verbindung mit Variante 3 und Variante 5 dar. Er wird genutzt

- Zum Nachweis von (ruhenden) Stoffen am Meßort bzw. zur Unterscheidung von Stoffen mit unterschiedlicher Wärmeübergangszahl α_L. Dabei ergibt der Stoff mit dem größeren Wert der Wärmeübergangszahl die kleinere Übertemperatur $T_Ü$. Anwendungsmöglichkeiten bieten sich bei der Überwachung minimal oder maximal zulässiger Füllhöhen für Flüssigkeiten. Ordnet man mehrere Sende/Empfangswandlerelemente in Füllrichtung an, so läßt sich eine beliebig quantisierbare digitale Information über den Füllstand gewinnen.
- Zur Erfassung der Strömungsgeschwindigkeit v bzw. des Volumenstromes $\dot{V}$ flüssiger oder gasförmiger Stoffströme. Dabei nimmt die Übertemperatur $T_Ü$ mit der Vergrößerung von v bzw. $\dot{V}$ ab.
- Zur Erfassung von Gasdrücken, wobei die Übertemperatur mit abnehmendem Gasdruck zunimmt. Auf diesem Wege sollen Druckwerte im Bereich $(10^{-2} \ldots 10^{3})$Pa gut erfaßbar sein.
- Zur mittelbaren Bestimmung der relativen Feuchte.

Bei Anwendungen, die sich auf quasiruhende Stoffe beziehen, z. B. zur Bestimmung der Identität, des Füllstandes oder des Gasdrucks, sind auch Kombinationen

- von Variante 1 mit den Varianten 4 und 5 und
- von Variante 1 mit den Varianten 3 und 6

möglich.

Bei Anwendungen, die sich auf Stoffströme beziehen, z. B. zur Bestimmung der Strömungsgeschwindigkeit oder des Volumenstromes, sind auch Kombinationen

- von Variante 2 mit den Varianten 3 und 5 sowie
- von Variante 2 mit den Varianten 4 und 5

möglich.

6. SENSORSYSTEME FÜR DIE ANKOPPLUNG ÜBER ELEKTROMAGNETISCHE STRAHLUNG DES INFRAROT-SPEKTRUMS (INFRAROT-SENSORSYSTEME)

Die Ankopplung von Sensorsystemen über elektromagnetische Strahlung ist von genereller Bedeutung für berührungslose und rückwirkungsfreie Verfahren der Objektsignalgewinnung. In Abhängigkeit vom gerätetechnisch genutzten Wellenlängenbereich können dabei insbesondere Opto-Sensorsysteme und Infrarot-Sensorsysteme unterschieden werden. Letztere nutzen gegenwärtig vor allem den Wellenlängenbereich von etwa (0,8 ... 50)µm. Der gesamte als Infrarotspektrum bezeichnete Wellenlängenbereich reicht indes von (0,8 ... 1000)µm. Auf die nicht scharf ziehbare Grenze zwischen Thermo- und Infrarot-Sensorsystemen wurde schon in Abschn. 5.1. hingewiesen. Ähnlich ist es mit der Grenze zwischen Infrarot- und Opto-Sensorsystemen. So ist es üblich, die im nahen Infrarot bis etwa 0,9 µm Wellenlänge arbeitenden Infrarot-Sensorsystem auch zu den in Abschn. 7. dargestellten Optosensorsystemen zu zählen.

Die Infrarotmeßtechnik hat heute einen Stand und einen Umfang erreicht, die es unmöglich machen, sie im Rahmen dieses Abschnittes umfassend darzustellen. So kann hier nur ein grober Überblick gegeben werden, der dem Anliegen des Buches gerecht wird. Für weiterführende Fragen wird auf die weit umfangreichere Darstellung in /6.1/ verwiesen. Diese Quelle enthält auch ein umfangreiches Literaturverzeichnis.

6.1. Abgrenzung und Systematisierung der Lösungswege

Als Abgrenzung für diese Gruppe von Sensorsystemen soll gelten:

> Infrarot-Sensorsysteme sind Sensorsysteme, bei denen die Kopplung zum Objekt über elektromagnetische Strahlung des Infrarot-Spektrums erfolgt.

Für den allgemeinen Fall muß davon ausgegangen werden, daß ein Objektsignal nach verschiedenen physikalischen Größen und dabei auch nach der Zeitkoordinate t sowie den Raumkoordinanten x, y und z entwickelt ist. Im Gegensatz zu den Sensorsystemen der vorangegangenen Abschnitte, bei denen von diesem Tatbestand für die Systematisierung der Lösungswege kein Gebrauch gemacht wurde, muß dieser bei den Infrarot-Sensorsystemen unbedingt berücksichtigt werden. Geht man davon aus, daß Infrarot-Sensorsysteme eine Information über die Temperatur an der Objektoberfläche liefern, so läßt sich das Objektsignal in der Form $s = f(T_0, t, x, y, z)$ darstellen. Im Ergebnis dieser Darstellung ist es sinnvoll, die Systematisierung der Lösungswege in zwei Richtungen zu betreiben (Abb. 6.1a), nämlich mit Bezug auf die Abbildung der Oberflächentemperatur T_0 (Abb. 6.1b) und mit Bezug auf die Abbildung ihrer Verteilung über der Objektoberfläche (Abb. 6.1c).

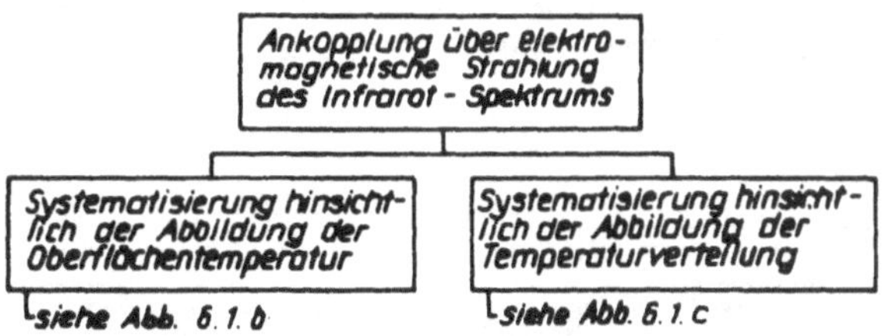

Abb. 6.1 Systematisierung der Lösungswege für Infrarot-Sensorsysteme

a) Hauptrichtung

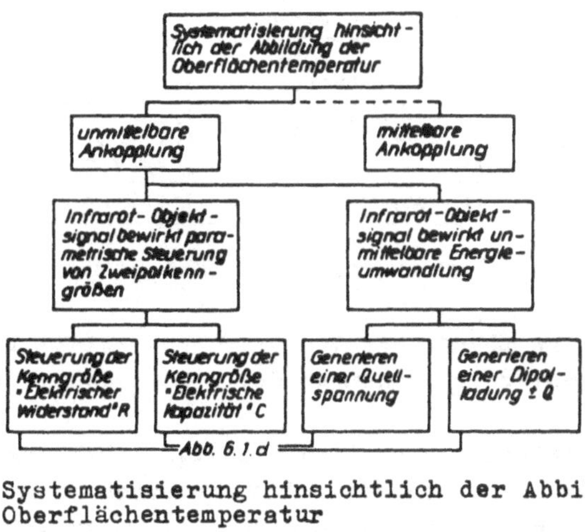

b) Systematisierung hinsichtlich der Abbildung der Oberflächentemperatur

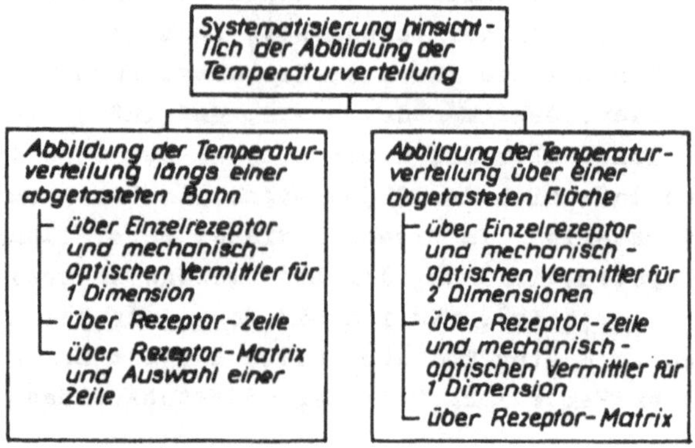

c) Systematisierung hinsichtlich der Abbildung der Temperaturverteilung

Variable	Thermische Detektoren	Photonen-Detektoren
R	• Dünnschicht-und Schwarzschicht-Bolometer • Thermistor-Bolometer • Gekühlte Bolometer	• Fotowiderstände • Fotodioden • Fototransistoren • Fotothyristoren
C	• Kapazitive thermische Detektoren mit gasdruckabhängiger Elektrodenkonstellation • Kapazitive thermische Detektoren mit temperaturabhängiger Dielektrizitätskonstanten	
E	• Strahlungs-Thermoelemente	• Sperrschicht-Fotoelemente • Fotogalvanomagnetische Elemente
Q	• Pyroelektrische Elemente	• CTD-Elemente

d) Arten von thermischen und Photonen-Detektoren

Die vollständige Lösung des Sensorsystems entsteht dann aus der Kombination zweier Teillösungen der beiden Systematisierungsrichtungen.

Zur Systematisierung hinsichtlich der Abbildung der Oberflächentemperatur ist einschränkend zu bemerken:

- Es sind gegenwärtig nur Formen unmittelbarer Ankopplung von Bedeutung.

- Es dominiert die Nutzung der thermischen Eigenstrahlung des Objekts, so daß Infrarot-Sensorsysteme im allgemeinen nur aus dem Empfängerteil bestehen.

Zur Systematisierung hinsichtlich der Abbildung der Temperaturverteilung über der Objektoberfläche ist einschränkend zu bemerken, daß gegenwärtig die beim Objekt vorhandene räumliche Verteilung unter Verzicht auf die Tiefeninformation in der Ebene abgebildet wird.

6.2. Lösungswege für die Abbildung der Oberflächentemperatur von thermisch strahlenden Objekten

6.2.1. Allgemeines

Empfangswandler für Infrarotstrahlung sind entweder thermische Detektoren oder Photonendetektoren.

Die Wirkung thermischer Detektoren ist der Größe des absorbierten Strahlungsflusses (absorbierte Energie je Zeiteinheit) proportional. Sie äußert sich als Erhöhung der Temperatur des Detektors, die ihrerseits eine elektrische Größe steuert. Für wellenlängenunabhängigen Absorptionsgrad ist die Wirkung unabhängig von der spektralen Verteilung der Strahlung. Die auf Temperaturänderung beruhende Wirkung hat allerdings Zeitkonstanten zur Folge (ms-Bereich), die einige Zehnerpotenzen größer sind als die von Photonendetektoren (µs-Bereich). Durch geeignete Materialien und Verringerung der Abmessungen lassen sich Wärmekapazität und damit auch thermische Zeitkonstante verkleinern.

Die Wirkung von Photonendetektoren ist der Anzahl der je Zeiteinheit absorbierten Photonen proportional. Sie beruht auf dem Fotoeffekt und äußert sich als Erhöhung der Zahl der nach außen hin elektrisch aktiven Ladungsträger. Neben dem äußeren Fotoeffekt, der den Elektronenaustritt aus Grenzflächen zur Folge hat, ist dabei vor allem der innere Fotoeffekt von Bedeutung. Auf Grund des Fotoeffektes ist bei Photonendetektoren die Wirkung wellenlängenabhängig und erfordert insbesondere die Unterschreitung einer materialtypischen Grenzwellenlänge. Ist E_A die Aktivierungsenergie eines Ladungsträgers, so muß für die Photonenenergie die Bedingung

$$h \cdot \nu = \frac{h \cdot c}{\lambda} \geq E_A$$

und damit für λ die Bedingung

$$\lambda \leqq \frac{h \cdot c}{E_A} = \lambda_g$$

erfüllt sein.

Für Photonendetektoren, die auf dem äußeren Fotoeffekt beruhen, so daß E_A die Elektronenaustrittsarbeit darstellt, liegt die Grenzwellenlänge bei maximal 1,25 µm. Sie sind daher nur im nahen Infrarot einsetzbar, haben allerdings für die Sensortechnik heute nur noch untergeordnete Bedeutung.

Photonendetektoren mit Nutzung des inneren Fotoeffekts in Eigenhalbleitern erfordern eine Aktivierungsenergie, die der Breite der verbotenen Zone des Material entspricht ($\lambda_g = \frac{h \cdot c}{W_C - W_V}$). Gebräuchliche Eigenhalbleiter ermöglichen Grenzwellenlängen zwischen 0,52 µm (CdS) und 2,9 µm (PbS), wenn sie bei Raumtemperatur betrieben werden und Grenzwellenlängen bis zu 30 µm bei Tieftemperaturbetrieb (77 K).

Photonendetektoren mit Nutzung des inneren Fotoeffekts in Störstellenhalbleitern bedürfen wesentlich kleinerer Anregungsenergien ($\lambda_g = \frac{h \cdot c}{W_C - W_D}$ für n-Halbleiter bzw. $\lambda_g = \frac{h \cdot c}{W_A - A_V}$ für p-Halbleiter). Das ermöglicht Grenzwellenlängen zwischen 6 µm (z. B. Ge: Au bei einer Betriebstemperatur von 77 K)und 120 µm (Ge: B bei einer Betriebstemperatur von 4,2 K).

Das gegen mechanische und Fremdstoffeinwirkung durch eine Umhüllung geschützte Detektorelement besitzt ein Fenster für den Strahlungseintritt, dessen Eigenschaften sowohl bei thermischen als auch bei Photonendetektoren wesentlich für die spektrale Empfindlichkeit des Empfangswandlers sind.

Infrarot-Sensorsysteme erlangen besondere Bedeutung für den Aufbau bedienungsarmer automatisierter Fertigungsabschnitte. Anwendungsschwerpunkte sind dabei:

- Die Überwachung der Oberflächentemperatur thermisch hochbeanspruchter Werkzeuge, wie dies beispielsweise für Bohrer, Fräser, Drehmeißel oder auch Nähnadeln gilt
- Die Kontrolle oder Einstellung der Oberflächentemperatur von thermisch zu behandelnden bzw. behandelten Werkstücken, bei denen diese Größe ausschlaggebend für die Qualitätssicherung ist, beispielsweise für Härtevorgänge oder bei der Vorbereitung von Werkstücken für automatisierte Schrumpfvorgänge /6.2/.

- Die Kontrolle oder Einstellung der Oberflächentemperatur in der Verbindungszone der Fügepartner bei thermischen Fügeverfahren, zum Beispiel für die Kontrolle der Schweißbadtemperatur bei automatisiertem Lichtbogenschweißen oder der Fügezone beim Widerstandsschweißen.
- Die thermische Überwachung schnellaufender und damit thermisch gefährdeter Maschinenteile, bei denen eine Kontaktmessung der Temperatur thermisch hochbeanspruchter Zonen nicht möglich ist.

6.2.2. Empfangswandler mit parametrischer Steuerung der Kenngröße "Elektrischer Widerstand"

Thermische Detektoren

Wie bei den Thermo-Sensorsystemen (Abschn. 5.) finden auch hier homogene Strukturen auf Metall- bzw. Halbleiterbasis als temperaturabhängige Widerstände Anwendung. Für solche als Bolometer bezeichnete Volumeneffektelemente sind aus der Sicht der Sensorik drei Arten von besonderer Bedeutung:

- Durch Aufdampfen einer etwa 0,1 µm dicken Metallschicht, z. B. aus Wismut, auf ein isolierendes Substrat entstehen Dünnschichtbolometer. Eine zusätzliche aufgedampfte Metallschicht, z. B. aus Gold, verbessert den Absorptionsgrad und dessen wellenlängenunabhängigen Bereich (Schwarzschichtbolometer). Ihr bevorzugter Einsatzbereich liegt bei Wellenlängen zwischen 15 µm und einigen Millimetern. Bolometer dieser Art sind robust im Aufbau und bei Raumtemperatur betreibbar. Außerdem kommt die Nutzung mikroelektronik-typischer Herstellungstechnologien der Fertigung großer Stückzahlen mit niedrigen Exemplarkosten entgegen. Empfangsflächen von etwa 50 µm x 50 µm Ausdehnung können als typisch gelten, jedoch sind Form, Größe und Quantierung in weiten Grenzen variierbar /6.3/.
  Durch Erhöhung der thermischen Leitfähigkeit des Substrats läßt sich bei einer Empfangsfläche von etwa 1 mm x 1 mm die normalerweise im ms-Bereich liegende thermische Zeitkonstante bis auf einige 10 ns verkleinern. Allerdings geht die sonst bei einigen Volt pro Watt liegende Empfindlichkeit dabei um etwa eine Zehnerpotenz zurück. Dafür liegt die zulässige elektrische Flächenbelastbarkeit mit etwa (100 ... 1000)W $\cdot$ cm^{-2} deutlich über der sonst üblichen von etwa 1 W $\cdot$ cm^{-2}.

- Gemische von Oxiden, z. B. von Kobalt, Mangan und Nickel, bilden die Grundlage für die als polykristalline NTC-Halbleiterwiderstände realisierten Thermistorbolometer. Auch hier vergrößert die Schwärzung der Detektoroberfläche den Absorptionsgrad. Robuster Aufbau bei kleinen Empfangsflächen von etwa (0,4 ... 4) mm^2, Betrieb bei Raumtemperatur und ein bevorzugter Einsatz bei Wellenlängen zwischen 15 µm und einigen Millimetern kennzeichnen auch diese Art von Bolometern. Im Gegensatz zu den schaltungstechnisch schwieriger zu handhabenden metallischen Bolometern haben sie jedoch wesentlich größere Werte des Nennwiderstandes (bis zu einigen Megaohm).
- Die Existenz von Materialien, die bei sehr tiefen Temperaturen wesentlich größere Werte des Temperaturkoeffizienten TK_R haben führte zu gekühlten Bolometern, beispielsweise auf der Grundlage von Kohlenstoff, Germanium oder Silizium. Sie eignen sich insbesondere für das ferne Infrarot, wo Photonendetektoren nicht mehr geeignet sind.

Photonendetektoren

Als Photonendetektoren mit Steuerung der Kenngröße "Elektrischer Widerstand" werden spektral angepaßte Fotowiderstände (Volumeneffekt), Fotodioden (Sperrschichteffekt) und aus Fotodioden abgeleitete bipolare Strukturen mit zusätzlicher Verstärkungswirkung eingesetzt. Für diese Arten von Empfangswandlern hat sich neben Germanium, Bleisulfid (PbS) und Indiumantimonid (InSb) insbesondere der II-VI-Halbleiterwerkstoff Kadmiumquecksilbertellurid ($Cd_xHg_{1-x}Te$) als vorteilhaft erwiesen. Dabei ist durch Wahl des molaren Mengenverhältnisses von Kadmium- zu Quecksilbertellurid (Molenbruch x) und der Arbeitstemperatur T_A die Grenzwellenlänge λ_g in weiten Grenzen einstellbar. Zum Beispiel wird für x = 0,2 und T_A = 77 K die Grenzwellenlänge λ_g = 13,2 µm, für x = 0,2 und T_A = 300 K dagegen λ_g = 8 µm.

Bei der konstruktiven Ausführung von Fotowiderständen haben sich für eine möglichst große Infrarotempfindlichkeit Empfangsflächen im Bereich (0,1 ... 1)mm x (0,1 ... 10)mm und eine Dicke von etwa 10 µm als optimal erwiesen.

Infrarotempfindliche Fotodioden (s. hierzu auch Abschn. 6.2.4.) werden mit gezogener Sperrschicht, als Hetero- und als Planarstruktur realisiert. Gezogene Sperrschichten haben bis zu 10 mm

Länge und bis zu 1 mm Breite. Für die beiden anderen Formen sind Empfangsflächen von $< 0,1\ mm^2$ typisch. Sie sind damit prädestiniert für Multirezeptorausführungen.

Durch Erweiterung des einfachen pn-Überganges zur pin-Struktur läßt sich die Photonenabsorption vorwiegend in die eigenleitende i-Schicht verlagern. Das hat eine Vergrößerung des Quantenwirkungsgrades und damit eine Verbesserung des Signal/Rausch-Abstandes beim Betrieb der Fotodiode zur Folge.

Beim Betrieb einer Fotodiode mit hinreichend großer Sperrspannung kommt es durch die große Feldbeschleunigung der Ladungsträger zur Stoßionisation mit lawinenartiger Ladungsträgervervielfachung. Dieser Effekt wird in sogenannten Lawinen-Fotodioden nutzbar gemacht, wobei Vervielfachungsfaktoren $M = (10^2 \ldots 10^3)$ erreichbar sind. Dabei verringert sich die für Fotodioden typische hohe Grenzfrequenz von einigen (10 ... 100) MHz um etwa eine Zehnerpotenz.

Betreibt man den in Sperrichtung gepolten Basis-Kollektor-Übergang eines Bipolartransistors als Fotodiode, so hat die Photonenabsorption bei Vernachlässigung des Dunkelstromes den Kollektor-Basis-Reststrom I_{CBO} ($I_B = 0$) zur Folge. Als Ausgangsstrom eines solchen Fototransistors tritt jedoch der gegenüber I_{CBO} um etwa den Stromverstärkungsfaktor in Emitterschaltung B_N vergrößerte Kollektor-Emitter-Reststrom I_{CEO} auf $I_{CEO} = I_{CBO}/(1-A_N) \approx I_{CBO} \cdot B_N$. B_N liegt in der Größenordnung von 10^2, die Grenzfrequenz von Fototransistoren etwa bei (1 ... 10)MHz.

Hingewiesen werden soll schließlich auch noch auf die Möglichkeit, den für die Zündung eines Thyristors verantwortlichen pn-Übergang als Photonendetektor zu benutzen und damit den Zündvorgang auszulösen.

6.2.3. Empfangswandler mit parametrischer Steuerung der Kenngröße "Elektrische Kapazität"

Die Wirkungsweise von Empfangswandlern dieser Art beruht darauf, daß sich durch Absorption von Infrarotstrahlung die Eigentemperatur einer Kondensatoranordnung erhöht und damit die Steuerung temperaturabhängiger Kenngrößen möglich wird (Prinzip des thermischen Detektors).

Führt man das Dielektrikum als Gasvolumen aus, das sich in einer durch eine Membran abgeschlossenen Kammer befindet, so erhöht sich durch den absorbierten Strahlungsfluß die Temperatur des Gasvolumens, mithin auch sein Druck, und es kommt zu einer Lageänderung der Membran. Die Membran bildet eine Elektrode einer Kondensatoranordnung und kann dabei zu einer bzw. zwei festen Gegenelektroden so orientiert sein, daß Druckerhöhung eine Abstandsverringerung (Kapazitätserhöhung), Abstandsvergrößerung (Kapazitätsverringerung) oder beides im Sinne eines Differentialkondensators bewirkt (s. hierzu Abschn. 4.2, Abb. 4.3).

Eine andere Möglichkeit mittelbarer Ankopplung kapazitiver Reaktanz-Sensorsysteme eröffnet die Temperaturabhängigkeit der Dielektrizitätskonstanten ε. Von besonderem Interesse für Infrarot-Sensorsysteme sind dabei vor allem ferroelektrische Materialien mit dem sehr großen Temperaturkoeffizienten TK_{ε} der Dielektrizitätskonstanten im Übergangsbereich zwischen halbleitendem und quasimetallischen Zustand (s. hierzu Abschn. 5.2.4.).

6.2.4. Empfangswandler mit strahlungsgesteuerter Generation einer Quellspannung

Thermische Detektoren

Als thermische Detektoren mit strahlungsgesteuerter Generation einer EMK fungieren Strahlungsthermoelemente. Aus dem Thermoelement, dessen Wirkprinzip in Abschn. 5.4.1. erläutert wird, entsteht das Strahlungsthermoelement, wenn die Erwärmung der Kontaktstelle 1 (Abb. 5.14) durch Absorption eines Strahlungsflusses erfolgt. Die Forderung nach kleiner Wärmekapazität mit den Vorteilen mikroelektroniktypischer Herstellungstechnologien verbindend, werden heute auch Strahlungsthermoelemente als Metallfilm-Dünnschichtstrukturen ausgeführt. So dampft man zur Realisierung der Kontaktstelle 1 beispielsweise einen Antimon- und einen Wismutstreifen mit teilweiser Überlappung auf ein Substrat auf. Auch hier wird wie bei den Schwarzschichtbolometern zur Erhöhung des Absorptionsgrades eine zusätzliche Metallschwarzschicht aufgedampft. Die Dünnschichtstruktur wird gekapselt und unter Hochvakuum betrieben. Auf diese Weise entstehen mechanisch robuste Empfangswandler mit sehr guter Langzeitkonstanz der Kenngrößen.

Als Richtwerte für solche Vakuumthermoelemente seien am Beispiel des Typs Vth-1 (nach Kortum /3.29/) genannt: empfindliche Fläche: 0,2 mm x 2 mm; Empfindlichkeit bei $\lambda = 10\ \mu m$: (5 ... 9)V · W^{-1}, thermische Zeitkonstante: (15 ... 25)ms; Innenwiderstand bei 160 Hz: (10 ... 20)Ω.

Photonendetektoren

Als Hauptvertreter der Photonendetektoren mit strahlungsgesteuerter Generation einer EMK fungiert heute das Sperrschicht-Fotoelement. Es ist von seinem Aufbau her mit der in Abschn. 6.2.2. genannten Fotodiode identisch, nutzt also den inneren Fotoeffekt in Verbindung mit dem pn-Übergang. An einem solchen pn-Übergang werden durch Photonenabsorption Elektron-Lochpaare generiert (Abb. 6.2a). Wird der pn-Übergang als passiver Zweipol in Sperrrichtung betrieben (Fotodiodenbetrieb, Abb. 6.2b), so führt die Generation der Elektron-Loch-Paare zur Erhöhung der Leitfähigkeit in der Sperrschicht. Die daraus resultierende Vergrößerung

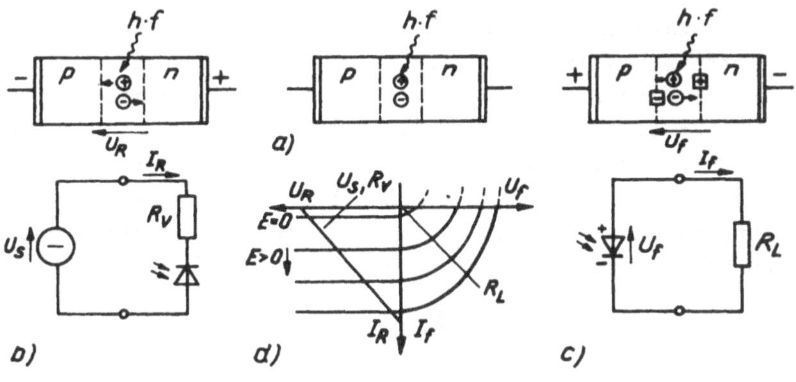

Abb. 6.2 Nutzung des inneren Fotoeffektes am pn-Übergang
a) Entstehung von Elektron-Loch-Paaren
b) Fotodiodenbetrieb
c) Fotoelementbetrieb
d) Strom-Spannungs-Kennlinienfeld

des Sperrstromes I_R ist der Photonenflußdichte Φ_o direkt proportional ($I_R \approx e \cdot \eta_q \cdot A_s \cdot \Phi_o$). Wird dagegen der pn-Übergang als aktiver Zweipol betrieben (Fotoelementbetrieb, Abb. 6.2c), so tritt durch eine auf die generierten Elektron-Loch-Paare wirkende diffusionsbedingte Ladungstrennung an den Klemmen des

Zweipols eine Quellspannung auf. In dieser Betriebsart ergibt sich für $R_L \rightarrow 0$ eine Kurzschlußstrom I_{FK}, der der Photonenflußdichte Φ_o direkt proportional ist ($I_{FK} = - e \cdot \eta_q \cdot \Phi_o$) und für $R_L \rightarrow \infty$ eine Leerlaufspannung U_{FL}, welche mit dem natürlichen Logarithmus der Photonenflußdichte anwächst ($U_{FL} = U_T \cdot \ln (1 - \frac{e \cdot \eta_q \cdot A_s \cdot \Phi_o}{I_s})$). Die geschilderten Verhältnisse werden durch das in Abb. 6.2d dargestellte Strom-Spannungs-Kennlinienfeld des unbelichteten und belichteten pn-Übergangs verdeutlicht.

Der von den galvanomagnetischen Sensorsystemen her bekannte Hall-Effekt findet bei den Photonendetektoren mit strahlungsgesteuerter Generation einer Quellspannung ein Analogon (Abb. 6.3), Die in einem für Infrarotstrahlung sensibilisierten monokristallinen Halbleiter durch Photoneneinfall generierten Elektron-Loch-Paare rufen ein Konzentrationsgefälle hervor und bewirken dadurch einen Diffusionsstrom. Ein senkrecht zur Richtung des Diffusionsstromes und zur Photoneneinfallsrichtung wirkendes Magnetfeld hat über die Lorentz-Kraft-Wirkung eine Ladungstrennung zur Folge, in deren Ergebnis über den Punktkontakten 1 und 2 eine Quellspannung entsteht /6.4/. Sofern der beschriebene fotogalvanomagnetische Effekt nicht für eine optisch-magnetische Doppelsteuerung genutzt werden soll, bringt diese Art von Empfangswandlern allerdings keine nennenswerten Vorteile gegenüber den anderen bereits genannten Photonendetektoren.

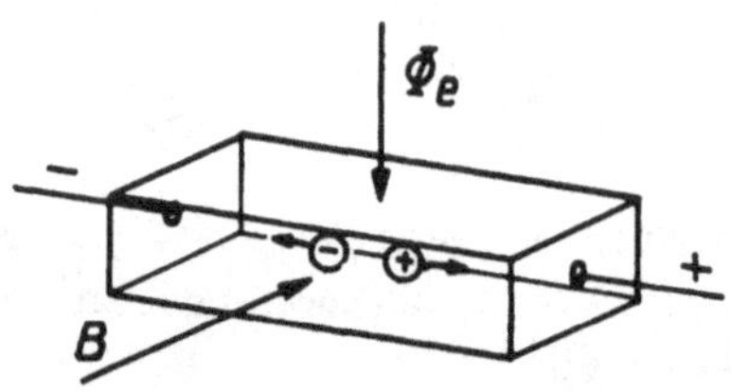

Abb. 6.3 Prinzip des fotogalvanomagnetischen Empfangswandlers

6.2.5. Empfangswandler mit strahlungsgesteuerter Generation einer Dipolladung

<u>Thermische Detektoren</u>

Die Existenz piezoelektrischer Werkstoffe, die bereits ohne mechanische Wechselbeanspruchung ein permanentes und von der Temperatur abhängiges elektrisches Moment aufweisen (pyroelektrischer Effekt), ermöglicht die Realisierung von Empfangswandlern zum Nachweis thermischer Strahlung. Als Materialien für den Aufbau solcher thermisch-elektrischer Empfangswandler (Abb. 6.4) dienen heute modifizierte Formen des Triglyzinsulfates (TGS), Lithiumtantalat ($LiTaO_3$), Lithiumniobat ($LiNbO_3$), Bleilanthanzirkonatitanat (PLZT), Strontiumbariumniobat (SBN; SR Ba NB_2 O_6) sowie die Polymere PVF und PVF_2. Über Eigenschaften und Einsatzbedingungen dieser Materialien wird in /6.1/ berichtet. Von genereller Bedeutung für die Massenfertigung preisgünstiger Pyroelemente mit großem Meßtemperaturbereich ist dabei, daß die genannten Metalloxide die Realisierung als Keramik gestatten.

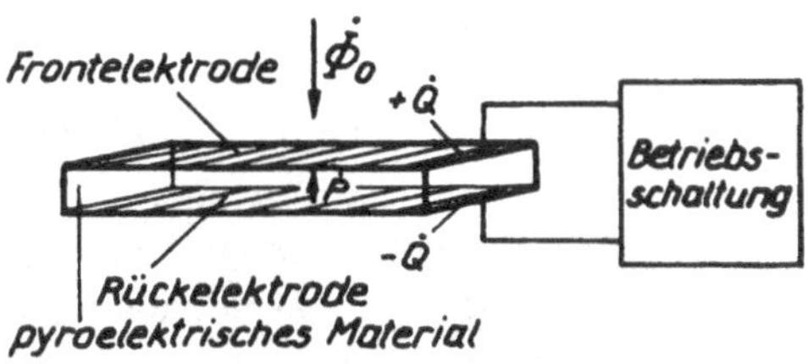

Abb. 6.4. Prinzip des pyroelektrischen Empfangswandlers

Der eigentliche Empfangswandler des Pyroelements wird hermetisch dicht gekapselt, wobei das Material des für den Strahlungseintritt erforderlichen Fensters von wesentlichem Einfluß auf die spektrale Empfindlichkeit ist.

Die bei Temperaturänderung an den beiden Meßelektroden des Empfangswandlers auftretenden Oberflächenladungen gleichen sich bei Temperaturkonstanz über Ionenhäute aus. Sind die zu erfassenden zeitlichen Temperaturänderungen klein gegen diesen Ausgleichsvorgang, so muß die auftreffende thermische Strahlung gechoppert werden. Für den als Vermittler dienenden mechanischen Zerhacker werden Arbeitsfrequenzen im Bereich (0,1 ... 20)Hz empfohlen. In /1.1/ werden für so betriebene Pyroelemente aus Lithiumtantalat-Keramik bei einer Empfangsfläche von 2 mm x 1 mm Empfindlichkeitswerte von (400 ... 700)V $\cdot$ W^{-1} genannt, wobei für zulässige Betriebstemperaturen im Bereich (-20 ... +100)°C Meßtemperaturen im Bereich (-80 ... 1500)°C erfaßbar sind.

6.3. Lösungswege für die Abbildung der Temperaturverteilung über der Objektoberfläche

6.3.1. Allgemeines

Die Notwendigkeit, Wertemuster im Raumvielfach zu erfassen, wurde bereits in den Abschnitten 1.2. und 2.2.3. als ein wesentliches Kennzeichen moderner Sensortechnik herausgestellt. Obwohl die technischen Mittel hierfür sehr unterschiedlicher Art sein können, lassen sich für diese Klasse von Erkennungsaufgaben eine Reihe allgemeingültiger Merkmale formulieren. Sie gelten damit insbesondere auch für die in Abschn. 7. dargestellten visuellen Sensorsysteme.

Bei der Gewinnung eindimensionaler Informationen wird über das in Abschn. 2.3.2. geschilderte allgemeine Wirkprinzip von einem bestimmten Flächenelement A_M (Meßfläche) der Objektoberfläche bzw. einem Volumenelement V_M (Meßvolumen) des Objekts ein Objektsignal gewonnen. Es liefert eine für das Element A_M bzw. V_M integrale Beschreibung einer vereinbarten Objekteigenschaft. Bei der Gewinnung mehrdimensionaler Objektsignale im Raumvielfach wird immer das Ziel verfolgt, die Beschreibungen einer endlichen Anzahl unterschiedlicher Elemente $A_{M\nu}$ bzw. $V_{M\nu}$ ($\nu = 1 \ldots n$) des Objekts miteinander in Beziehung zu setzen und daraus die Klasse der vereinbarten aktuellen Zustandsgröße zu bestimmen. Aus dieser Zielstellung resultieren folgende Merkmale für Sensorsysteme zur Gewinnung mehrdimensionaler Objektsignale:

Für den allgemeinen Fall muß davon ausgegangen werden, daß das interessierende Nutzobjekt durch andere Objekte umgeben ist. So befindet es sich häufig als fester Körper auf einer ebenfalls als fester Körper ausgebildeten Unterlage. Auch ohne zusätzliche Störobjekte, wie dies für den in Abschn. 2.2.3. genannten Erkennungsfall 5 zutrifft, liegt daher immer eine Szene aus mindestens zwei Objekten vor. *Für diese Szene müssen Form und Größe des Abtastbereiches l_{ges}, A_{ges} bzw. V_{ges} vereinbart werden (Merkmal 1).* Der Abtastbereich kann eindimensional (linienförmig)[1], zweidimensional (flächenförmig) oder dreidimensional (räumlich) sein[2]. Überall dort, wo bei der Abtastung das Nutz-

1) Querabmessung klein gegen die Längsabmessung.

2) Die dazugehörigen Objektsignale sind jeweils um mindestens eine Dimension höherwertiger.

objekt gegen seine Unterlage unterschieden werden muß, liegt die Begrenzung des Abtastbereiches außerhalb der Begrenzung (Kontur) des Nutzobjektes. Überall dort dagegen, wo die Abtastung dazu dient, ausschließlich Beziehungen zwischen Teilen des Nutzobjektes herzustellen, beispielsweise für die Kontrolle der Oberflächenqualität, kann die Begrenzung des Abtastbereiches innerhalb der Begrenzung des Nutzobjektes liegen. Eine Grundbedingung für den erstgenannten Fall ist, daß die Abtastung auf eine Eigenschaft der Szene orientiert sein muß, die eine sichere Unterscheidung von Nutzobjekt und Unterlage ermöglicht.

Für den vereinbarten Abtastbereich l_{ges}, A_{ges} bzw. V_{ges} ist die Anzahl n der Elemente ν ($\nu = 1 \ldots n$) (Merkmal 2) festzulegen. An dieser Stelle ist darauf hinzuweisen, daß mit wachsendem n zwar der Realisierungsaufwand zunimmt, jedoch auch die Erkennungssicherheit erhöht werden kann. Der einfache Punktsensor läßt sich mit minimalem Aufwand realisieren, sein Ausgangssignal ist jedoch in voller Größe statistischen Schwankungen unterworfen, wie sie trotz gleicher Abtastbedingungen durch unterschiedliche Elemente $A_{M\nu}$ bzw. $V_{M\nu}$ ein und desselben Objekts oder durch das gleiche Element unterschiedlicher Objekte bedingt sind. Soll beispielsweise mittels eines optischen Punktsensors auf Reflexbasis die Anwesenheit eines Werkstückes erfaßt werden, so können Unterschiede in der Oberflächenbeschaffenheit der Objekte, die dem Auge unerheblich erscheinen, für den Punktsensor erhebliche Unterschiede seines Ausgangssignals zur Folge haben. Dadurch kann es unmöglich sein, zwei hinreichend weit auseinanderliegende und durch Wahl eines Schwellwertes voneinander trennbare Wertebereiche für die Zustände "Werkstück vorhanden" und "Werkstück nicht vorhanden" festzulegen (Abb. 6.5). Eine Zahl $n > 1$ gestattet es, statistisch bedingte Unterschiede in den Ausgangssignalen durch Mittelwertbildung oder durch Ausschließen extremer Fälle im Sinne einer Vorverarbeitung zu korrigieren, so daß die geforderten zwei Wertebereiche sicherer unterscheidbar sind. Bei der Prüfung solcher Korrekturmöglichkeiten darf allerdings nicht außer acht gelassen werden, daß möglicherweise durch Wahl eines anderen Wirkprinzips der Abtastung, zum Beispiel durch Einsatz eines Punktsensors auf induktiver Basis, die statistische Schwankung des Ausgangssignals a priori kleiner sein und eine Korrektur entfallen kann. In jedem Falle ist jedoch die sichere Unterscheidbarkeit zweier Wertebereiche des Ausgangssignals Voraussetzung für die Beantwortung der im Zusammenhang mit der Identitätserkennung bestehenden Frage, mit welcher minimalen Anzahl von Punktsensoren oder Abtastproben eine bestimmte Anzahl möglicher Werkstückformen bzw. -lagen unterscheidbar sind.

Abb. 6.5 Mögliche Lagen der Wertebereiche für einen Punktsensor mit binärem Ausgangssignal

a) unbrauchbare Überlappung der Wertebereiche 1 und 2

b) zu kleiner Abstand der Wertebereiche 1 und 2

c) geeignete Lage der Wertebereiche 1 und 2

<u>Für die innerhalb des Abtastbereiches vereinbarte Anzahl von Elementen n ist deren Topologie festzulegen (Merkmal 3).</u> Hierzu gehören Vereinbarungen über die Abmessung der Elemente $A_{M\nu}$ bzw. $V_{M\nu}$ wie über ihre gegenseitige Zuordnung. Zu den Abmessungen der Elemente wird darauf verwiesen, daß mit der Verkleinerung der abgetasteten Objektpartie statistisch bedingte Schwankungen des Abtastergebnisses wahrscheinlicher werden, da sich Unregelmäßigkeiten beispielsweise der Objektoberfläche stärker auswirken. Zur Zuordnung der Elemente sei vermerkt, daß sie mit Überlappung, ohne Überlappung oder als einzelne Felder eines gedachten Rasters vereinbart werden können. Bei der Unifizierung von Sensorsystemen für die Erfassung mehrdimensionaler Objektsignale im Raumvielfach kommt strahlungsgekoppelten Abtastmechanismen besondere Bedeutung zu, da bei ihnen durch strahlformende Mittel (Vermittler, Funktionsbereich S 200 - S 201) objekt- bzw. szenenspezifische Abtastbereiche verschiedenster Art auf standardisierbare und funktionell integrierbare Empfangsflächen von Zeilen- bzw. Matrix-Empfangswandlern abbildbar sind. Es ist daher nicht verwunderlich, daß durch die Hersteller integrierter Schaltungen solche Empfangswandler heute in vielen Varianten angeboten wer-

den. Ihre spektrale Empfindlichkeit erstreckt sich in den meisten Fällen auf das nahe Infrarot sowie auf den sichtbaren Bereich elektromagnetischer Strahlung. Dabei werden für Zeilen-Empfangswandler heute bis zu 2048 Rezeptoren und für Matrix-Empfangswandler bis zu etwa 200 000 Rezeptoren auf einen Chip realisiert. Auf diese Empfangswandler wird in Abschn. 7. näher eingegangen.

Neben diesen, den Opto-Sensorsystemen entlehnten Empfangswandlern wurden und werden spezielle Empfangswandler für längerwellige Infrarotstrahlung entwickelt. Sie sollen im folgenden Abschnitt genannt werden.

Für die festgelegten Elemente $A_{M\nu}$ bzw. $V_{M\nu}$ sind der zu erfassende Temperaturbereich sowie der zulässige Empfindlichkeitsunterschied zwischen den Elementen zu vereinbaren. Hierzu gilt generell, daß mit zunehmender Annäherung der unteren Meßtemperatur an die Umgebungstemperatur des Empfangswandlers die relative Signaländerung abnimmt, so daß sich Empfindlichkeitsunterschiede der Elemente wesentlich stärker auf das Ausgangssignal auswirken können als die zu erfassenden Temperaturunterschiede. Empfindlichkeitsunterschiede der Elemente sind allerdings bei Inkaufnahme zusätzlicher gerätetechnischer Mittel im Zuge der Signalverarbeitung korrigierbar (verrechenbar).

Für die festgelegten Elemente $A_{M\nu}$ bzw. $V_{M\nu}$ ist das Abfrageregime zu vereinbaren. Wichtige Festlegungen hierzu betreffen die Bildfrequenz des abgebildeten Wertemusters, die Entscheidung für gleichzeitig oder zeitlich gestaffelte Abtastung der Elemente sowie für gleichzeitig oder zeitlich gestaffelte Abfrage der Rezeptoren des Empfangswandlers und die aus diesen Festlegungen folgende Abtast- bzw. Abfragezeit für das einzelne Element bzw. den einzelnen Rezeptor.

Die genannten Merkmale haben zur Folge, daß dem Signalwandler des Empfängerteils besondere, für die Erfassung eindimensionaler Objektsignale nichtübliche Zusatzfunktionen zukommen. Ihre Aufgabe ist es, das Wertemuster in eine für die eigentliche Signalverarbeitung geeignete Form des kodierten Objektsignals zu bringen. Hierzu kann eine Vorverarbeitung notwendig sein, beispielsweise

- zur Auswahl der Abtastwerte bestimmter Elemente $A_{M\nu}$ bzw. $V_{M\nu}$ für die Weiterverarbeitung,

- zur Bildung von Mittelwerten über Gruppen von $A_{M\nu}$ oder $V_{M\nu}$,
- zur Reduzierung des Abtastwertes der Elemente auf zwei binäre Werte,
- zur Codewandlung.

6.3.2. Verfahrensweisen

Stärker als bei Opto-Sensorsystemen haben sich für das Abtasten vom Temperaturverteilungen neben rein elektronischen Verfahren auch mechanisch-elektronische Hybridlösungen erhalten. Mit Bezug auf den verwendeten Empfangswandler sind daher Wärmebildkameras

- auf Ein-Rezeptor-Basis,
- auf Basis einer Rezeptor-Zeile und
- auf Basis einer Rezeptor-Matrix

unterscheidbar.

Wärmebildkameras auf Ein-Rezeptor-Basis benötigen eine mechanisch-optische Vermittleranordnung (Funktionsbereich S 200-S 201), bei der beispielsweise ein rotierender Polygonspiegel die Zeilenabtastung und ein zusätzlicher Kippspiegel die Zeilenverschiebung über die Szene übernehmen. Da alle Bildelemente auf den gleichen Rezeptor abgebildet werden, treten keine Empfindlichkeitsunterschiede auf. Bezeichnet man mit n_z die für das Wärmebild vereinbarte Anzahl der Bildelemente je Zeile, mit z die vereinbarte Anzahl der Zeilen, mit m die Anzahl der gleichzeitig abgetasteten Bildelemente und mit t_E die Abtastzeit für ein Bildelement, so ergibt sich für die Bildabtastzeit t_B und die Bildfrequenz f_B die Beziehung

$$t_B = \frac{1}{f_B} = \frac{n_z \cdot z}{m} \cdot t_E.$$

Für die Wärmebildkamera auf Ein-Rezeptor-Basis ist m = 1. Bei Verwendung thermischer Detektoren mit Zeitkonstanten im ms-Bereich sind dadurch nur quasistatische Temperaturverteilungen abtastbar. So ist für eine Zeitkonstante τ = 10 ms und eine Bildelementezahl $n_z \cdot z = 10^4$ t_B = 100 s bzw. f_B = 0,01 Hz. Schneller veränderliche Temperaturverteilungen erfordern Photonendetektoren mit Zeitkonstanten im µs-Bereich, die zur Gewährleistung hoher thermischer Auflösung ($\approx$ 0,1 K) gekühlt betrieben werden. Mit ihnen sind Bildfrequenzen f_B = (10 ... 50)Hz erreichbar. Die mögliche obere Grenze der Bildfrequenz wird dabei wesentlich dadurch bestimmt, wie es gelingt, eine spielfreie Lagerung des mit Drehzahlen von einigen (1000 ... 10 000)min^{-1} rotierenden Polygonspiegels zu gewährleisten.

Wärmebildkameras auf der Basis von Rezeptor-Zeilen tasten gleichzeitig eine bestimmte Anzahl der zu einer Zeilen gehörenden Bildelemente ab. Ist m kleiner als die Anzahl der Bildelemente je Zeile, beispielsweise m = 10 von 100, so bleibt der prinzipielle Aufbau der mechanisch-optischen Vermittleranordnung (Polygon- und Kippspiegel) bestehen. Gleiche Bildabtastzeit t_B vorausgesetzt, steht für die Abtastung einer Zeile jetzt jedoch die m fache Zeit zur Verfügung. Dies kann zur Vergrößerung der Zeitkonstanten der Rezeptoren oder zur Verringerung ihrer Übertragungsbandbreite um den Faktor m genutzt werden. Ist m = n_z, so kann in der Vermittleranordnung der Kippspiegel entfallen, und der Polygonspiegel übernimmt die Zeilenablenkung über die Szene. Mit größer werdendem m wachsen jedoch die technologischen Schwierigkeiten für die Gewährleistung kleiner Empfindlichkeitsunterschiede der Rezeptoren. Ein Wert m = 10 bei n_z = 100 stellt daher einen praktikablen Kompromiß dar.

Wärmebildkameras auf der Basis von Rezeptor-Matrizen tasten alle $n_z \cdot z$ Bildelemente der Szene gleichzeitig ab. Wegen $m = n_z \cdot z$ ist daher $t_B = t_E$. Das ermöglicht, gleiche Bildabtastzeit t_B vorausgesetzt, eine weitere Vergrößerung der Zeitkonstanten bzw. eine weitere Verringerung der Bandbreite der Rezeptoren. Mit Ausnahme eventuell notwendiger mechanischer Mittel zur Chopperung der einfallenden Strahlung entfallen bewegte Teile in der Vermittleranordnung. Jedoch steigen die Schwierigkeiten bei der Gewährleistung einer noch akzeptierbaren Ungleichförmigkeit der einzelnen Rezeptoren bzw. Rezeptorbereiche weiter an. Eine Zusammensetzung der Matrix aus einzelnen Rezeptoren ist möglich, jedoch von keiner praktischen Bedeutung. Als Empfangswandler dienen vielmehr Ausführungen, bei denen sich die Empfangsfläche als funktionell integrierte Einheit realisieren läßt. Der von der Bildaufnahmetechnik her bekannten Entwicklung folgend, wurden dabei zunächst modifizierte Hochvakuumanordnungen und später modifizierte Festkörperanordnungen realisiert.

Modifizierte Hochvakuumanordnungen stellen Bildaufnahmeröhren vom Vidikontyp dar. Sie erhalten ein infrarotdurchlässiges Strahleneintrittsfenster, beispielsweise aus Germanium, und besitzen eine als flache Scheibe ausgeführte infrarotempfindliche Empfangsfläche. Für den Wellenlängenbereich von etwa (8 ... 14) µm wird dieses Target heute vorzugsweise aus pyroelektrischen Materialien hergestellt. Formen des Triglyzinsulfats gewährleisten dabei die erforderliche Empfindlichkeit und einen Betrieb bei Raumtemperatur ohne Kühlung. Dem pyroelektrischen Prinzip gehorchend, entsteht auf dem Target eine der zeitlichen Temperaturänderung proportionale Ladungsverteilung. Sie wird, und erst dadurch entsteht eine Matrix mit Rezeptorbereichen, durch einen auf die Targetrückseite auftreffenden Elektronenstrahl punktweise abgetastet. Der Elektronenstrahl bewirkt im Abtastpunkt eine Ladungskompensation und über eine die Targetvorderseite bedeckende Signalelektrode einen der kompensierten Ladung proportionalen Strom. Die zeitliche Temperaturänderung auf dem Target wird entweder durch eine geringfügige rhythmische Bildverschiebung (panning mode) oder durch Chopperung der einfallenden Strahlung (chopping mode) hervorgerufen /6.5/, /6.6/.

Die mit den Mitteln der Mikroelektronik heute beherrschbaren Festkörperkameras für den Bereich des sichtbaren Lichtes und des nahen Infrarot (s. Abschn. 7.) waren Ausgangspunkt für Untersuchungen zur Erweiterung der Infrarotempfindlichkeit insbesondere für die Bereiche des ersten (3 ... 5)µm und des zweiten atmosphärischen Fensters (8 ... 14)µm. Für eine solche Erweiterung sind insbesondere zwei Probleme zu lösen. Das erste bildet die durch die Umgebungstemperatur des Empfangswandlers bedingte Hintergrundstrahlung mit der hierdurch hervorgerufenen thermischen Generation von Ladungsträgern. Soll dieser Anteil gegenüber dem durch die Nutzstrahlung hervorgerufenen Anteil klein bleiben, so erfordert das gegenwärtig einen Betrieb mit gekühltem Empfangswandler (häufig bei 77 K mit flüssigem Stickstoff). Das zweite Problem bildet die bei den derzeit verfügbaren CCD-Zeilen bzw. -matrizen vorhandene, relativ große Ungleichförmigkeit in der Empfindlichkeit der einzelnen Rezeptoren. Sie erreicht innerhalb einer Zeile Werte bis zum Faktor 1,1 und für Zeilen untereinander bis zum Faktor 4.
Beide Probleme sind noch nicht zufriedenstellend im Sinne einer industriellen Verwertbarkeit gelöst. Es sind derzeit jedoch fol-

gende Entwicklungstendenzen erkennbar:

- Das bei Matrix-Sensoren für den Bereich des sichtbaren Lichtes angewandte Prinzip der Trennung von Abbildungsteil und Ausleseteil wird für infrarotempfindliche Anordnungen beibehalten, wobei für den Ausleseteil auch hier die CCD-Technik dominiert.
- Eine Entwicklungsrichtung verfolgt das Ziel, für Abbildungs- und Ausleseteil ein einheitliches Grundmaterial zu verwenden. Hierzu wurden Halbleiter mit schmaler verbotener Zone, beispielsweise InSb oder CdHgTe sowie Halbleiter mit Störstellenleitung, wie beispielsweise G:Au, G:Cu, G:Hg bzw. Si:In, Si:S, Si:Tl (λ= 3 µm ... 5 µm) und Si:Al, Si:Bi, Si:Ga, Si:Mg (λ= 8 µm ... 14 µm) untersucht. Es gelang, die Ungleichförmigkeit der Rezeptorempfindlichkeiten zu vermindern, jedoch ist Kühlung der Anordnung bis herunter zu 30 K erforderlich. Eine weitere Verringerung der Ungleichförmigkeit unter den Wert 0,01 gelang mit einer Siliziumanordnung, bei der die Rezeptoren des Abbildungsteils als infrarotsensible Schottky-Dioden mit der Materialpaarung Silizium-Palladium realisiert wurden und eine CCD-Anordnung als Ausleseteil fungiert. Jedoch ist der Wirkungsgrad dieser Lösung noch unbefriedigend.
- Eine zweite Entwicklungsrichtung verzichtet auf das einheitliche Grundmaterial für Abbildungs- und Ausleseteil und nimmt einen hybriden Aufbau der Anordnung in Kauf. Solche Anordnungen enthalten als Abbildungsteil einen Chip, dessen Grundmaterial, beispielsweise InSb oder hochohmiges n-Si, die Realisierung der infrarotempfindlichen Rezeptoren, beispielsweise als Fotodioden, ermöglicht. Der Ausleseteil dagegen wird auf einem zweiten Chip als CCD-Anordnung in herkömmlicher Si-Technik hergestellt. Diese Lösungen setzen allerdings geeignete Verfahren der Kopplung von Abbildungs- und Ausleseteil voraus und bedürfen ebenfalls der Kühlung des Empfangswandlers auf 77 K. Mit den derzeit verfügbaren Mitteln ist ein Verzicht auf die Kühlung nur bei Verwendung eines pyroelektrischen Materials für die Rezeptoren möglich. Hierbei gelang es, pyroelektrische Elemente so auf eine CCD-Anordnung aufzubringen, daß die am pyroelektrischen Element entstehende Ladungsänderung die Potentialtopftiefe des dazugehörigen CCD-Elements und damit die dem Element zufließende Ladungsmenge steuert.

Abschließend sei vermerkt, daß mit der erfolgreichen Entwicklung infrarotempfindlicher Festkörperkameras auf der Grundlage von Rezeptor-Matrizen mit hoher Gleichförmigkeit der Rezeptorempfindlichkeit Wärmebildkameras mit Einzel-Rezeptor und mechanisch-optischen Vermittleranordnungen bedeutungslos werden.

7. SENSORSYSTEME FÜR DIE ANKOPPLUNG ÜBER ELEKTROMAGNETISCHE STRAHLUNG DES SICHTBAREN BEREICHES (OPTO-SENSORSYSTEME)

7.1. Abgrenzung und Systematisierung der Lösungswege

Werden Sensorsysteme mit Ankopplung über elektromagnetische Strahlung bei Wellenlängen zwischen etwa 0,35 µm und 0,9 µm betrieben, so werden sie den Opto-Sensorsystemen zugerechnet. Die Ankopplung über elektromagnetische Strahlung verleiht ihnen wichtige Gemeinsamkeiten mit den Infrarot-Sensorsystemen. Wo solche bestehen, soll daher auf entsprechende Inhalte des Abschnittes 6. verwiesen werden. Mehr noch als für die Infrarotmeßtechnik trifft dabei für die optische Meßtechnik zu, daß eine umfassende Darstellung der sich für die Sensortechnik bietenden Anwendungsmöglichkeiten im Rahmen dieses Buches nicht möglich ist.

Die Vielfalt möglicher Lösungswege für Opto-Sensorsysteme läßt es angeraten sein, bei deren Systematisierung von dem in Abschn. 2.3.2 formulierten allgemeinen Wirkprinzip auszugehen und dieselbe in vier Richtungen zu betreiben (Abb. 7.1a). Diese vier Richtungen sollen sich in ihren Aussagen gegenseitig ergänzen und nehmen hierzu Bezug

- auf die Herkunft der optischen Objektsignale,
- auf charakteristische Eigenschaften der Energieform 1,
- auf die Bildung des kodierten Objektsignals im Empfangswandler sowie
- auf die Abbildung im Raumvielfach vorliegender optischer Objektsignale.

7.1.1. Systematisierung nach der Herkunft der Objektsignale (Abb. 7.1b)

Im Gegensatz zu den Infrarot-Sensorsystemen ist bei den Opto-Sensorsystemen die Unterscheidung unmittelbarer und mittelbarer Ankopplung angebracht. Für die Abgrenzung soll gelten:

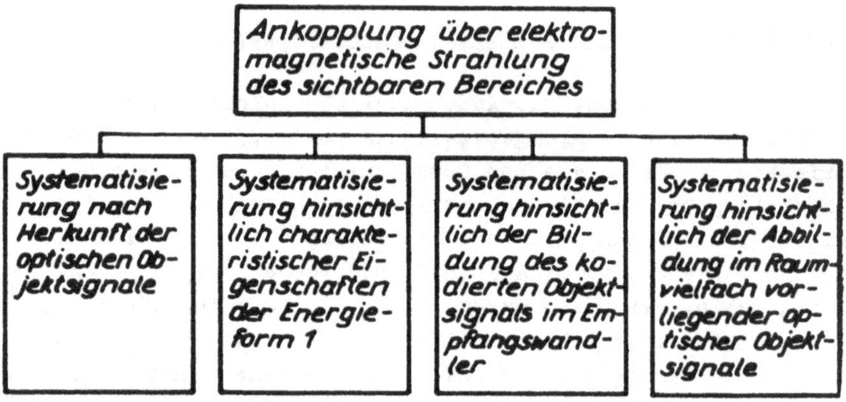

Abb. 7.1 Systematisierung der Lösungswege für Opto-Sensorsysteme
a) Systematisierungsrichtungen

Opto-Sensorsysteme mit unmittelbarer Ankopplung sind Sensorsysteme, bei denen die Kopplung mit dem Objekt auf direktem Wege über elektromagnetische Strahlung des sichtbaren Lichtes bzw. seiner nahen Grenzgebiete erfolgt, das Objekt selbst also Bestandteil einer optischen Übertragungsstrecke wird. Opto-Sensorsysteme mit mittelbarer Ankopplung sind Sensorsysteme, bei denen das Objekt über nichtoptische und nichtelektrische Objektsignale auf eine optische Übertragungsstrecke Einfluß nimmt, ohne selbst Bestandteil derselben zu sein.

Bei Opto-Sensorsystemen mit unmittelbarer Ankopplung sind hinsichtlich der Beziehung zwischen Objekt und Energieform 1 zwei Fälle zu berücksichtigen.

- Das Objekt kann selbst Quelle der Energieform 1 sein, die ihrerseits nun bereits informationsbehaftet ist und das Objektsignal verkörpert. In diesem Fall besteht das Sensorsystem lediglich aus dem Empfängerteil.
- Das Objekt tritt in Wechselwirkung mit Lichtenergie, die als Energieform 1 entweder vom Senderteil des Sensorsystems emittiert wird oder in Ausnahmefällen auch der Umgebung des Objekts entstammen kann.

Wechselwirkungen des Objekts mit der Energieform 1 können auf strahlen- oder wellenoptischen Effekten beruhen. Wichtige Wechselwirkungen strahlenoptischer Art sind die Nutzung des Objekts als absorbierendes, als brechendes oder als reflektierendes Medium. Im letzteren Falle muß dabei noch zwischen gerichteter und diffuser Reflexion (Remission) unterschieden werden.
Wichtige Wechselwirkungen wellenoptischer Art sind die Nutzung des Objekts als polarisierendes oder als Gangunterschiede bewirkendes und dadurch Interferenzen ermöglichendes Medium.

7.1.2. Systematisierung hinsichtlich charakteristischer Eigenschaften der Energieform 1

Dem allgemeinen Wirkprinzip folgend, müssen für die in Abb. 7.1b aufgeführten Wechselwirkungen zwischen Objekt und Energieform 1 bestimmte Eigenschaften der zur Abtastung benutzten elektromagnetischen Strahlung vorgegeben werden. Sie betreffen vor allem

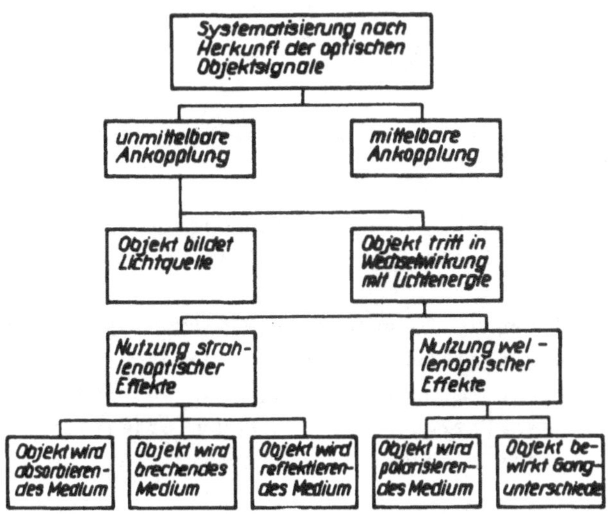

Abb. 7.1b) Systematisierung nach Herkunft der optischen Objektsignale

- die spektrale Verteilung des Lichtes,
- die spektrale Intensität des Lichtes,

- das Regime der Lichtemission und
- die geometrisch-optische Behandlung des emittierten Lichtes.

Die hierbei zu berücksichtigenden Fälle sind in Abb. 7.1c aufgeführt.

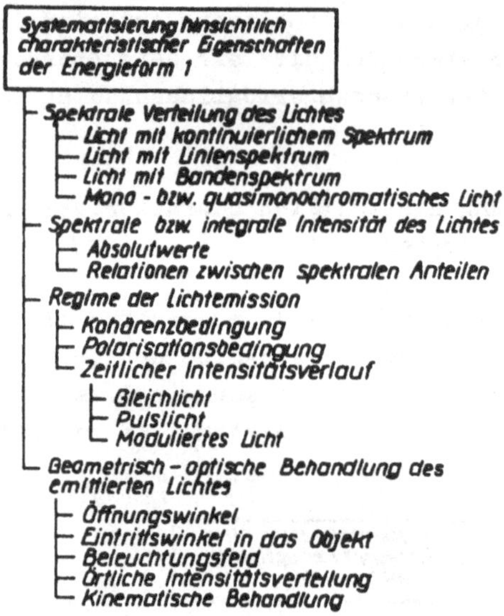

Abb. 7.1c) Systematisierung nach charakteristischen Eigenschaften der Energieform 1

7.1.3. Systematisierung hinsichtlich der Bildung des kodierten Objektsignals im Empfangswandler

Für diesen und den im folgenden Abschnitt behandelten Teil der Systematisierung bestehen weitgehende Gemeinsamkeiten mit den Infrarot-Sensorsystemen (Abschn. 6.). Erfaßt man mögliche Lösungswege für den Übergang vom optischen Objektsignal auf das elektrische kodierte Objektsignal (Abb. 7.1.d), so spielen auch hier

- die parametrische Steuerung von Zweipolkenngrößen und
- die unmittelbare Energieumwandlung

eine Rolle, als Empfangswandler kommen allerdings nur Photonen-Detektoren in Frage. Prinzipiell ist dabei für die optisch-elektrische Abbildung im sichtbaren Bereich der elektromagnetischen

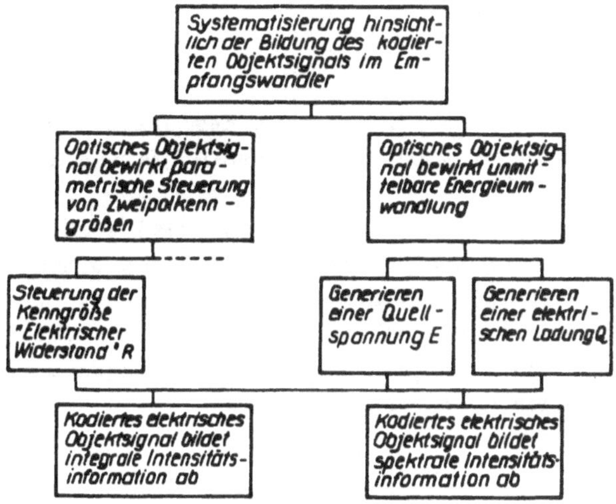

Abb. 7.1d) Systematisierung nach Bildung des kodierten Objektsignals im Empfangswandler

Strahlung sowohl der äußere als auch der innere Fotoeffekt nutzbar, so daß hierfür die gesamte Palette der Wandleranordnungen auf Hochvakuum- und auf Festkörperbasis zur Verfügung steht. Von Bedeutung für die Sensorpraxis sind heute jedoch nur Wandleranordnungen, die den inneren Fotoeffekt nutzen. Grundelemente hierfür sind, wie schon bei den Infrarot-Sensorsystemen, Fotowiderstand, Fotodiode, Fototransistor, Fotothyristor, Fotoelement sowie die verschiedenen CTD-Elemente (CTD Charge Transfer Device). Dabei besteht grundsätzlich die Tendenz zur Realisierung als Festkörperwandler. Hochvakuumanordnungen sind lediglich noch im Gebrauch für Multirezeptoranordnungen und werden als Bildaufnahmeröhren von Vidocontyp nach wie vor in großen Stückzahlen gefertigt /1.4/. Auch bei diesen Anordnungen wird der einzelne Rezeptor als Fotowiderstand oder als Fotodiode realisiert, sein elektrischer Zustand wird jedoch im Unterschied zu reinen Festkörperanordnungen, die "selbstabtastend" sind, mittels eines Elektronenstrahles abgetastet.

Bei der Systematisierung zur Bildung des kodierten Objektsignals im Empfangswandler ist unabhängig von dessen physikalischem Wirkprinzip zu berücksichtigen, daß durch das kodierte

Objektsignal entweder eine integrale (d. h. einen Wellenlängenbereich umfassende) oder eine spektrale Helligkeitsinformation abzubilden sein kann.

7.1.4. Systematisierung hinsichtlich der Abbildung von im Raumvielfach vorliegenden optischen Objektsignalen

Dieser Teil der Systematisierung (Abb. 7.1e) kann weitgehend dem in Abb. 6.1c für Infrarot-Sensorsysteme angegebenen Schema folgen. Neben der Abbildung von Meßwertverteilungen über einer abgetasteten Bahn oder Fläche ist bei Opto-Sensorsystemen jedoch zusätzlich die Abbildung von Meßwertverteilungen über einem abgetasteten Volumen zu berücksichtigen.

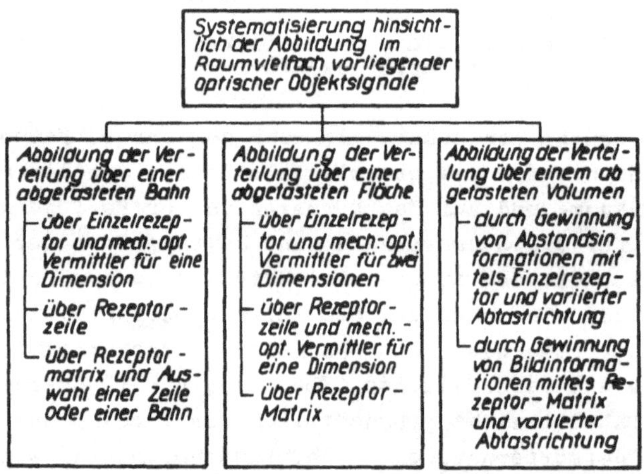

Abb. 7.1e) Systematisierung nach Abbildung im Raumvielfach vorliegender optischer Objektsignale

Die außerordentliche Vielfalt möglicher Lösungsvarianten, wie sie in der getroffenen Systematisierung zum Ausdruck kommt, spricht dafür, eine für die Sensorpraxis geeignete Zusammenfassung zu einigen wenigen Gruppen anzustreben. Dies soll im folgenden versucht werden.

7.2. Opto-Sensorsysteme mit unmittelbarer Ankopplung und strahlenoptischer Informationsgewinnung

Bei dieser Hauptgruppe von Sensorsystemen kann davon ausgegangen werden,

- daß die Signalgewinnung transmissionsorientiert, d. h. volumenorientiert, oder reflektionsorientiert, d. h. oberflächenorientiert, erfolgt und
- daß je nach Aufgabenstellung eine Objektrepräsentation durch einzelne Volumen- bzw. Oberflächenelemente ausreichend ist oder ein Kollektiv von solchen Elementen erforderlich wird.

Das ermöglicht die Unterscheidung der in Abb. 7.2 aufgeführten Abtastprinzipe.

Grad der Objektrepräsentation		transmissions-orientiert	reflexions-orientiert
Repräsentation durch Einzel-element		Fall V_M	Fall A_M
Repräsentation durch Elemente-kollektiv	räumlich 1-dim. entwickelt (längs einer Bahn ℓ)	Fall $V_M(\ell)$	Fall $A_M(\ell)$
	räumlich 2-dim. entwickelt (innerhalb Fläche A)	Fall V_M (A)	Fall A_M (A)
	räumlich 3-dim. entwickelt (innerhalb Hüllfläche O)	—	Fall A_M (O)

Abb. 7.2 Abtastprinzipe bei strahlenoptischer Informationsgewinnung

7.2.1. Opto-Sensorsysteme für das Abtastprinzip "V_M"

Sensorsysteme dieser Art (Abb. 7.3) beruhen darauf, daß zu erfassende Änderungen der Szene zu einer Änderung von Kenngrößen des Meßvolumens V_M führen.

Hierbei haben zwei Gruppen von Sensorsystemen Bedeutung erlangt. Bei der ersten Gruppe bleiben die geometrischen Abmessungen des Meßvolumens V_M während des Abtastvorgangs erhalten. Die zu erfassenden Veränderungen der Szene beeinflussen das Transmissionsverhalten des Meßvolumens.

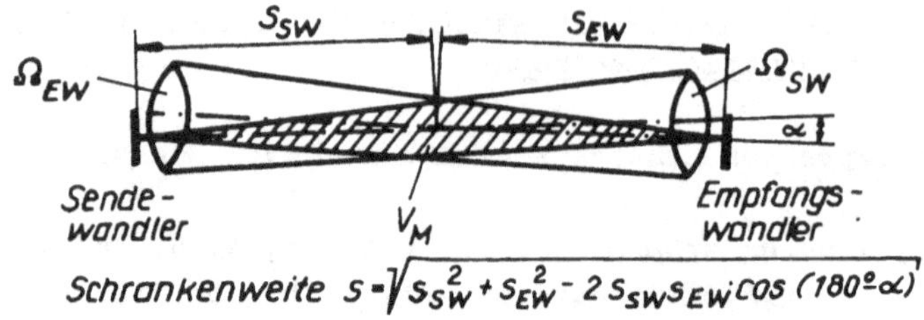

Abb. 7.3 Schema des Abtastprinzips "V_M"

Dabei ist es gleichgültig, ob das die Änderung bewirkende Medium das Meßvolumen V_M vollständig ausfüllt, z. B. als Gas, Dampf oder Flüssigkeit, oder nur einen Teil desselben einnimmt, wie dies häufig bei festen Körpern der Fall ist. Das eröffnet diesem Abtastprinzip breite Einsatzmöglichkeiten. Sie werden noch dadurch begünstigt, daß viele feste Körper für optische Strahlung einen sehr kleinen Transmissiongrad haben und damit beim Eintritt in das Meßvolumen eine gut auswertbare Änderung des Ausgangssignals bewirken. Entsprechende Sensorsysteme werden deshalb auch als optische Strahlschranken bezeichnet. Sie gehören heute zu den Standarderzeugnissen vieler Hersteller von Automatisierungsgeräten. In /1.5/ werden Kennwerte von optischen Strahlschranken des VEB Meßgerätewerk Beierfeld genannt. Als Sendewandler optischer Strahlschranken werden heute fast ausschließlich die mit befriedigenden Strahlstärken realisierbaren Infrarotemitterdioden eingesetzt, während Fototransistoren oder in Ausnahmefällen auch Fotodioden bzw. -elemente die Empfangswandlerfunktionen übernehmen. Zur Erzielung großer Spitzenwerte der Strahlstärke bzw. zur Gewährleistung eines frequenzselektiven oder auch eines synchronisierten Sende- und Empfangsregimes erfolgt in vielen Fällen Puls- oder Wechsellichtbetrieb. Durch Anwendung zweckentsprechender strahlformender optischer Mittel lassen sich Schrankenweiten vom mm-Bereich bis zu einigen 10 m erreichen.

Wird das Meßvolumen durch flüssige oder gasförmige Medien ausgefüllt, so lassen sich mit dieser Gruppe von Opto-Sensorsystemen Konzentrationen bzw. Fremdstoffanteile erfassen, wenn diese mit dem Transmissiongrad korreliert sind.

Die Änderung des Strahlungsflusses vom Sende- zum Empfangswandler beim Eintauchen nichttransparenter fester Körper in das

Meßvolumen ermöglicht das Erfassen von Positionen derselben. Dabei können zwei Einsatzfälle unterschieden werden. Im ersten Fall wird das Opto-Sensorsystem eingesetzt, um die Erfüllung einer vorgesehenen Objektposition zu quittieren. Man spricht dann auch vom Signalisieren der "Anwesenheit" des Objekts. Während in diesem Fall die Positionierung des Objekts durch andere Mittel, zum Beispiel mittels mechanischer Anschläge erfolgt, wird beim zweiten Einsatzfall das Opto-Sensorsystem selbst zum Herstellen bzw. Einhalten der gewünschten Objektposition benutzt. Zur Erhöhung der Positioniergenauigkeit oder -sicherheit sind hierbei auch Opto-Sensorsysteme mit zwei eng beieinander liegenden, binär wirkenden Strahlschranken verwendbar, deren Antivalenz ihrer Ausgangssignale als Kriterium für die erfolgte Positionierung dient.

Im Gegensatz zur ersten Gruppe der Opto-Sensorsysteme für das Abtastprinzip "V_M" stützt sich die zweite Gruppe darauf, daß während des Abtastvorgangs das Transmissionsverhalten des Meßvolumens unbeeinflußt bleibt. Die zu erfassenden Veränderungen der Szene beeinflussen die räumliche Konstellation von Sende- und Empfangswandler, wobei insbesondere der Winkel zwischen den Hauptstrahlen von Sende- und Empfangswandler und die Schrankenweite informationstragende Kenngrößen sind. Ordnet man beispielsweise einem ortsfesten Empfangswandler, der nur einen kleinen Raumwinkel erfaßt, einen am Greifer eines Industrieroboters fixierten Sendewandler zu, so kann diese Kombination zur Greiferpositionierung genutzt werden (Abb. 7.4). Da die Bestrahlungsstärke am Empfangswandler dem Quadrat der Entfernung umgekehrt proportional ist, kann hieraus auch auf die Entfernung zum ortsfesten Empfangswandler geschlossen werden. Durch Einsatz eines

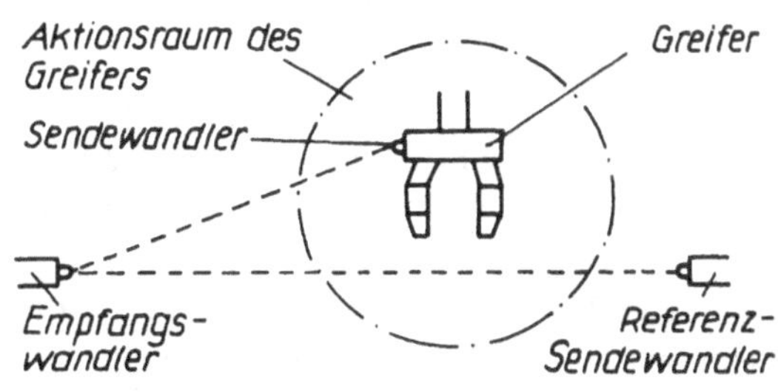

Abb. 7.4 Nutzung des Abtastprinzips "V_M" für die Positionierung eines Industrierobotergreifers

als Referenzquelle dienenden ortsfesten zweiten Sendewandlers und Sicherung hinreichender relativer Amplitudenstabilität beider Sendewandler lassen sich Positionierungenauigkeiten des Empfangswandlers eleminieren und die Entfernungsmessung auf eine Vergleichsmessung zurückführen /7.1/.

7.2.2. Opto-Sensorsysteme für das Abtastprinzip "A_M"

Eine Reflexkoppler-Anordnung, wie sie Abb. 7.5. zeigt, läßt es prinzipiell zu, einem für Erkennungszwecke interessierenden Objekt wahlweise den Senderteil, den Empfängerteil oder die reflektierende Fläche R zuzuordnen. Die ersten beiden Fälle sollen an dieser Stelle ausgeschlossen werden, da sie modifizierte Formen der in Abschn. 7.2.1. dargestellten Strahlschranken (Reflexschranken) sind. Typisch für die hier zu behandelnden Sensorsysteme ist jedoch der dritte Fall, bei dem die reflektierende Fläche durch eine Objektpartie gebildet wird. Sie beruhen darauf,

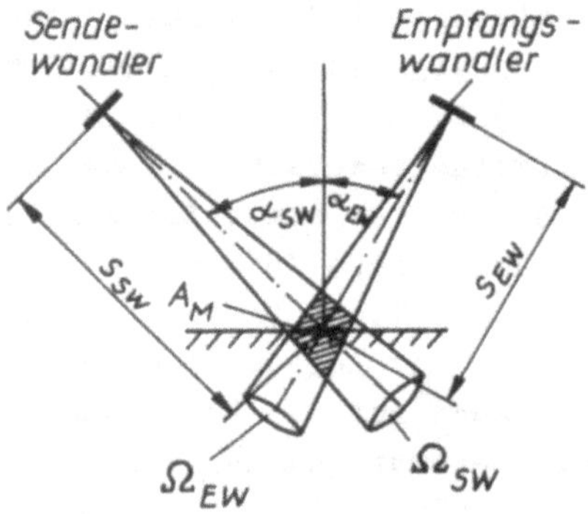

Abb. 7.5 Schema des Abtastprinzips "A_M"

daß zu erfassende Änderungen der Szene zu einer Änderung von Kenngrößen dieser "Meßfläche" A_M führen. Dies sind insbesondere (Abb. 7.6)

- Kenngrößen, welche die räumliche Zuordnung der Meßfläche zum Sende- bzw. Empfangswandler beschreiben (Geometrie-Kenngrößen) sowie
- Kenngrößen, welche die Reaktion der Meßfläche auf die vom Sen-

dewandler emittierte Strahlung (Reflexions- bzw. Remissionskenngrößen) beschreiben.

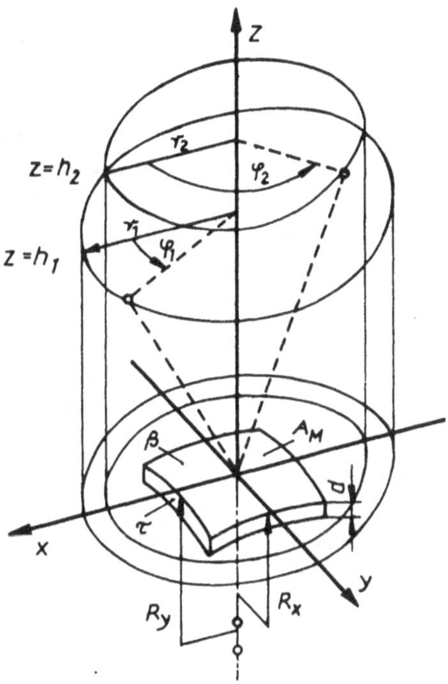

Abb. 7.6 Für die Informationsgewinnung wichtige Kenngrößen der Meßfläche A_M

Dieser Zweiteilung entsprechen zwei Gruppen von Opto-Sensorsystemen des Abtastprinzips "A_M".

Opto-Sensorsysteme der ersten Gruppe sind zur Informationsaufnahme über Geometrie-Kenngrößen geeignet. Die Informationsverfälschung durch Reflexions- bzw. Remissions-Kenngrößen der Meßfläche wird dagegen vernachlässigbar klein gehalten. Auf diese Weise sind Lageinformationen über die Meßfläche gewinnbar, was für Entfernungsmessungen oder auch für Zwecke der Anwesenheitssignalisierung nutzbar ist. Kann davon ausgegangen werden, daß alle benutzten Meßflächen eines Objekts vernachlässigbar kleine Unterschiede ihres Reflexions- bzw. Remissionsverhaltens aufweisen, so ist bei solchen Sensorsystemen die Intensität der zum Empfangswandler gelangenden Strahlung als Informationsparameter verwendbar. Die genannte Voraussetzung ist allerdings häufig nicht gegeben. Der Einfluß unterschiedlichen Reflexions- bzw. Remissionsverhaltens kann jedoch durch schräg auf die Meßfläche einfallende Strahlung des Sendewandlers vermindert werden. Außerdem tritt bei Abtastung metallischer Objekte mit infraroter Strahlung der Effekt auf, daß blanke Oberflächenelemente auf Grund größerer Wärmeleitfähigkeit eine größere Wärmeleistung absorbieren als korrodierte und damit die remittierten Strahlungsanteile blanker metallischer und matterer korrodierter Oberflächenelemente sich weniger als vom Augenschein her erwartet unterscheiden. In /7.2/ wird ein Mehrkomponenten-Sensorsystem für die Objektpositionierung innerhalb der Klauen eines Zweifingergreifers vorgestellt. Es enthält auch ein Opto-Sensorsystem, über das die Zustände "Objektoberfläche parallel zur Greiffläche", "Objektoberfläche nicht parallel zur Greiffläche" und "Abstand zwischen Objektoberfläche und Greiffläche unterschreitet festgelegten Wert" signalisierbar sind. Als Mittel dienen je Klaue eine Reflexkoppleranordnung mit einem Sendewandler und zwei symmetrisch dazu angeordneten Empfangswandlern (Abb. 7.7). Bei nicht vorhandenem Objekt wirken gegenüberliegende Sende- und Empfangswandler als Strahlschranken. Die Unterscheidung gegen den Reflexionsbetrieb ist durch unterschiedliche Modulationsfrequenzen oder durch phasenverschobene Modulation der beiden Sendewandler möglich, falls nicht schon der Strahlschrankenbetrieb eine deutlich größere Bestrahlungsstärke als der Reflexionsbetrieb erzeugt.

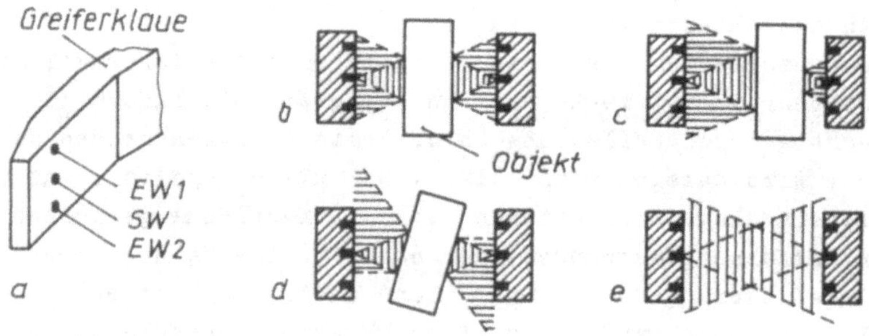

Abb. 7.7 Nutzung des Abtastprinzips "A_M" zum Erkennen der Objektlage beim Greifvorgang

In erster Näherung unabhängig von den Reflexions- bzw. Remissionseigenschaften der Meßfläche sind Abtastverfahren, bei denen als Informationsparameter die Phasenlage der zum Empfangswandler gelangenden Strahlung benutzt wird. In /7.3/ wird ein Abstandssensor beschrieben, der mit zwei unsymmetrisch zum Empfangswandler angeordneten Infrarotemitterdioden als Sendewandler arbeitet (Abb. 7.8). Die beiden Sendewandler emittieren hochfrequenzmodulierte Strahlung gleicher Modulationsfrequenz, jedoch um 90° verschobener Phasenlage. Aus den emittierten Strahlungsanteilen $I_e \cdot \sin\omega t$ und $I_e \cdot \cos\omega t$ entsteht im Empfangswandler ein

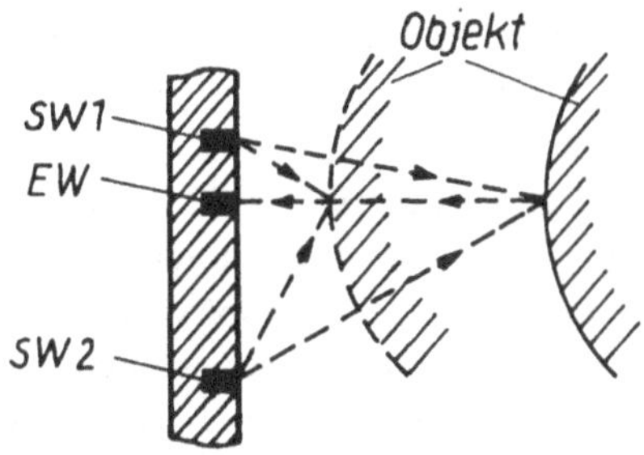

Abb. 7.8 Nutzung des Abtastprinzips "AM" zur Abstandserkennung auf der Grundlage der Phaseninformation

Stromsignal der Form $I \cdot \sin(\omega t + \varphi)$. Die Phasenlage φ dieses Stromsignals hängt vom Laufzeitunterschied der beiden Strahlungsanteile $I_e \cdot \sin\omega t$ und $I_e \cdot \cos\omega t$ ab. Dieser nimmt mit abnehmendem Abstand a zu. Die amplituden- und damit intensitätsunabhängige Phaseninformation ist durch Synchrondemodulation des Empfangswandler-Ausgangssignals gewinnbar. Die Nutzung des für die Sensorpraxis bedeutsamen Laufzeiteffektes setzt allerdings Betriebsschaltungen voraus, die für Abstände, welche einige dm nicht überschreiten, mit Modulationsfrequenzen im Bereich von 100 MHz bzw. mit Zeitauflösung im ns-Bereich arbeiten. Typische Bestandteile solcher Betriebsschaltungen wie Hochfrequenz-Signalgeneratoren, Phasendetektoren oder Zeitauswerteschaltungen sind heute jedoch noch nicht oder in noch nicht befriedigender Form als integrierte Strukturen verfügbar.

Im Gegensatz zur genannten Gruppe von Opto-Sensorsystemen des Abtastprinzips "A_M" sind Opto-Sensorsysteme der zweiten Gruppe für die Informationsaufnahme über Reflexionsgrößen geeignet.

Dagegen wird die Informationsverfälschung durch Geometrie-Kenngrößen vernachlässigbar klein gehalten. Die Nutzung von Reflexionserscheinungen an der Grenzfläche von Objekt und umgebendem Medium eröffnet eine Vielzahl von Realisierungsmöglichkeiten. Dabei sind über die spiegelnde (gerichtete oder reguläre) Reflexion insbesondere Informationen über die Mikrogestalt der Objektoberfläche und über die diffuse Reflexion (Remission) Informationen über die Körperfarbe des Objekts gewinnbar.

Bei der Nutzung der spiegelnden Reflexion ist in vielen Fällen die spektrale Verteilung der verwendeten Strahlung unkritisch, wenn nur auf der Meßfläche eine hinreichend große Bestrahlungsstärke erreicht wird. Dadurch ist der für die Sensorpraxis wichtige Einsatz quasimonochromatischer Strahlung von Lumineszenzdioden möglich. Häufig genügt dabei anstelle des Absolutwertes des spiegelnd reflektierten Strahlungsanteils der Vergleich mit dem an einer Verfleichsmeßfläche reflektierten Anteil. Unter Verwendung zweier parallel arbeitender Abtaststrecken ist dieser Vergleich als Differenzmessung durchführbar. Als Beurteilungskriterium kann auch das Verhältnis zwischen spiegelnd und diffus reflektiertem Strahlungsanteil dienen, wenn beide Anteile durch getrennte Empfangswandler erfaßt werden (Abb. 7.9).

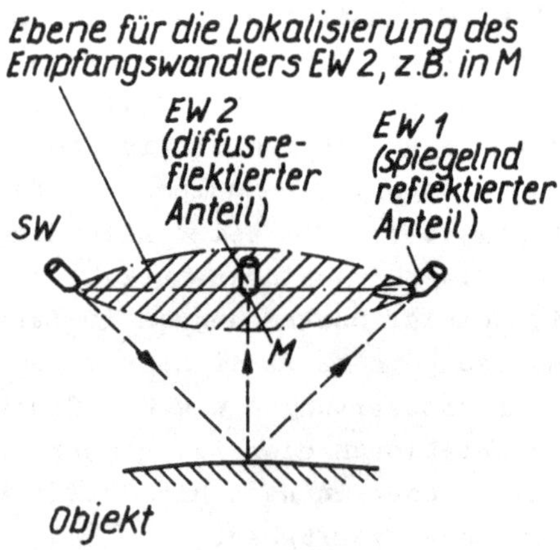

Abb. 7.9 Sende- und Empfangswandleranordnung zur Erfassung der spiegelnd und diffus reflektierten Strahlungsanteile

Im Gegensatz zur spiegelnden Reflexion wird die Remission in entscheidendem Maße durch die spektralen Eigenschaften der vom Sendewandler emittierten Strahlung beeinfluß. Sie müssen daher einschließlich der spektralen Empfindlichkeit des Empfängerteils an die Erkennungsaufgabe angepaßt werden. Für den Einsatz von Opto-Sensorsystemen, bei denen die Abtastung auf diffuser Reflexion beruht, sind daher immer Kenntnisse über das Remissionsspektrum des abzutastenden Objekts erforderlich. Abb. 7.10 zeigt hierzu zwei Beispiele. Die Konzipierung solcher Sensorsysteme kann sich an folgenden Sachverhalten orientieren:

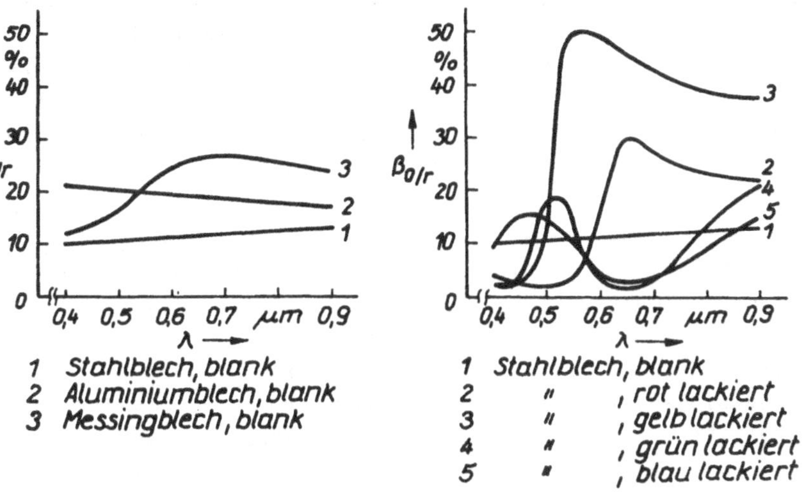

Abb. 7.10 Beispiele für Remissionsspektren von Objektoberflächen

- Sensorsysteme, bei denen eine große Einsatzbreite erwünscht ist, müssen mit der vom Sendewandler emittierten Strahlung ein möglichst breites Frequenzspektrum überstreichen. Die Senderteile solcher Sensorsysteme werden daher entweder mit Glühlampen realisiert, deren Farbtemperatur bei etwa (3000 ... 3200)K liegt, oder es werden Ensembles von Lumineszenzdioden mit unterschiedlichen Wellenlängen maximaler Emission eingesetzt. Lumineszenzdioden erreichen allerdings heute noch nicht die spektralen Intensitäten von Glühlampen. Die mit ihnen realisierbaren Tastabstände haben Werte von einigen Millimetern und sind kleiner als die von Sensorsystemen mit Glühlampen.

- Bei Verwendung von breitbandigem Glühlampenlicht ist es üblich, das spektrale Übertragungsverhalten des Empfängerteils durch Farbfilter an die Erkennungsaufgabe anzupassen. Soll mit dem Sensorsystem lediglich eine Objektpartie bestimmter Körperfarbe gegen andersfarbige Objektpartien desselben oder eines anderen Objekts unterschieden werden, so genügt hierfür ein einzelner Empfangswandler. Dabei muß zur Minderung der Rotempfindlichkeit dem im allgemeinen verwendeten Si-Empfangswandler (Fototransistor, Fotodiode) ein steiles Grünfilter vorgeschaltet werden. Ist dann noch die Intensität der auf die Meßfläche gelangenden Strahlung durch eine Blende einstellbar, so läßt sich der genannte Einsatzfall für eine Vielzahl von Farbkontrasten realisieren. Liegt dagegen die Aufgabe vor, Objekte nach Körperfarben zu unterscheiden, so ist bei Verwendung von Glühlampenlicht eine Aufteilung des Empfängerteils in mehrere Kanäle unterschiedlicher spektraler Abstimmung üblich. So erfolgt beispielsweise eine Aufteilung in drei Empfangskanäle für die Spektralbereiche Rot, Grün und Blau. Die gewünschte Klassifikation ist dann durch Verarbeitung des an den drei Empfangswandlern entstehenden Rot-, Grün- und Blau-Signals realisierbar.
- Erfolgt die Strahlungsemission durch ein Ensemble von Lumineszenzdioden, so ist nur ein Empfangswandler erforderlich. Durch zeitlich gestaffelte und in der Strahlstärke an das Übertragungsverhalten angepaßte Emission der einzelnen Lumineszenzdioden ist am Ausgang des Empfangswandlers die den jeweils remittierten Strahlungsanteil charakterisierende spektrale Information verfügbar. Mit dem Vorliegen der spektralen Information als amplitudenmodulierte Impulsfolge besteht dann wieder die Möglichkeit zur Signalverarbeitung nach gewünschtem Klassifikationsalgorithmus.
- Zur Trennung des interessierenden diffus reflektierten Strahlungsanteils vom spiegelnd reflektierten werden Sende- und Empfangswandler der hier betrachteten Gruppe von Opto-Sensorsystemen häufig nach den in Abb. 7.11 dargestellten Schemen angeordnet. Beim Einsatz von Lumineszenzdioden sind dabei wegen der nach kürzeren Wellenlängen hin stark abnehmenden Strahlstärken besondere Maßnahmen gegen störenden Fremdlicht-

einfluß erforderlich. Senderseitig gehört hierzu der Pulsbetrieb mit Spitzenströmen bis zu einigen Ampere und Tastverhältnissen bis 1:1000. Empfängerseitige Maßnahmen sind beispielsweise der synchronisierte Sende-/Empfangsbetrieb oder das Einfügen eines auf die Pulsfrequenz abgestimmten Selektivverstärkers in die Betriebsschaltung.

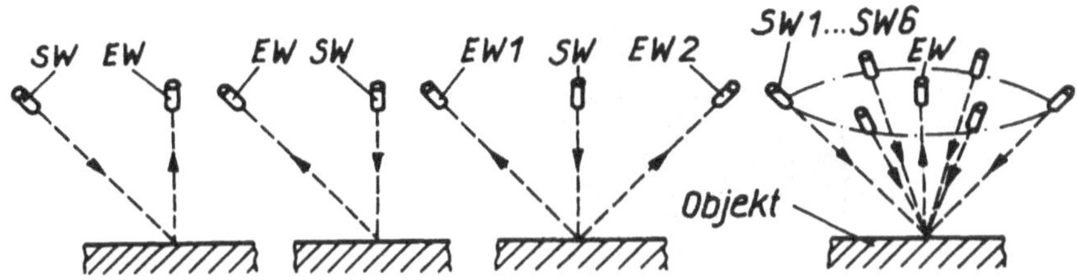

Abb. 7.11 Beispiele für die Sende- und Empfangswandleranordnung zur ausschließlichen Erfassung des diffus reflektierten Strahlungsanteils

7.2.3. Opto-Sensorsysteme für das Abtastprinzip "$V_M(1)$"

Sensorsysteme dieser Art beruhen darauf, daß Objekte eine Bahn schneiden, längs der eine Reihe von Strahlschranken angeordnet ist (Abb. 7.12). Sie sind daher für einfache Formen der Lageerkennung von Objekten bzw. deren Positionierung einsetzbar.

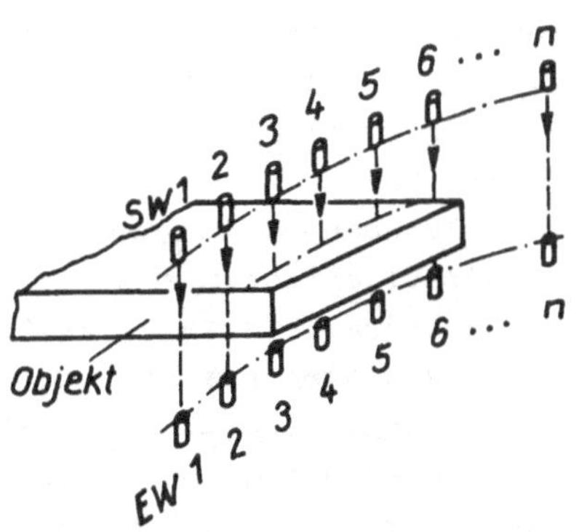

Abb. 7.12 Schema des Abtastprinzips "$V_M(1)$"

Vorzugsweise betrifft das die Gewinnung von Lageinformationen längs einer Bewegungsrichtung, beispielsweise beim Eintauchen eines Objekts in den Fingerbereich einer Greifeinheit (Abb. 7.13). Lageinformationen in zwei Bewegungsrichtungen sind durch

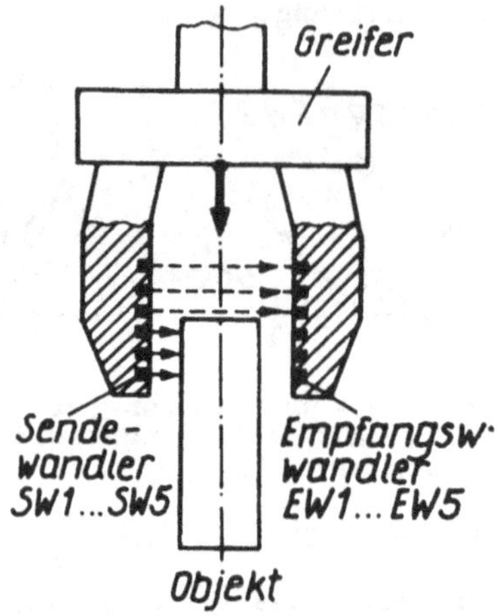

Abb. 7.13 Nutzung des Abtastprinzips "$V_M(1)$" für die Lageerkennung beim Anfahren von Objekten

zwei nicht parallele Rezeptorbahnen möglich. In besonderen Fällen, wie zum Beispiel bei rotationssymmetrischen Objekten, kann auch bereits mit einem Zeilensensor auf die Lage des Flächenschwerpunktes geschlossen werden (s. Abschn. 2.2.3.). Für die Konzipierung solcher Sensorsysteme gelten die in Abschn. 6.3.1. genannten Grundsätze. Die Mittel zur Realisierung reichen von der Aneinanderreihung von Strahlschranken mit diskreten Sende- und Empfangswandler-Bauelementen bis zur Anwendung integrierter Rezeptorzeilen mit einer für alle Rezeptoren gemeinsamen Durchlichtquelle. Werden einzelne Strahlschranken aneinandergereiht, so kommen vorzugsweise diskrete Infrarotemitterdioden als Sendewandler und diskrete Si-Fototransistoren als Empfangswandler zum Einsatz. Interessante Ausführungen von miniaturisierbaren und höher auflösenden Anordnungen versprechen mit Lichtleitern direkt gekoppelte Strahlungsemitter (GOBLEF) bzw. -detektoren. Bei der Anwendung integrierter Rezeptorzeilen ist die gemeinsame Durchlichtquelle auch auf Glühlampenbasis möglich.

7.2.4. Opto-Sensorsysteme für das Abtastprinzip "$A_M(1)$"

Sensorsysteme dieser Gruppe werden eingesetzt, um Objekte längs einer in ihrer Oberfläche verlaufenden Bahn im Reflexionsbetrieb abzutasten. Von besonderer Bedeutung ist hierbei jedoch das als "Lichtschnitt-Technik" bezeichnete Verfahren (Abb. 7.14a). Bei diesem wird ein Lichtstrahl unter schiefem Winkel zur optischen Achse des Empfangswandler auf die Objektoberfläche gerichtet und mittels mechanischer Ablenkmittel (Scanner) wie rotierender oder schwingender Spiegel über diese geführt. Ein Empfangswandler, dessen Sehfeld über die gesamte durchlaufene Bahn reicht, nimmt den reflektierten Strahlungsanteil auf und ermöglicht es damit, der abgetasteten Bahn ein als Zeitfunktion vorliegendes Reflexionsprofil zuzuordnen (Abb. 7.14b), dessen Momentanwerte bestimmten Bahnpunkten entsprechen. Beim Durchlaufen von Objektkanten oder Vertiefungen wie Kerben, Schlitzen, Bohrungen ändert sich der reflektierte Strahlungsanteil. Bei feststehendem Empfangswandler und bekannter Abtastgeometrie kann daher aus dem

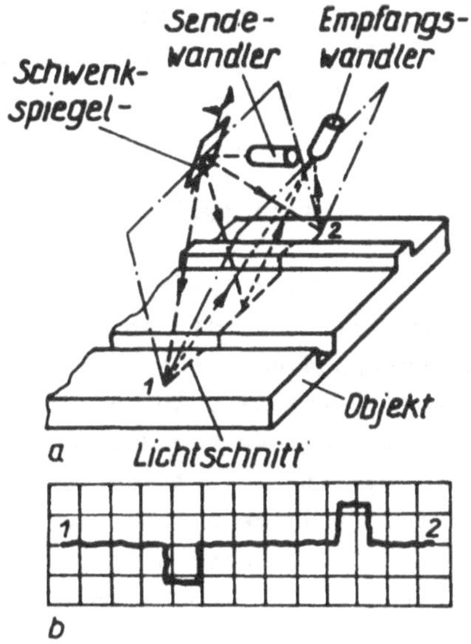

Abb. 7.14 Prinzip der Lichtschnitt-Technik
a) Abtastprinzip
b) Ausgangssignal des Empfangswandlers

Reflexionsprofil auf die Lage solcher Formelemente geschlossen werden. Das ermöglicht ihre Vermessung bzw. die Ortung von Oberflächenfehlern bei automatisierter Qualitätsprüfung. Lageveränderungen der Formelemente haben eine zeitliche Verschiebung ihrer Abbildungen im Reflexionsprofil zur Folge. Betrag und Richtung dieser Verschiebung gestatten es, Bewegungsvorgänge von Maschinen zweckentsprechend zu steuern, beispielsweise zur Nahtverfolgung beim automatisierten Lichtbogenschweißen /7.4/ oder zur Bearbeitung von Objektkanten /7.5/.

Als Sendewandler werden häufig Laserlichtquellen in Verbindung mit mechanischen Scanners verwendet. Sie gewährleisten die bei dreidimensionalen Objekten erforderliche Tiefenschärfe und infolge der großen Strahlstärke und der Monochromasie einen großen Störabstand. Für bestimmte Anwendungsfälle, zum Beispiel bei der Schweißnahtverfolgung, werden jedoch auch Infrarotemitterdioden als Sendewandler eingesetzt. Als Empfangswandler dienen Einrezeptorausführungen wie Fototransistoren bzw. Fotodioden oder CCD-Rezeptormatrizen bzw. andere zweidimensionale Bildaufnahmeeinrichtungen. Ergänzt werden muß, daß die Ortung, Vermessung oder Verfolgung von Form- oder Oberflächenmerkmalen von Objekten geeignete Verarbeitungsalgorithmen für die mit dem Sensorsystem aufgenommenen Signale voraussetzt.

7.2.5. Opto-Sensorsysteme für das Abtastprinzip "$V_M(A)$"

Sensorsysteme dieser Art enthalten eine Reihe in einer Fläche A angeordneter Empfangswandler bzw. einen als integrierte Rezeptormatrix ausgeführten Empfangswandler, denen mehrere oder ein gemeinsamer Sendewandler gegenüberstehen. Auf diese Weise entsteht vor der Fläche A ein Volumen, das für das Eintauchen strahlungsundurchlässiger Objekte sensibilisiert ist. Auf drei typische Einsatzfälle solcher Sensorsysteme soll hingewiesen werden.

Im ersten Fall stellt das sensibilisierte Volumen den Raum zwischen den Greifflächen einer Greifeinheit dar (Abb. 7.15). Auf diese Weise ist signalisierbar, welche Lage in z- und x-Richtung ein von der Greifeinheit zu erfassendes oder erfaßtes Objekt einnimmt. Da zumindest die Sende- und die Empfangswandler solcher Sensorsysteme konstruktiv in die Greifflächen integriert werden müssen und für eine hinreichende Quantisierung der Lage-

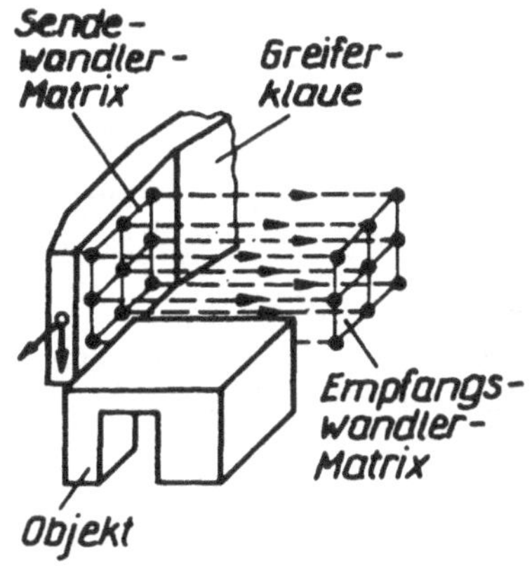

Abb. 7.15 Nutzung des Abtastprinzips "$V_M(A)$" für die Lageerkennung beim Anfahren von Objekten

bereiche eine große Packungsdichte erwünscht ist, kommt miniaturisierten Ausführungen verteilter Anordnungen bei diesem Einsatzfall besondere Bedeutung zu.

Der zweite Einsatzfall umfaßt alle Aufgaben, bei denen aus einem Muster unterbrochener und nicht unterbrochener Strahlschranken, das ein auf einer Unterlage liegendes Objekt erzeugt, Rückschlüsse auf Identität des Objekts, Lageart oder Lagekoordinaten gezogen werden können. Sind für eine bestimmte Anzahl von Objekten insgesamt n Lagearten möglich, so lassen sich diese durch m entsprechend angeordnete Rezeptoren unterscheiden. Je nach Form der Objekte kann allerdings die erforderliche Anzahl m der Rezeptoren im Bereich $\mathrm{ld}\,n \leqq m \leqq n$ liegen, erfordert also Voruntersuchungen. Ein einfaches Beispiel hierzu wird in Abschn. 2.2.3 (Abb. 2.4b) genannt. Mit wachsender Anzahl n und erst recht für die Ermittlung von Lagekoordinaten wird allerdings die Aufteilung der Fläche A in eine Anordnung regelmäßig verteilter Rezeptorbereiche, beispielsweise in Matrixform, zweckmäßig sein. Mit der Entwicklung kostengünstiger Bildaufnahmekameras, wie sie auch für das Abtastprinzip $A_M(A)$ erforderlich sind, gewinnen dabei Lösungen an Bedeutung (Abb. 7.16), bei denen sich das Objekt auf einer zwischen Beleuchtungsquelle und Bildaufnahmekamera angeordneten strahlungsdurchlässigen Unterlage befindet.

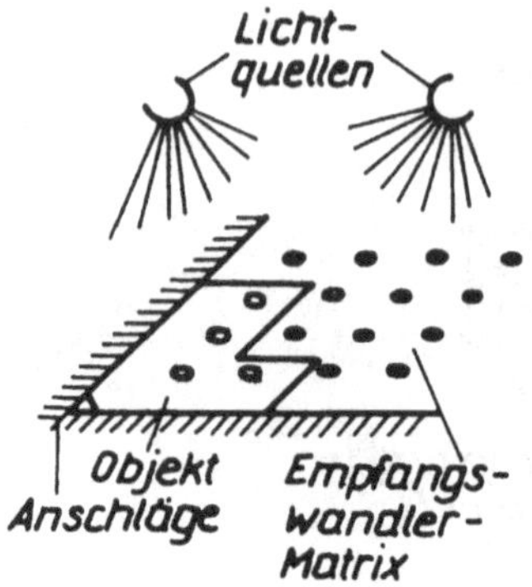

Abb. 7.16 Nutzung des Abtastprinzips "$V_M(A)$" für die Erkennung von Identität bzw. Lage von Objekten

Der dritte Einsatzfall schließlich betrifft das Sensibilisieren des Arbeitsraumes automatisch gesteuerter Maschinen gegen das Eindringen unerwünschter Objekte. Der Einsatz von Strahlschranken-Anordnungen wird allerdings auch hier mit der Entwicklung kostengünstiger Bildaufnahmekameras zurückgehen.

7.2.6. Opto-Sensorsysteme für das Abtastprinzip "$A_M(A)$" (Visuelle 2D-Sensorsysteme)

An dieser Stelle seien einige Bemerkungen zu visuellen Erkennungssystemen eingefügt, die sich gleicherweise auf die Abschnitte 7.2.6. und 7.2.7. beziehen.

Der Bedeutung des visuellen Analysators für die Handlungsfähigkeit des Menschen ist es zuzuschreiben, daß für die Realisierung adaptiver Roboter visuellen Erkennungssystemen und den dazu erforderlichen bilderfassenden Opto-Sensorsystemen besondere Aufmerksamkeit geschenkt wird. Sie gilt der technischen Nachbildung wesentlicher Eigenschaften dieses Analysators. Insbesondere sind dies

- das durch den Gebrauch beider Augen mögliche "räumliche" Sehen,
- das "farbige" Sehen,
- die Fähigkeit zur Anpassung an unterschiedliche Beleuchtungsverhältnisse
- das große räumliche Auflösungsvermögen,

- die Unterscheidbarkeit einer sehr großen Anzahl von Helligkeitsstufen und Farbnuancen,
- die Fähigkeit, sich auf bestimmte Bilddetails zu konzentrieren,
- die Fähigkeit, "verdeckte" Bilddetails zu ergänzen und
- die extrem große Zahl durch Lernen eingespeicherter Bildmuster sowie die Fähigkeit zur Klassenbildung.

Darüber hinaus bestehen heute Forderungen, diese Eigenschaften mit den Leistungsmerkmalen optischer Vermessungssysteme zu verbinden.

Theoretische Durchdringung auf der einen und Stand der Technik auf der anderen Seite sind jedoch noch nicht soweit fortgeschritten, daß visuelle Erkennungssysteme solcher Art mit vertretbaren konstruktiven Merkmalen und akzeptierbaren Kosten realisiert werden können. Dies zwingt zur Inkaufnahme funktionell eingeschränkter Ausführungsformen, die allerdings für viele Einsatzfälle durchaus annehmbare Kompromisse darstellen. Aus dieser Situation heraus entwickelten sich nacheinander drei Gruppen visueller Erkennungssysteme. Sie werden als visuelle 2D-, 2 1/2D- und 3D-Systeme bezeichnet. Die damit zusammenhängenden Arbeitsgebiete haben inzwischen einen Umfang erreicht, der eine auch nur annähernd vollständige Überblicksdarstellung in diesem Buch ausschließt. Das gilt insbesondere für die Komplexe der Erkennungsalgorithmen und deren Implementierung. Die weiteren Ausführungen der Abschnitte 7.2.6. und 7.2.7. sollen sich daher auf den Sensorteil visueller Erkennungssysteme beschränken und dem Ziel dienen, beschrittene Lösungswege in die Systematisierung der Sensorsysteme einzuordnen. Für die darüber hinausgehende Beschäftigung mit visuellen Erkennungssystemen sei auf Darstellungen in /7.6/, /7.7/, /7.8/ und /7.9/ verwiesen.

Visuelle 2D-Sensorsysteme haben die Aufgabe, die in einer abgetasteten Fläche A bestehende Verteilung optischer Objektsignale elektrisch abzubilden. Sie folgen hierzu dem in Abb. 7.17 dargestellten allgemeinen Aufbauprinzip. Zur Ausführung der einzelnen Funktionsgruppen sei vermerkt:

Visuelle 2D-Sensorsysteme unterscheiden sich, wie dies auch aus dem Vergleich der Abbildungen 7.1e und 6.1c hervorgeht, empfängerseitig nicht prinzipiell von den in Abschn. 6.3.2. behandelten Wärmebildkameras. Im Gegensatz zu den Infrarot-Sensor-

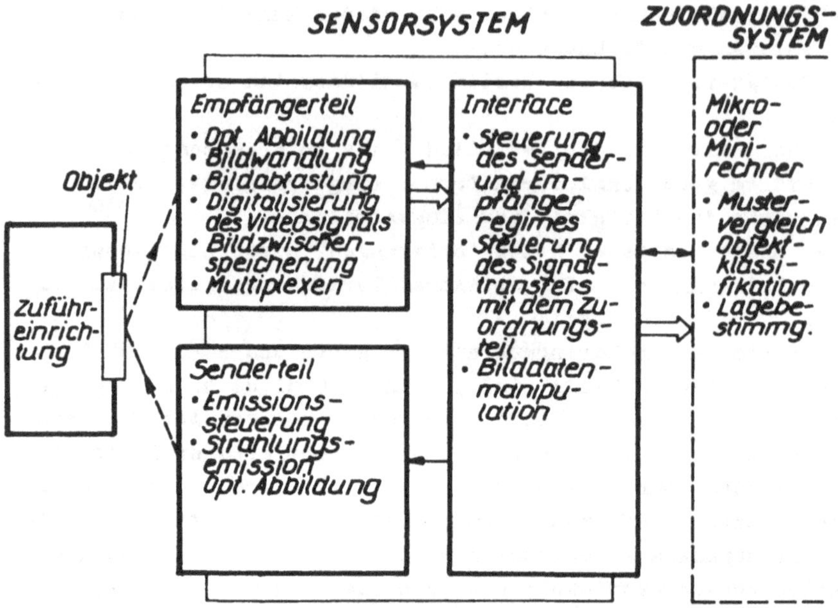

Abb. 7.17 Aufbauprinzip visueller 2D-Sensorsysteme

systemen benötigen sie jedoch, falls kein selbstleuchtendes Objekt vorliegt, einen Senderteil. Für diesen haben insbesondere drei Formen von Sendewandlern Bedeutung erlangt. Die einfachste, vom energetischen Wirkungsgrad her jedoch ungünstigste Form stellen Temperaturstrahler dar. Strahldichteverteilung, Bestrahlungsstärke, insbesondere jedoch Bestrahlungsrichtung müssen einsatzspezifisch gewählt werden. Dabei können die Verminderung von Schattenbildungen durch Bestrahlung aus unterschiedlichen Richtungen bzw. das Verstärken von Schattenbildungen oder das Erhöhen des Kontrastes zwischen glatten und rauheren Oberflächenpartien durch streifendes Licht eine wesentliche Rolle spielen. Bei der blend- und schattenfreien Bestrahlung von Szenen haben sich neben der klassischen Lösung mit mehreren aus unterschiedlichen Richtungen strahlenden Punktlichtquellen auch sensorspezifische Lösungen herausgebildet, beispielsweise in Form der Lichtabstrahlung über einen Lichtleiter mit ringförmigem Querschnitt, in dessen Zentrum das Objektiv des Empfängerteils angeordnet wird. Neben Temperaturstrahlern in Form von Punktlichtquellen werden auch solche mit linienförmiger Abstrahlung angewandt. Von Vorteil für eine homogene Strahldichteverteilung parallel zur Bildebene erweist sich dabei die sogenannte Halogenlichtschiene. Dabei ist auch hier die Lichtschnittechnik mit Erfolg anwendbar. So wird beispielsweise das schräg zur Unterlage einfallende Licht zweier Halogenlampen durch Zylinderlinsen so geformt, daß auf der Unterlage zwei übereinanderliegende Lichtstreifen entstehen (strukturiertes Licht) (Abb. 7.18). Dieser Doppel-Lichtstreifen wird optisch auf die Rezeptorzeile einer Linienkamera abgebildet. Schneidet ein auf der Unterlage befindliches Objekt mit ausgeprägter Höhenabmessung die durch die Zylinderlinsen gebildeten zwei Lichtebenen, so trifft das Licht außerhalb der von der Linienkamera erfaßten Objektpartie auf die Objektoberfläche auf. Für die Rezeptorzeile der Linienkamera erscheint diese Partie daher dunkel gegenüber den hellen Abschnitten der Unterlage, die Objektpartie wird als Silhouette erfaßt.

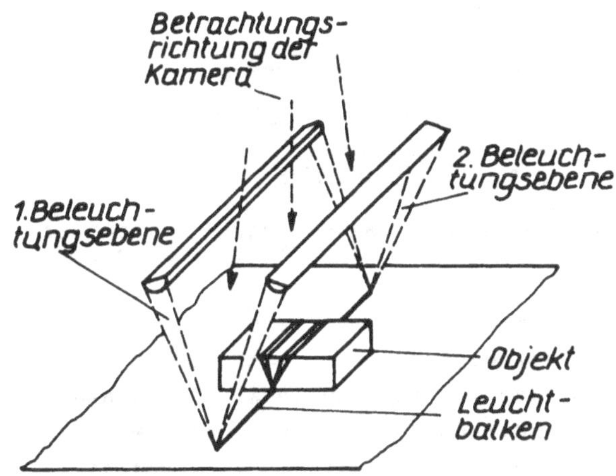

Abb. 7.18 Beispiel für die Nutzung von strukturiertem Licht bei 2D-Sensorsystemen

Als zweite Form der Sendewandler kommen Entladungslampen zum Einsatz. Sie ermöglichen platzsparende Lösungen, lassen sich wahlweise für das Erzeugen kräftiger Schattenwirkung verwenden oder zum Vermeiden solcher konzentrisch um das Objekt des Empfängerteils anordnen. Durch Emission im Ultraviolettbereich läßt sich außerdem der unter Umständen störende sichtbare Lichteffekt vermeiden.

Die beiden erstgenannten Formen sind für linienhafte Empfangswandler, die als Rezeptorzeilen wirken und für flächenhafte Empfangswandler, die als Rezeptormatrizen wirken, wichtig. Von besonderer Bedeutung für Empfangswandler mit Einzelrezeptorfunktion ist eine dritte Form der Lichtemission. Sie benutzt einen fokussierten Lichtstrahl, vorzugsweise einen Laserstrahl, der mittels mechanisch-optischer Vermittlerelemente rasterförmig über die Szene geführt wird (Abb. 7.19). Diese Form ist insbesondere für die Inspektion der Oberflächen von Papier-, Stoff- oder Metallbahnen geeignet.

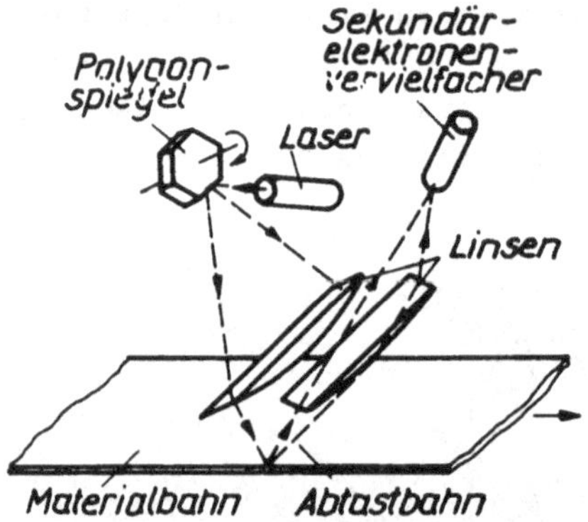

Abb. 7.19 Beispiel für die rasterförmige optische Abtastung von Oberflächen durch punktförmig fokussierte Strahlung

Empfängerteile mit Empfangswandlern auf der Grundlage integrierter Festkörper-Rezeptorzeilen gehören heute zu den Standardkomponenten visueller 2D-Sensorsysteme. Sie werden als Linienkameras bezeichnet und bedürfen mechanischer bzw. mechanisch-optischer Vermittlerlemente zur seriellen zeilenweisen Abtastung der Szene. Aus diesem Grunde sind sie besonders geeignet für Einsatzfälle, bei denen abzutastende Objekte prozeßbedingten Linearbewegungen unterliegen. Das ist beispielsweise der Fall beim Zuführen von Arbeitsgegenständen auf Transportbändern, -rollen oder Positioniereinrichtungen sowie bei prozeßbedingt laufendem bandförmigen Abtastgut. Jedoch kann auch, wie dies schon in Abschn. 6.3.2. erwähnt wird, mittels optisch reflektierender Elemente (Schwingspiegel, Drehspiegel, Polyonspiegel, rotierende Spiegeltreppe) oder optisch brechender Elemente eine ruhende Szene zeilenweise mit der Linienkamera erfaßt werden. Hierzu wird auf /7.10/ verwiesen.

Identitätserkennung, Lageerkennung oder Vermessen beim Sortieren, Prüfen oder langerichtigem Zuführen von Teilen können auch erfolgen, wenn die Szene mittels anamorphotischer Abbildung als intensitätsmoduliertes Lichtband auf die Rezeptorzeile abgebildet wird /7.11/. Bei dieser durch zwei gekreuzte Zylinderlinsen erfolgenden optischen Bilddatenreduktion ist die Bestrahlungsstärke des einzelnen Rezeptors eine Funktion der Objektbreite senkrecht zur Zeilenausdehnung. Sie ist dieser proportional bei Auflicht- und umgekehrt proportional bei Durchlichtbetrieb, so daß das als Zeitfunktion vorliegende Videosignal die örtliche Verteilung der Objektbreite längs der Zeile repräsentiert.

Für Linienkameras werden heute Bauvolumen unter 1 dm^3 erreicht /7.12/. Dieses Volumen nimmt die als Wechselobjektiv ausgeführte Abbildungsoptik, die im allgemeinen im DIL-Gehäuse gefaßte Rezeptorzeile, die Betriebsschaltung und den mit besonderen Funktionen betrauten Signalwandler auf.

Integrierte Festkörper-Rezeptorzeilen werden derzeit mit 64, 128, 256, 500, 1024, 1728 und 2048 Rezeptoren angeboten. Bezogen auf die Zeilenlänge, ermöglicht das Auflösungen von etwa 0,4 % bei 256 und etwa 0,5 $^{o}/oo$ bei 2048 Rezeptoren. Hieraus resultiert die generelle Bedeutung der Linienkameras für das berührungslose Vermessen von Objekten. Mit dem einzelnen Rezeptor der Zeile können bis zu 4096 Grauwerte (12 bit) erfaßt werden. Die relativ große Ungleichförmigkeit in der Empfindlichkeit der Rezeptoren einer Zeile, sie kann den Wert 1,1 erreichen, sowie die Ungleichförmigkeit in der Ausleuchtung der Szene erfordern dann jedoch die Korrektur der Rezeptorsignale bei der elektronischen Weiterverarbeitung. Aus diesem Grunde und wegen der anfallenden Informationsmenge überhaupt wird versucht, die Anzahl der zu verarbeitenden Grauwerte soweit wie möglich einzuschränken. Neben der häufig zu findenden Reduzierung auf das Schwarz-Weiß-Binärbild (1 bit) sind dabei Quantisierungen von 4 bit und 8 bit üblich.

Die Rezeptoren integrierter Festkörper-Rezeptorzeilen beruhen darauf, daß die durch einfallende Lichtenergie gebildeten Elektron-Loch-Paare durch die Wirkung einer im Rezeptor bestehenden Raumladung getrennt werden. Bei Anlegen einer äußeren Spannung an das Rezeptorelement entsteht ein der Ladungsmenge proportionaler Strom. Diese Aktivierung des Rezeptors erfolgt über spezielle, zur integrierten Struktur gehörende Abtastschaltungen. Sie benutzen MOS-Feldeffekttransistoren als Schalter und Schieberegister zum Auskoppeln der Zeileninformation an den seriellen Ausgang der Anordnung. Als integrationsfreundliche Rezeptorelemente haben sich die Fotodiode (in Sperrichtung vorgespannter pn-Übergang, s. Abb. 6.2b) und der MOS-Kondensator, letzterer besonders in Form des CCD-Elements, erwiesen. Fotodiodenrezeptoren werden mit Breitenabmessungen von etwa (15 ... 50)µm realisiert. Das Abtastprinzip der Fotodiodenzeile wird in Abb. 7.20 schematisch dargestellt. Man kann es sich so vorstellen,

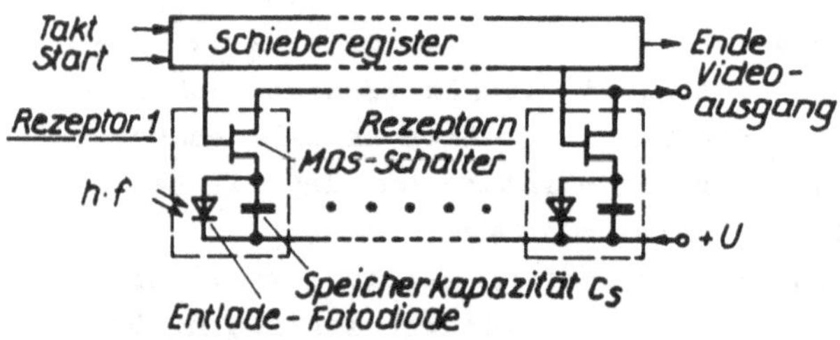

Abb. 7.20 Wirkprinzip der Fotodiodenzeile

daß beim Schließen eines Schalttransistors die Sperrschichtkapazität c_s der dazugehörigen Fotodiode über +U aufgeladen wird. Bei offenem Schalttransistor wird diese Kapazität durch optisch bzw. thermisch erzeugte Elektron-Loch-Paare in bestimmten Maße entladen (Belichtungsphase). Wird der Schalttransistor dann erneut geschlossen, so fließt ein Ladestrom, der um so größer ist, je stärker die Entladung erfolgte. Er stellt daher ein Maß für die in der Belichtungsphase absorbierte Lichtenergie dar. Es sind maximale Abtastfrequenzen von einigen MHz bis einigen 10 MHz möglich. MOS-Kondensator-Rezeptoren folgen dem in Abb. 7.21 skizzierten Wirkprinzip. Bei Anlegen einer Spannung U entsteht unter der SiO_2-Schicht im p-Silizium eine Verarmungszone an Löchern, deren Tiefe mit U zunimmt. Durch Trennung der von der einfallenden Lichtenergie generierten Elektron-Loch-Paare sammelt sich in diesem "Potential-Topf" ein der absorbierten Photonenzahl

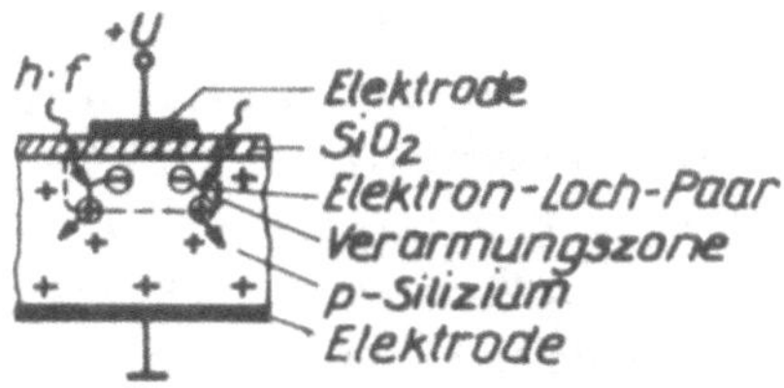

Abb. 7.21 Wirkprinzip des MOS-Kondensator-Rezeptors

proportionales Elektronenpaket. MOS-Kondensator-Rezeptoren werden mit Breitenabmessungen von etwa (13 ... 16)µm realisiert, die Zeile mit 256 Rezeptoren hat eine Länge von 3,32 mm. Beim Abtasten der Rezeptorzeile, es ist in Abb. 7.22 schematisch dargestellt und erfolgt impulsgesteuert, werden die Elektronenpakete über zwei Transfer-Gates wechselweise auf ein rechts und

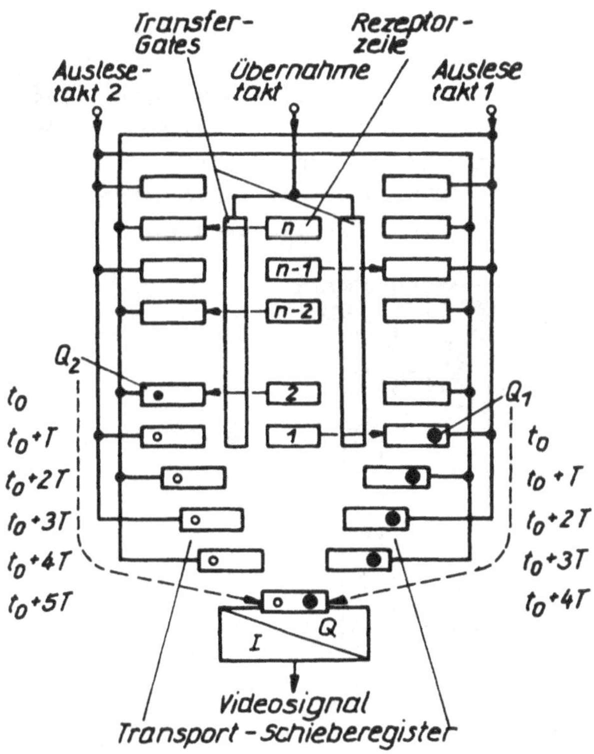

Abb. 7.22 Wirkprinzip der CCD-Zeile

ein links der Zeile angeordnetes Analogtransportschieberegister übertragen. Diese wiederum übertragen die Elektronenpakete wechselweise seriell an einen Gate-Detektor-Vorverstärker. Sein Ausgangssignal stellt in zeitlicher Reihenfolge ein Abbild der Ladungsverteilung auf der Rezeptorzeile dar. Durch das gewählte Abtastprinzip ist es möglich, während des Auslesens die nächste Bildzeile zu erzeugen.

Empfängerteile mit flächenhaften Empfangswandlern werden heute sowohl auf Festkörper- als auch auf Hochvakuum-Röhrenbasis realisiert. Letztere sind wegen ihres größeren Auflösungsvermögens, ihrer Robustheit und der durch jahrzehntelange Erfahrungen gefestigten kostengünstigen Herstellungstechnologie nach wie vor vielfach im Einsatz.

Integrierte Festkörper-Rezeptormatrizen verwenden als Rezeptoren wie bei den Rezeptorzeilen die Fotodiode und in zunehmendem Maße den MOS-Kondensator. Bei Fotodiodenmatrizen sind 32 x 32, 64 x 64 und 100 x 100 Rezeptoren typisch. Ihre Adressierung erfolgt wie bei der Rezeptorzeile über MOS-Schalttransistoren bei Abtastfrequenzen bis zu 10 MHz (Abb. 7.23). Aus Japan wurde die Entwicklung einer Fotodiodenmatrix mit 384 x 484 Rezeptoren und Rezeptorflächen von 13,5 µm x 23 µm bekannt (Hitachi Ltd.). Flächenhafte Empfangswandler mit MOS-Kondensator-Rezeptoren gründen sich auf Varianten von Ladungsverschiebe-Elementen. Sie werden

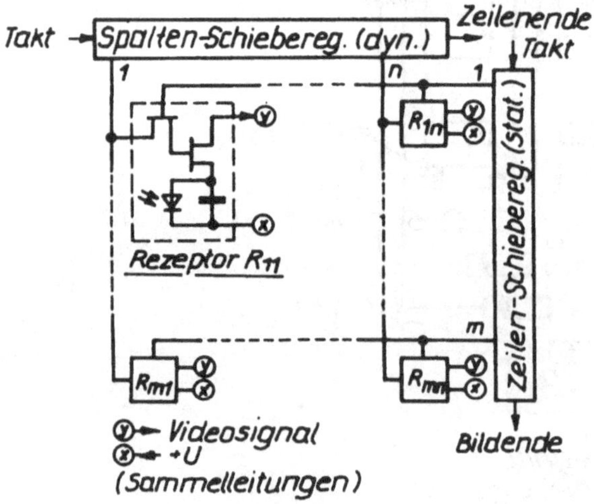

Abb. 7.23 Wirkprinzip der Fotodioden-Matrix

auch als CTD-Elemente bezeichnet (CTD Charge Transfer Device), wobei das CCD-Element (CCD Charge Coupled Device) und das CID-Element (CID Charge Injection Device) besondere Bedeutung erlangt haben. Wie bei der Rezeptorzeile werden auch hier Abbildungsteil und Ausleseteil voneinander getrennt, jedoch als gemeinsame integrierte Struktur hergestellt. Für deren Architektur sind verschiedene Lösungen im Gebrauch. Bei der CCD-Rezeptormatrix nach dem Frame-Transfer-Prinzip (Abb. 7.24) wird das

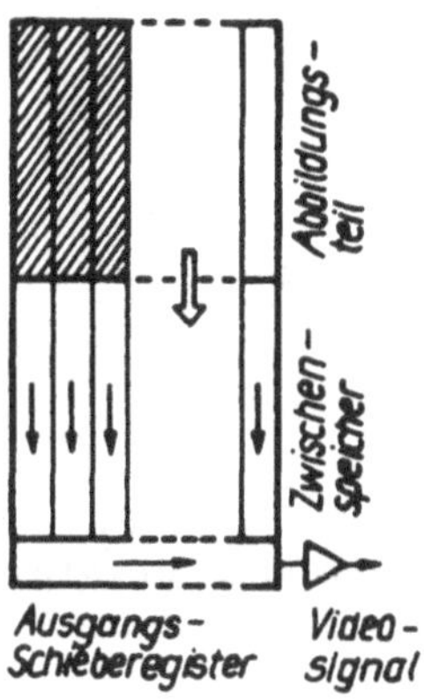

Abb. 7.24 Schema der CCD-Rezeptormatrix nach dem Frame-Transfer-Prinzip

auf dem Abbildungsteil erzeugte Mosaik von Ladungspaketen in einen neben dem Abbildungsteil angeordneten, lichtgeschützten CCD-Zwischenspeicher übertragen und von dort aus über ein Ausgangsregister zeilenweise bildpunktseriell als Videosignal ausgelesen. In den Zwischenspeicher übertragen wird jeweils ein Halbbild während der vertikalen Austastlücke, das Auslesen aus dem Ausgangsregister dagegen erfolgt während der aktiven Zeilenzeit. Die größte auf diese Weise realisierte Rezeptormatrix besitzt 512 x 486 = 248 832 Rezeptoren (Matsushita, Japan). Bei der CCD-Rezeptormatrix nach dem Interline-Tranfer-Prinzip (Abb. 7.25) liegt jeweils neben einer Rezeptorzeile eine lichtgeschützte Zwischenspeicherzeile. In diese werden die Ladungspakete während der vertikalen Austastlücke geschoben. Von hier aus erfolgen dann zeilenweise das Übertragen in das Ausgangsregister und das bildpunktserielle Auslesen als Videosignal. Auf diese Weise wurden Rezeptormatrizen mit 244 x 190 = 46 360 und 488 x 380 = 185 440 Rezeptoren realisiert (CCD 211 und CCD 221 von Fairchild, USA). Die CID-Rezeptormatrix bietet gegenüber den CCD-Varianten den Vorteil, daß jeder Rezeptor einzeln adressierbar ist und bei geeigneter Ansteuerung ohne Löschen seiner Ladungsinformation abgefragt werden kann. Der damit eröffnete

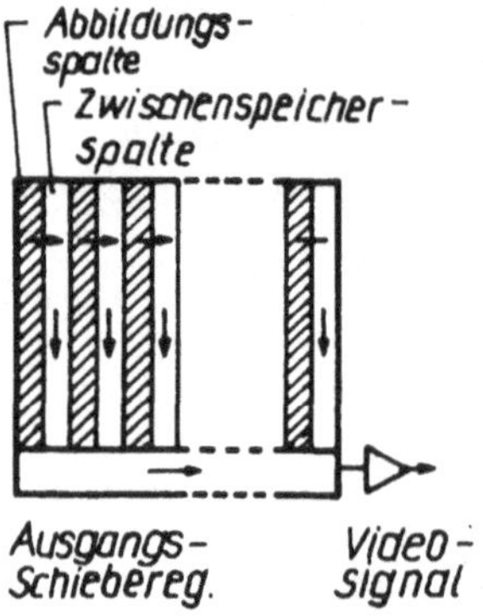

Abb. 7.25 Schema der CCD-Rezeptormatrix nach dem Interline-Transfer-Prinzip

Weg, Rezeptoren in beliebiger Reihenfolge und Anzahl abzufragen, ermöglicht effektivere Algorithmen der Bildauswertung. Jedes CID-Element besteht aus zwei eng beieinanderliegenden MOS-Kondensatoren, von denen einer an eine Zeilen, der andere an eine Spaltenleitung angeschlossen ist. Zwischen ihnen bildet sich eine, die Bildpunktinformation repräsentierende Inversionsladung aus. Bisher realisierte CID-Rezeptormatrizen haben Formate zwischen 100 x 100 bis 248 x 244 Rezeptoren.

Flächenhafte Empfangswandler auf Röhrenbasis haben durch ihren Einsatz in der Fernsehtechnik Tradition, so daß es nahe lag, die für die Konstruktion solcher Bildwandler und für den Umgang mit ihnen vorliegenden reichen Erfahrungen bei der Robotertechnik zu nutzen. Besondere Bedeutung hat dabei das Vidikon erlangt (s. hierzu auch Abschn. 6.3.2.). Sein Aufbau ist in Abb. 7.26a schematisch dargestellt. Der darin genannte Speicher stellt den Abbildungsteil dar, während alle anderen Elemente den Ausleseteil verkörpern. Für den Abbildungsteil sind insbesondere zwei Varianten von Interesse. Bei der ersten Variante wird er

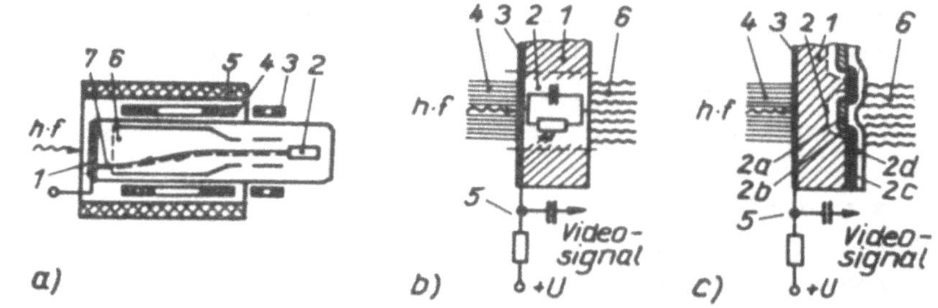

Abb. 7.26 Vidikon

a) Aufbau. 1 Bildwandler, 2 Strahlerzeugungssystem, 3 Justierspulen, 4 Ablenkspulen, 5 Fokussierspule, 6 Anode, 7 Abtast-Elektronenstrahl

b) Abtastprinzip bei homogener Speicheranordnung. 1 Fotohalbleiter, 2 Rezeptorbereich, 3 Signalplatte, 4 Licht, 5 Videosignal-Auskopplung, 6 Elektronenstrahl

c) Abtastprinzip bei Speicheranordnung mit Si-Dioden-Target. 1 n-Si-Substrat, 2 Rezeptor, 2a p-Gebiet, 2b Raumladungszone, 2c SiO_2-Schicht, 2d Widerstandsschicht, 3 n^+-Schicht, 4 Licht, 5 Videosignal-Auskopplung, 6 Elektronenstrahl

aus einer lichtdurchlässigen Leiterschicht, der Signalplatte, und einer dahinterliegenden Fotohalbleiterschicht gebildet. Diese an sich homogene Anordnung kann man sich aus Elementen (Rezeptoren) zusammengesetzt denken, von denen jedes aus einer Speicherkapazität c_s und einem Fotowiderstand R besteht (Abb. 7.26b). Die Leiterschichtseite dieses RC-Gliedes liegt über einem Widerstand R_v auf konstantem positiven Potential. Da der Elektronenstrahl während der Abtastzeit den anderen Anschluß des RC-Gliedes mit negativem (Katoden-)Potential verbindet, wird in dieser Zeit die Speicherkapazität c_s aufgeladen. Sie entlädt sich bis zum Beginn der nächsten Abtastphase um so mehr, je größer die bis dahin vergehende Zeit (Integrationszeit) und je kleiner der von der Bestrahlungsstärke abhängige Wert des Fotowiderstandes R sind. Der dann bei der folgenden Abtastphase fließende Nachladestrom ist ein Maß für den Entladezustand von c_s. Er ruft an R_v einen Spannungsabfall hervor, der über C_v als Bildinformation vermittelndes Videosignal abnehmbar ist. Die für den Abbildungsteil von Vidikons übliche zweite Variante verwendet an Stelle der homogenen Speicheranordnung ein Silizium-

Dioden-Target (Abb. 7.26c). Wie bei den integrierten Festkörper-Rezeptormatrizen ist auch die als Rezeptor dienende Fotodiode als Parallelschaltung der Sperrschichtkapazität c_s und des bestrahlungsstärkeabhängigen Sperrwiderstandes R_s auffaßbar. Analog dem Integrations- und Abtastzyklus bei der ersten Variante wird die während der Integrationszeit teilweise entladene Sperrschichtkapazität c_s durch die Elektronenstrahlabtastung wieder aufgeladen und hieraus das bildinformationsvermittelnde Videosignal abgeleitet.

Der für die Abtastung benutzte Elektronenstrahl wird mittels magnetischer Ablenksysteme in x- und y-Richtung geführt. Zur Erzeugung der erforderlichen Ablenkströme kommen im einfachsten Falle freischwingende Multivibratoren zur Anwendung, die quasizeitlineare Ausgleichsvorgänge in den Ablenkspulen hervorrufen. Im Hinblick auf die zur Bildauswertung notwendige Kopplung mit dem Mikrorechner wurden jedoch auch Konzepte für die digitale Steuerung des Ablenkregimes von Röhrenkameras erarbeitet /7.6/. Die für die Bildpunkt- und Zeilenadressierung gewonnenen Signale werden außerdem genutzt, um die Bildinformation in einen RAM-Zwischenspeicher zu übertragen und auf diese Weise die Kopplung mit dem Mikrorechner zu ermöglichen.

Die bei visuellen Sensorsystemen anfallenden großen Informationsmengen, deren Beeinträchtigung durch Informationsverluste bzw. zusätzliche Störinformationen und die Notwendigkeit, sie zur Gewinnung aktueller Zustandsgrößen einer umfangreichen Verarbeitung unterziehen zu müssen, lassen dem Signalwandlerteil visueller Sensorsysteme besondere Bedeutung zukommen. Zur Gewährleistung des Echtzeit-Betriebes schnelle Spezial-Hardware verkörpernd, hat er, da die Steuerung des gesamten Sensorsystems durch den mit der Bildauswertung betreuten Mikrorechner erfolgt, Interfacefunktion zu erfüllen. Typische Aufgaben sind dabei beispielsweise: Taktfrequenzaufbereitung für die Kamera, Adressengewinnung für Bildabtastung und Zwischenspeicherung, Restauration von Bildinformationen, Vorgabe von Quantisierungsschwellen für Grauwertdigitalisierung, Reduktion der Bildinformation durch Bildausschnitt bzw. Mittelwertbildung über Bildpunktkollektive, Einlesen vorverarbeiteter Bildinformation in RAM-Zwischenspeicher bzw. Auslesen zur Übergabe an den Mikrorechner. Die Spezifik dieser Aufgaben bringt es mit sich, daß moderne Signalwandlerteile visueller Sensorsysteme durch spezielle Prozessorsysteme realisiert werden. Ihre Entwicklung stellt gegenwärtig einen Schwerpunkt der Sensorforschung dar.

7.2.7. Opto-Sensorsysteme für das Abtastprinzip "$A_M(O)$" (Visuelle 2 1/2D- und 3D-Sensorsysteme

Visuelle 2 1/2D- und 3D-Sensorsysteme dienen der Aufgabe, die in einer dreidimensionalen Szene bestehende Verteilung optischer Objektsignale elektronisch abzubilden. Praktisch läuft das darauf hinaus, die Verteilung der Objektsignale über der Hüllfläche O der Szene zu erfassen. Im Gegensatz zu den visuellen 2D-Sensorsystemen sind Sensorsysteme für diese Aufgabe noch immer im Experimentierstadium. Wesentliche Ursachen hierfür sind die noch unvollkommenen Modelle des räumlichen Sehens, die technisch noch unbefriedigenden Verfahren der Objektsignalerfassung sowie das Fehlen effektiver Algorithmen für die Szeneninterpretation. Im folgenden soll auf einige Wege hingewiesen werden, die bei der Realisierung visueller 3D-Sensorsysteme für die Objektsignalerfassung beschritten wurden.

Eine Methode der Binärbilderzeugung besteht darin, die Szene aus zwei unterschiedlichen Richtungen durch paralleles Licht auf je einer Projektionsfläche als Silhouette abzubilden und diese durch zwei 2D-Kameras aufzunehmen /7.13/. Diese Zerlegung der Szene in Ansichten entspricht dem Prinzip der technischen Zeichnung.

Dem Prinzip des mehräugigen Sehens entspricht die Methode, die Szene mittels 2D-Kamera aus unterschiedlichen Aufnahmerichtungen abzubilden. Je nach Charakter der Szene kann dies beispielsweise durch gleichzeitige Abbildung mittels mehrerer Kameras /7.14/ oder nacheinander mittels einer Kamera erfolgen, die um drei Aspektwinkel geschwenkt wird. /7.15/.

Neue Möglichkeiten der Szenenabbildung haben sich durch den Einsatz von Laser-Entfernungsmessen ergeben. So wird beispielsweise mittels einer üblichen Kamera eine 2D-Abbildung der Szene und durch Laserstrahlabtastung aus der gleichen Aufnahmerichtung eine Abbildung der Tiefeninformation gewonnen /7.16/.

Prinzipiell ist es auch möglich, mittels mehrerer Laser-Entfernungsmesser die Szene aus unterschiedlichen Richtungen rasterförmig abzutasten. Realisiert wurde ein System mit sechs Laser-

Entfernungsmessern, deren gemeinsames "Gesichtsfeld" einen Würfel von 100 mm Kantenlänge bildet /7.17/.

Der für "echte" 3D-Systeme erforderliche Aufwand hat zu Überlegungen darüber geführt, Tiefeninformation auch auf der Grundlage nur einer Kamera zu gewinnen. Systeme dieser Art werden als visuelle 2 1/2D-Sensorsysteme bezeichnet. Sie sind in größerem Maße als 3D-Sensorsysteme an die Einführung von A-priori-Kenntnissen gebunden, beispielsweise von Kenntnissen über bestimmte Objektabmessungen. Das ist häufig problemlos realisierbar. Zur Gewinnung bzw. Nutzung von Tiefeninformationen dienen bei visuellen 2 1/2D-Sensorsystemen insbesondere die folgenden drei Maßnahmen.

Bezüglich der Nutzung der Perspektive ist zu sagen, daß die Abbildungsgröße von Objekten oder von Details derselben abhängig von ihrer Entfernung zur Kamera ist. Bei bekanntem Abbildungsmaßstab der Kameraoptik und teilweise bekannten Objektabmessungen, beispielsweise bestimmter Querabmessungen, kann dabei auf unbekannte Objektabmessungen, beispielweise auf Tiefenmaße, geschlossen werden. Erschwerend wirkt sich dabei allerdings aus, daß die Genauigkeit der Konturbestimmung im aufgenommenden Bild beleuchtungs- und schwellenabhängig ist.

Auch natürliche Schattenbildung dreidimensionaler Objekte bei Beleuchtung aus wechselnder Richtung wurde genutzt. Aus der Schattenlänge lassen sich Tiefeninformationen gewinnen. Schwierigkeiten bereitet dabei jedoch noch die Auswertung schwacher Schattenbildungen.

Unter Anwendung von strukturiertem Licht versteht man das Projizieren von Lichtpunkten, vertikalen oder horizontalen Lichtbalken, Lichtgittern oder anderen linienförmigen Elementen, wie beispielsweise Kreise, auf die Szene. Wird das projizierte Muster aus einer anderen als der Projektionsrichtung von der Kamera aufgenommen, so entsteht im aufgenommenen Bild eine von Formmerkmalen des Objekts abhängige Verzerrung des Musters (Abb. 7.27). Sie ermöglicht über trigonometrische Beziehungen (Triangulation) das Gewinnen von Tiefeninformationen.

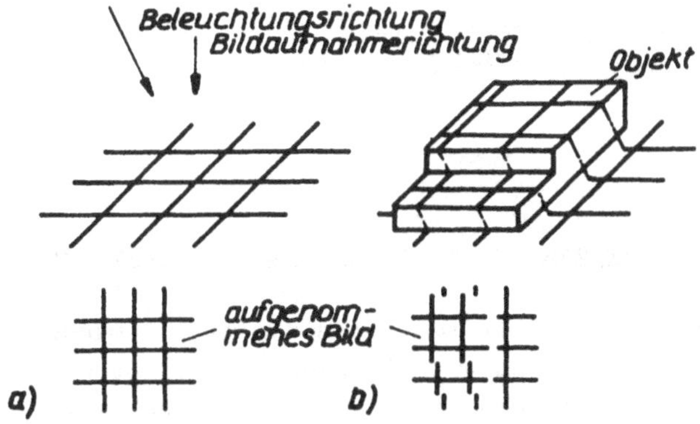

Abb. 7.27 Beispiel für die Anwendung von strukturiertem Licht bei visuellen 2 1/2D-Sensorsystemen

8. SENSORSYSTEME FÜT DIE ANKOPPLUNG ÜBER MECHANISCHE FELDENERGIE (AKUSTO-SENSORSYSTEME)

8.1. Abgrenzung und Systematisierung der Lösungswege

In Natur und Technik treten neben den elektromagnetischen Schwingungen als zweite Grundart die mechanischen Schwingungen auf. Sie werden auch als akustische oder Schallschwingungen bezeichnet. Im Gegensatz zu den elektromagnetischen Schwingungen ist ihre Existenz an stoffliche Erscheinungsformen der Materie gebunden. Erfassen und Bewerten von Kenngrößen akustischer Erscheinungen sind Gegenstand der mechanischen Schwingungsmeßtechnik. Als Mittel zur Signalerfassung dienen Akusto-Sensoren. Bei dieser Gruppe von Sensorsystemen sind nur Formen der unmittelbaren Ankopplung von Bedeutung. Als Abgrenzung kann damit gelten:

> Akusto-Sensorsysteme sind Sensorsysteme, bei denen die Kopplung mit dem Objekt auf direktem Wege über mechanische Feldenergie erfolgt, das Objekt selbst also Bestandteil einer akustischen Übertragungsstrecke wird.

Wie bei den elektromagnetischen Erscheinungen wird auch bei den etwa (10 ... 12) Dekaden der Frequenzskala umfassenden akustischen Vorgängen eine Unterteilung vorgenommen. So wird bezeichnet: Das Gebiet < 16 Hz als Infraschall (Beben), der Bereich 16 Hz $< f <$ 16 kHz als Hörschall, der Bereich 16 kHz $< f <$ 1 GHz als Ultraschall und das Gebiet $>$ 1 GHz als Hyperschall. Den verschiedenen Bereichen entsprechen Arbeitsgebiete der Schwingungsmeßtechnik mit teilweise langer Tradition und demzufolge umfangreichen verfahrens- und gerätetechnischen Grundlagen /8.1/, /8.2/, /8.3/, /8.4/. Wie schon an anderen Stellen, schließt der Umfang des Buches daher auch bei den Akusto-Sensorsystemen eine ausführlichere Darstellung aus. Jedoch soll eine Einordnung in das Gesamtgebiet der Sensortechnik erfolgen.

Infolge des für das Gesamtgebiet in Frage kommenden extrem großen Frequenzbereichen zeichnen sich Akusto-Sensorsysteme durch eine große Vielfalt konstruktiver Varianten aus. Trotzdem lassen sie sich auf einige wenige Grundformen zurückführen. Deren Merkmale sind Ausgangspunkt für die in Abb. 8.1a dargestellte Systematik. Akusto-Sensorsysteme sind zunächst danach unter-

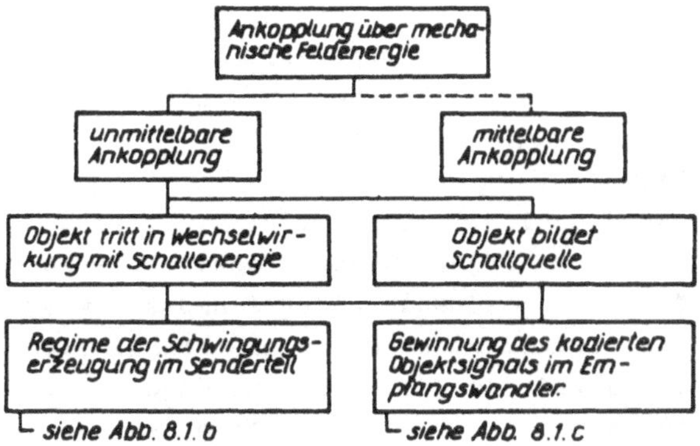

Abb. 8.1 Systematisierung der Lösungswege für Akusto-Sensorsysteme
a) Systematisierung nach Grundprinzipien

scheidbar, ob das für die Erkennungsaufgabe interessierende Objekt in Wechselwirkung mit Schallenergie treten soll oder ob es selbst eine Schallquelle bildet. Im ersten Falle ist ein aus Schallsender und Schallempfänger bestehendes Sensorsystem erforderlich, während es im zweiten Falle nur aus dem Schallempfänger besteht.

Mit den aus Schallsender und Schallempfänger bestehenden vollständigen Akusto-Sensorsystemen werden aus Merkmalen der Schallübertragung vom Sender- zum Empfängerteil Rückschlüsse auf Eigenschaften der Szene oder eines Objektes derselben gezogen. Wie bei vergleichbaren Opto-Sensorsystemen (s. Abschn. 7.2.1 und 7.2.2.) die Lichtübertragung, so ist bei diesen Sensorsystemen die Schallübertragung eine Funktion bestimmter Geometrie- und Materialkenngrößen der zur Szene gehörenden stofflichen Objekte. Aus dieser Abhängigkeit folgen insbesondere drei Gruppen von Einsatzfällen solcher Akusto-Sensorsysteme.

Die erste Gruppe umfaßt Einsatzfälle, bei denen auf der Grundlage bekannter Materialeigenschaften auf Geometriekenngrößen geschlossen wird. Einsatzrichtungen sind dabei das Gewinnen von Lage-, Form-, Identitäts- und Dickeninformationen über Objekte. Für diese Aufgaben hat gerichteter Ultraschall besondere Bedeutung erlangt.

Die zweite Gruppe umfaßt Einsatzfälle, bei denen auf der Basis bekannter Geometriekenngrößen auf Materialeigenschaften der

Objekte geschlossen wird. Einsatzrichtungen sind das Gewinnen von Informationen über Dichte, Dichteverteilung, Elastizität oder Fehlerstellen von Objekten. Neben der Verwendung von Hörschall für die beiden erstgenannten Einsatzrichtungen ist auch hier Ultraschall im Gebrauch.

Die dritte Gruppe schließlich betrifft Einsatzfälle, bei denen aus der Reaktion von Objekten auf eingeleitete mechanische Schwingungen auf den Funktionszustand geschlossen wird. Einsatzrichtungen hierbei sind beispielsweise das Signalisieren unerwünschter Resonanzen und die Gütesicherung durch akustisches Anregen von Objekten und Bewerten des entstehenden Klangspektrums. Letzteres ist zum Beispiel beim Prüfen von Porzellanerzeugnissen auf Risse und Sprünge anwendbar. Für die erstgenannte Einsatzrichtung sind gegebenenfalls auch mechanische Schwingungen im Infraschallbetrieb zu erzeugen, während die zweite Einsatzrichtung mit Hörschall arbeitet.

Zur Spezifik des Einsatzfalls gehört auch ein bestimmtes Regime der Schwingungserzeugung im Senderteil des Akusto-Sensorsystems. Über mögliche Fälle hierbei gibt der in Abb. 8.1b dargestellte Systematisierungsansatz Auskunft. Als gerätetechnische

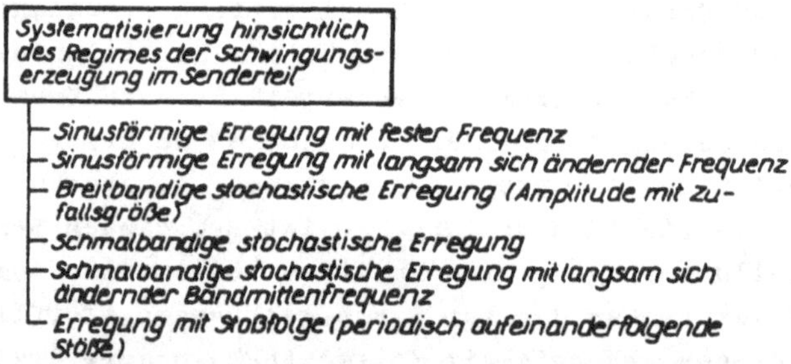

Abb 8.1b) Systematisierung nach dem Regime der Schwingungserzeugung

Mittel zur Erzeugung mechanischer Schwingungen dienen vorwiegend elektromechanische, teilweise jedoch auch pneumoakustische Wandleranordnungen. Je nach Frequenzlage, Regime der Generierung und zu emittierender Energie sind hierfür unterschiedliche Wirkprinzipien und sehr verschiedenartige konstruktive Ausführungen gebräuchlich. Bedeutung für die Sensortechnik haben dabei insbesondere elektrodynamische, magnetostriktive und piezoelektrische Sendewandler.

Akusto-Sensorsysteme mit ausschließlichem Empfängerteil werden dort eingesetzt, wo aktuelle Zustandsgrößen aus prozeßbedingten mechanischen Schwingungen abgeleitet werden sollen. Einsatzrichtungen solcher Sensorsysteme sind:

- das Orten von Objekten, die Schallquellen darstellen (Gewinnen von Lage-, bei hinreichenden a-priori-Kenntnissen auch von Identitätsinformationen),
- das Überwachen betriebsbedingter mechanischer Schwingungen von Maschinen und Anlagen auf unzulässige Frequenz- bzw. Amplitudenwerte (Gewinnen von Betriebszustandsinformationen),
- das Erfassen von Geräuschen, die mit dem Ablauf von Prozessen korreliert sind, zur automatischen Steuerung derselben, beispielsweise zum verbrauchsminimierten Betrieb eines Verbrennungsmotors knapp unterhalb der Klopfgrenze
- das Erfassen von Sprachschall (Gewinnen phonetischer Informationen).

Vollständige Akusto-Sensorsysteme und solche mit ausschließlichem Empfängerteil sind mit den gleichen Grundformen von Empfangswandlern realisierbar. Auch hier ist eine Systematisierung nach Grundformen mit parametrischer Steuerung von Zweipolgrößen und Grundformen mit direkter Energieumwandlung sinnvoll (Abb. 8.1c). Für die Sensortechnik haben dabei aus der erstgenannten Gruppe piezoresistive und aus der zweiten Gruppe elektrodynamische und piezoelektrische Empfangswandler besondere Bedeu-

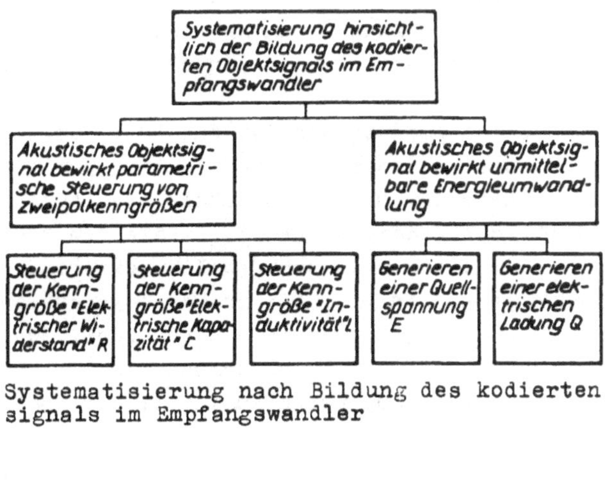

Abb. 8.1c) Systematisierung nach Bildung des kodierten Objektsignals im Empfangswandler

tung erlangt. Im folgenden soll auf einige ausgewählte Komplexe von Akusto-Sensorsystemen eingegangen werden. Dabei ist darauf hinzuweisen, daß hinsichtlich geräte- und verfahrenstechnischer Mittel Akusto-Sensorsysteme und die im folgenden Abschnitt behandelten Mechano-Sensorsysteme prinzipielle Gemeinsamkeiten aufweisen. Eine scharfe Trennung ist daher nicht möglich. Unterschiede im Charakter der beiden Gruppen von Sensorsystemen rechtfertigen jedoch im Rahmen dieses Buches eine getrennte Behandlung. So werden Akusto-Sensorsysteme vorwiegend dafür benutzt, um Eigenschaften eines bestimmten Objektes für sich zu beschreiben. Die im folgenden Abschnitt behandelten, als Mechano-Sensorsysteme bezeichneten Ausführungen sind dagegen vorwiegend Mittel, um Eigenschaften zu beschreiben, die sich aus dem mechanischen Kontakt verschiedener Objekte ergeben und durch das Auftreten von Kräften, Kraftmomenten und daraus sich ergebenden Wegänderungen gekennzeichnet sind.

Akusto- und Mechano-Sensorsystemen gemeinsame physikalische Prinzipien des Energieformwechsels sollen in Abschn. 9. erläutert werden.

8.2. Empfangswandler für Akusto-Sensorsysteme

8.2.1. Empfangswandler für Luftschall /8.5/

Empfangswandler für Luftschall besitzen in den meisten Fällen eine als Membran ausgebildete Empfangsfläche, auf die der Schalldruck einseitig (richtungsunabhängige Druckempfänger) oder beidseitig (richtungsabhängige Druckgradientenempfänger) wirken kann. Die dadurch bedingte Membranauslenkung wird über das angewandte Prinzip des Energieformwechsels auf ein elektrisches Signal abgebildet.

Die hochwertigsten Empfangswandler für Luftschall stellen die nach dem Prinzip des Kondensatormikrofons dar. Sorgt man dafür, daß die Eigenfrequenz der Membran oberhalb des Übertragungsbereiches liegt (hohe Abstimmung), so wirkt die Membran als Federwiderstand und ermöglicht eine dem Schalldruck proportionale, frequenzunabhängige Auslenkung. Die in der sogenannten Niederfrequenz-Schaltung des Empfangswandlers erforderliche Vorspannung von etwa (100 ... 200)V Gleichspannung bedingt hohen Isolationswiderstand und hohe Spannungsfestigkeit der Anordnung. Das erschwert die konstruktive Einbeziehung in Maschinenbaugruppen, beispielsweise in solche von Robotern. Empfangswandler in sogenannter Hochfrequenz-Schaltung erfordern an Stelle der hohen Vorspannung einen sehr frequenzstabilen Hochfrequenzgenerator (ca. 10 MHz), sind jedoch wesentlich integrationsfreundlicher. Auch haben sie eine größere Empfindlichkeit im Gebiet sehr tiefer Frequenzen. Auf die Bereitstellung der Vorspannung in der Niederfrequenz-Schaltung kann verzichtet werden, wenn als Membran eine einseitig metallisierte Elektretfolie (elektrisch permanent polarisierte Plastfolie) verwendet wird. Auf diese Weise lassen sich auch sehr große Empfangsflächen herstellen. Diese Art von Empfangswandlern hat besondere Bedeutung für die Detektion von Ultraschall erlangt.

Häufig verwendete Empfangswandler für Luftschall sind solche mit elektrodynamischem Wirkprinzip. Sie erfordern keine Betriebsspannung. Am gebräuchlichsten ist das Prinzip des Tauchspulmikrofons. Arbeitet die Membran bei einseitiger Schallbeaufschlagung gegen einen (geschwindigkeitsabhängigen) akustischen Reibungswiderstand, so wirkt der Empfangswandler als frequenzunabhängiger Druckempfänger. Bei beidseitiger Schallbeaufschlagung der Membran und tiefer Lage ihrer Eigenfrequenz wirkt der Empfangswandler als frequenzunabhängiger Druckgardientenempfänger. Nachteilig gegenüber dem Prinzip des Kondensatormikrofons ist die größere Einschwingzeit infolge größerer Masse der Membran mit Tauchspule und demzufolge auch eine größere Empfindlichkeit gegenüber Erschütterungen.

Als dritte Gruppe von Empfangswandlern für Luftschall kommen piezoelektrische Wandler in Betracht. Der für Luftschall erforderliche große piezoelektrische Modul schränkt allerdings die möglichen piezoelektrischen Werkstoffe ein. Erfüllt wird diese Bedingung heute nur durch Seignettesalz. Die Wandlerelemente werden als Biegeschwinger ausgeführt, wobei durch hohe Lage der Eigenfrequenz eine frequenzunabhängige schalldruckproportionale Auslenkung erreicht wird. Der Wandlerkristall kann plättchenförmig ausgebildet sein und als Membran dienen, jedoch ist auch Streifenform und Betätigung über eine elektrisch inaktive Membran möglich. Entscheidende Nachteile von Seignettesalz sind jedoch seine Feuchte- und seine Temperaturempfindlichkeit.

8.2.2. Empfangswandler für Flüssigkeitsschall

Über Empfangswandler für Flüssigkeitsschall wird wegen ihrer militärtechnischen Bedeutung, die insbesondere auf dem Gebiet der Unterwasserbeobachtung liegt, wenig veröffentlicht. Für flüssige Übertragungsmedien sind anders als bei Luftschall piezoelektrische Wandler von besonderem Interesse. Das betrifft vor allem Werkstoffe, die, wie dies bei Turmalin der Fall ist, den Piezoeffekt auch bei allseitiger Druckbeanspruchung aufweisen. Bedeutung für integrierte akusto-elektronische Strukturen haben piezoelektrische Kunststoffolien, zum Beispiel aus Polyvinyliden-Fluorid, erlangt. Sie ermöglichen die Realisierung selbstabtastender Rezeptorzeilen bzw. -matrizen und eröffnen damit für Akusto-Sensorsysteme insgesamt eine Entwicklung, wie sie bei Opto-Sensorsystemen heute schon Stand der Technik ist /8.6/.

Auf eine interessante Sensoranwendung wird in /8.7/ hingewiesen. Aus Lecks in Rohrleitungen austretende Flüssigkeiten erzeugen charakteristische Geräusche. Sie pflanzen sich längs der Rohrleitung fort und sind, vermischt mit anderen betriebsbedingten Geräuschen, durch Akustosensoren erfaßbar und im Ergebnis einer Korrelationsanalyse von diesen trennbar. Im Zuge der Verarbeitung der Schallinformation wird die Entfernung des Lecks vom Sensor ausgegeben.

8.2.3. Empfangswandler für Körperschall

Da über mögliche physikalische Prinzipien des mechanisch-elektrischen Energieformwechsels im Abschn. 9. berichtet wird, soll sich die Darstellung hier auf einige für die Sensorik wichtige grundsätzliche Zusammenhänge der mechanischen Anregung des Empfangswandlers mit diesen Prinzipien beschränken.

Die Empfangswandler der Akusto-Sensorsysteme für Körperschall benötigen wie die für Luft- und für Flüssigkeitsschall einen Teil, der gegen einen Basisteil mechanische Schwingungen ausführen kann. Im allgemeinen werden hierzu beide Teile über elastische Elemente miteinander verbunden. Für die Ankopplung einer solchen Anordnung an das für die Erkennungsaufgabe interessierende Objekt sind zwei Hauptfälle von Bedeutung.

Beim ersten Hauptfall wird der Basisteil außerhalb des Objekts fest gelagert (fester Bezugspunkt, Relativmessung) und der schwingungsfähige Teil mechanisch starr mit dem Objekt gekoppelt. Aus dieser Bedingung resultieren folgende Einsatzmöglichkeiten verfügbarer Prinzipien des mechanisch-elektrischen Energieformwechsels:

Mechanisch-elektrische Empfangswandler mit parametrischer Steuerung der Zweipolkenngrößen R, L und C bzw. der Vierpolkenngröße M bilden den Schwingweg ab. Schwinggeschwindigkeit und -beschleunigung müssen, falls sie interessieren, durch nachfolgende ein- bzw. zweimalige Differentation des elektrischen Signals gewonnen werden. Von der Gruppe der Empfangswandler mit Widerstandssteuerung werden solche mit Halbleiterdehnmeßstreifen bevorzugt angewendet. Der als schwingender Teil dienende streifen- oder plättchenförmige Verformungskörper mit den darauf angebrachten Halbleiterdehnmeßstreifen (Abb. 8.2) kann bei entsprechender mechanischer Untersetzung Schwingwege im Bereich

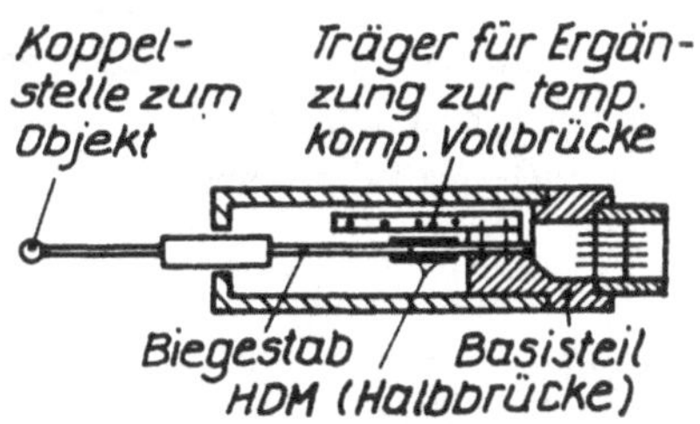

Abb. 8.2 Aufbau eines Schwingweg-Empfangswandlers mit Halbleiter-Dehnmeßstreifen

von µm bis zu einigen 10 mm aufnehmen. Mit zunehmender Größe des erfaßbaren Schwingweges geht allerdings der Arbeitsfrequenzbereich von einigen 100 Hz bei Schwingwegen unter 1 mm auf einige 10 Hz bei Schwingwegen von einigen 10 mm zurück. Berührende Wegaufnehmer mit Halbleiterdehnmeßstreifen werden als diskrete Aufnehmer vielfach produziert. In /1.5/ sind Angaben zum Sortiment des VEB Robotron Meßelektronik Dresden enthalten. Mit diskreten Aufnehmern nicht erfüllbare Bedingungen bei der konstruktiven Einbeziehung in komplexere Funktionseinheiten, wie dies beispielsweise für Industrieroboter typisch ist, führen jedoch zu neuen Ansprüchen an die Sortimentsgestaltung und verlangen ein flexibles Eingehen auf Anwenderwünsche.

Auf Einsatzmöglichkeiten induktiver Reaktanz-Sensorsysteme für wegproportionale elektrische Abbildung wurde bereits in Abschn. 3. hingewiesen. Ergänzt werden soll hierzu, daß Selbstinduktivitäten mit mechanisch gesteuerter Luftspaltlänge Schwingwege im Bereich einiger µm bis zu einigen mm zu erfassen gestatten. Selbstinduktivitäten mit mechanisch gesteuertem Tauchkern dagegen erschließen Schwingwege von einigen 100 mm bis zu einigen Metern. Differentialtransformator-Tauchkernsysteme sind für Schwingwege im Bereich einiger µm bis zu einigen 10 mm realisierbar.

Mechanisch-elektrische Empfangswandler, deren elektrisches Ausgangssignal der zeitlichen Änderung der Auslenkung proportional ist, bilden die Schwiggeschwindigkeit ab. Falls erforderlich, müssen der Schwingweg durch nachfolgende Integration bzw. die Schwingbeschleunigung durch nachfolgende Differentation des elektrischen Signals gewonnen werden. Bekannteste Vertreter dieser Gruppe sind Empfangswandler nach dem elektrodynamischen Prinzip (Abb. 8.3). Mit ihnen lassen sich Arbeitsfrequenzbereiche von einigen 10 Hz bis zu einigen 1000 Hz bei Übertragungsfaktoren von einigen 10 $\frac{mV}{mm/s}$ realisieren.

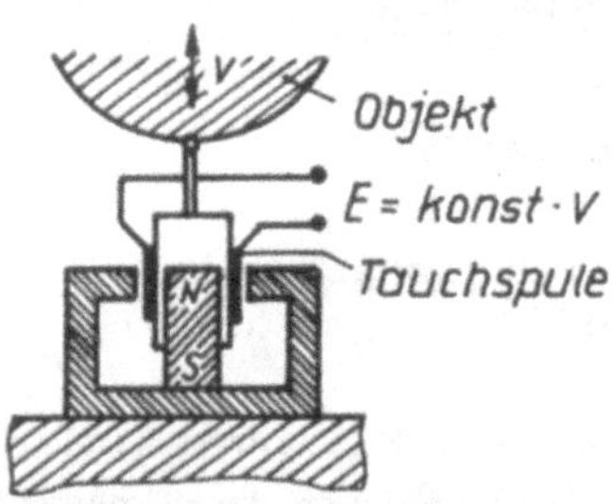

Abb. 8.3 Prinzip des Schwinggeschwindigkeits-Empfangswandlers nach dem elektrodynamischen Prinzip

Beim zweiten Hauptfall der mechanischen Ankopplung wird der Basisteil starr mit dem Objekt gekoppelt, während der schwingungsfähige Teil freischwingend bleibt (Absolutmessung). Aus dieser Bedingung resultieren folgende Einsatzmöglichkeiten verfügbarer Prinzipien des mechanisch-elektrischen Energieformwechsels:

- Werden Empfangswandler mit parametrischer Steuerung der Zweipolkenngrößen R, L und C bzw. der Vierpolkenngröße M unterhalb der Eigenfrequenz des schwingfähigen Teils betrieben ("hohe" Abstimmung), so sind sie als Absolut-Beschleunigungsaufnehmer einsetzbar. Auf die dem System eigene seismische Masse wirkt eine der Schwingbeschleunigung proportionale Kraft, die ihrerseits eine proportionale Wegänderung zur Folge hat. Schwinggeschwindigkeit und Schwingweg sind dann durch ein- bzw. zweimaliges Integrieren des elektrischen Ausgangssignals gewinnbar. Praktische Bedeutung haben insbesondere Empfangswandler auf der Grundlage von Halbleiterdehnmeßstreifen (Abb. 8.4). Mit ihnen sind Eigenfrequenzen von einigen 10 Hz bis zu einigen 1000 Hz realisierbar.

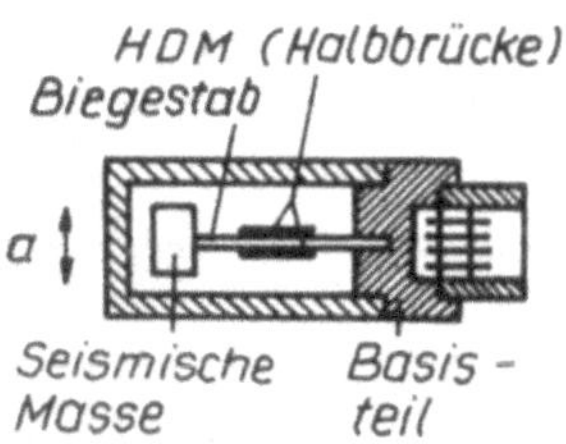

Abb. 8.4 Aufbau eines Beschleunigungs-Empfangswandlers mit Halbleiter-Dehnmeßstreifen

- Werden solche Empfangswandler oberhalb der Eigenfrequenz ihres schwingfähigen Teils betrieben ("tiefe" Abstimmung), so ist bei entsprechender Wahl der Dämpfung des Systems zu erreichen, daß der schwingfähige Teil praktisch stillsteht und der mit dem schwingenden Objekt verbundene Basisteil sich relativ zu diesem bewegt. Sie sind dann als Absolut-Schwingwegaufnehmer einsetzbar.
- Werden Empfangswandler nach dem elektrodynamischen Prinzip (Abb. 8.5) oberhalb der Eigenfrequenz des schwingfähigen Teils angeregt, so steht bei entsprechender Dämpfung die den schwingfähigen Teil bildende Tauchspule praktisch still, während der mit dem schwingenden Objekt verbundene Basisteil und der mit diesem starr gekoppelte Permanentmagnet sich relativ zur Spule bewegen. Da das Ausgangssignal proportional der Bewegungsgeschwindigkeit zwischen Tauchspule und Permanentmagnet ist, ent-

steht auf diese Weise ein Absolut-Schwinggeschwindigkeitsaufnehmer.

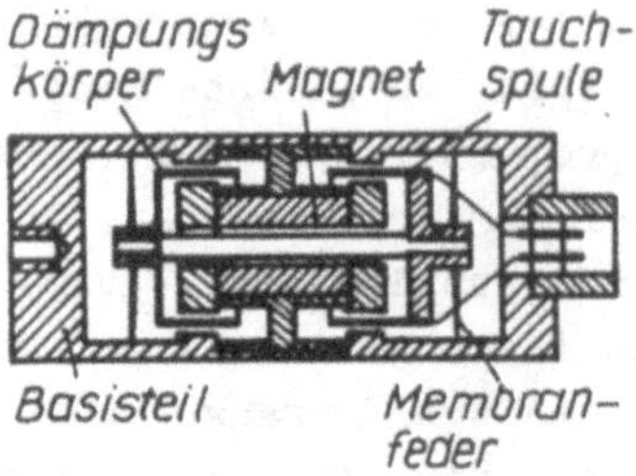

Abb. 8.5 Aufbau eines Absolut-Schwinggeschwindigkeits-Empfangswandlers nach dem elektrodynamischen Prinzip

- Empfangswandler nach dem piezoelektrischen Prinzip werden praktisch nur unterhalb der Eigenfrequenz des schwingfähigen Teils betrieben und wirken daher als Absolut-Beschleunigungsaufnehmer. Die auf die seismische Masse des Systems wirkende Schwingbeschleunigung erzeugt die für den Piezoeffekt erforderliche Kraftwirkung. Da bei sich ändernder Beschleunigung das Überschwingen des Systems mit zunehmendem Abstand zwischen Arbeitsfrequenz und Eigenfrequenz kleiner wird, werden für die Eigenfrequenz piezoelektrischer Beschleunigungsaufnehmer möglichst große Werte angestrebt. Für die mechanische Anregung des Piezokristalls sind verschiedene Prinzipien möglich. Sie sind mit einigen typischen Merkmalen in Abb. 8.6 dargestellt. Auf Eigenschaften solcher Sensoren des VEB Metra Meß- und Frequenztechnik Radebeul wird in /1.5/ hingewiesen.

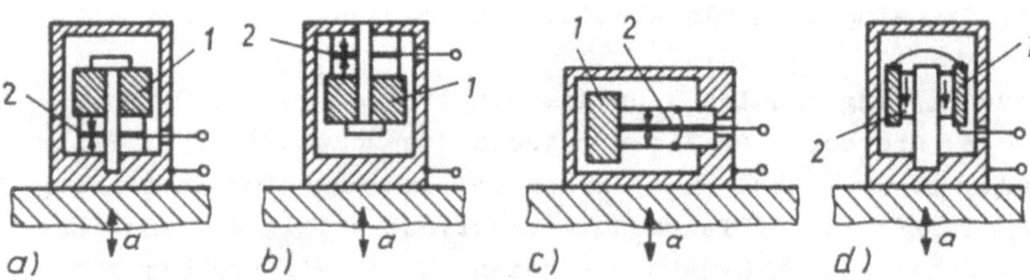

Abb. 8.6 Anregungsprinzipe bei piezoelektrischen Beschleunigungs-Empfangswandlern

a) longitudinale Anregung, stehend

b) longitudinale Anregung, hängend

c) transversale Anregung

d) Scheranregung

(1 Seismische Masse, 2 Piezoelektrischer Wandler (Doppelelement) - Polarisation)

8.3. Ultraschall-Sensorsysteme

Die in Abschn. 8.1. für vollständige Akusto-Sensorsysteme getroffene Systematisierung enthält bereits Hinweise auf zwei Gruppen von Einsatzfällen, bei denen Ultraschall-Sensorsystemen eine wichtige Rolle zukommt. Die dort angeführte zweite Gruppe, das Erkennen von Materialeigenschaften betreffend, ist Gegenstand der klassischen Ultraschall-Meßtechnik. Hierzu wird auf die Darstellung dieser Disziplin in /8.3/ verwiesen. Neue verfahrenstechnische und daraus abgeleitete konstruktive Aspekte entstehen jedoch durch die Aufgabe, das Erkennen von Materialeigenschaften für die Qualitätssicherung zu automatisieren. Dabei kommt der Sicherung der Ankopplung der Sende- bzw. Empfangswandler an das Objekt besondere Bedeutung zu.

Aus der genannten ersten Gruppe von Einsatzfällen, das Erkennen von Geometriekenngrößen betreffend, können Verfahren der Unterwasserortung ebenfalls als schon klassische Disziplin angesehen werden. Auch das Gewinnen von Dickeninformationen gehört bereits zu den Standardaufgaben der Ultraschall-Meßtechnik /8.3/. Typisch für die Entwicklung der Sensortechnik sind jedoch aus dieser Gruppe eine Reihe von Aufgaben, die auf Ortungsverfahren in Luft hinauslaufen. In bezug auf den Sende- und Empfangswandler kann dabei das in Abschn. 8.1. angeführte Gewinnen von Lage-, Form- und Identitätsinformationen zu zwei Grundaufgaben zusammengefaßt werden. Hierbei besteht weitgehend Übereinstimmung mit analogen Grundaufgaben von Opto-Sensorsystemen.

Bei der ersten Grundaufgabe wird die Informationsgewinnung darauf zurückgeführt, daß ein in das Meßvolumen V_M (s. Abschn. 7.2.1.) einer Ultraschall-Schranke eintretendes Objekt dessen Transmissionsverhalten für Luftschall beeinflußt. Die Lösung verlangt räumlich getrennte Sender- und Empfängerteile des Akusto-Sensorsystems, wobei Schrankenweiten bis zu 10 m als Stand der Technik gelten können. Für den Divergenzwinkel der Ultraschallabstrahlung müssen Werte unter 10 Grad erreicht werden. Durch geeignete Schalltrichter kann der Divergenzwinkel auf Werte unter 2 Grad verringert werden. Ultraschall-Schranken sind mit kontinuierlicher, sinusförmiger Schallabstrahlung betreibbar. Das ermöglicht den Aufbau frequenzselektiver Empfängerteile zur Verminderung des Einflusses von Störgeräuschen.

Bei der zweiten Grundaufgabe wird die Informationsgewinnung darauf zurückgeführt, daß der vom Sendewandler emittierte Ultraschall an Objekten der Szene reflektiert wird und dadurch zu einem mehr oder weniger großen Teil auf den Empfangswandler gelangt (s. auch Abschn. 7.2.2.). Dabei gründet sich die Informationsgewinnung vorwiegend auf Impuls-Laufzeit-Verfahren. Sie arbeiten diskontinuierlich und verwenden Impulsgruppen, die jeweils aus einer Anzahl von Schwingungen bestimmter Frequenz bestehen. Ein Zeitmeßglied bestimmt die Zeit von der Emission der Impulsgruppe durch den Sendewandler bis zu ihrem Eintreffen am Empfangswandler. Aus der Laufzeit kann dann über die als bekannt vorauszusetzende Ultraschallgeschwindigkeit in Luft der Abstand zwischen Sensor und reflektierender Objektpartie errechnet werden. Häufig wird nur ein elektromechanischer Wandler verwendet, der alternierend als Sende- und Empfangswandler arbeitet. Der gegenüber dem Sendepegel um Größenordnungen kleinere Empfangspegel erfordert allerdings zur Sicherung eines funktionssicheren Empfangs besonders schaltungs- und betriebstechnische Maßnahmen. Hierzu gehört insbesondere, daß das Umschalten auf Empfangsbetrieb erst erfolgen kann, wenn nach beendeter elektrischer Anregung beim Senderbetrieb die Schwingung des mechanischen Systems abgeklungen ist. Die einzuhaltende Sicherheitszeitspanne bedingt, daß nur Laufzeiten erfaßbar sind, die diesen Betrag überschreiten. Der minimal möglichen Laufzeit entspricht ein erfaßbarer minimaler Abstand. Er liegt für gegenwärtig verfügbare Sensorsysteme bei etwa (150 ... 200)mm. Bei Ultraschall-Sensorsystemen mit getrenntem Sende- und Empfangswandler sind dagegen minimale Abstände bis herunter zu 10 mm erfaßbar. Die mit Reflexanordnungen sicher erfaßbaren maximalen Abstände liegen für den Bereich der Sensortechnik bei etwa (10 ... 20)m.

In /7.2/ wird ein Ultraschall-Sensorsystem beschrieben, dessen gemeinsamer Sende-/Empfangswandler in die Zweifinger-Greifeinheit eines Industrieroboters konstruktiv integriert wurde. Es signalisiert den Abstand zum Objekt in Richtung der Fingerlängsausdehnung und ermöglicht bei einem Divergenzwinkel der

Abstrahlung von nur 1,5 Grad eine Abstandsauflösung von etwa 1 mm. Unterschiedlichen Reflexionseigenschaften der Objekte wird dadurch Rechnung getragen, daß mehrere Impulsgruppen mit jeweils unterschiedlicher Frequenz ihrer Schwingungen emittiert werden.

Bedeutung haben Ultraschall-Sensorsysteme für das Entladen von Flachpaletten erlangt /8.8/. Wird ein solches Sensorsystem am Greifer eines Beschickungsroboters angebracht (Abb. 8.7), so kann durch Bewegen des Greifers parallel zur Palettenausdehnung für die durchlaufene Bahn ein Abstandsprofil gewonnen werden.

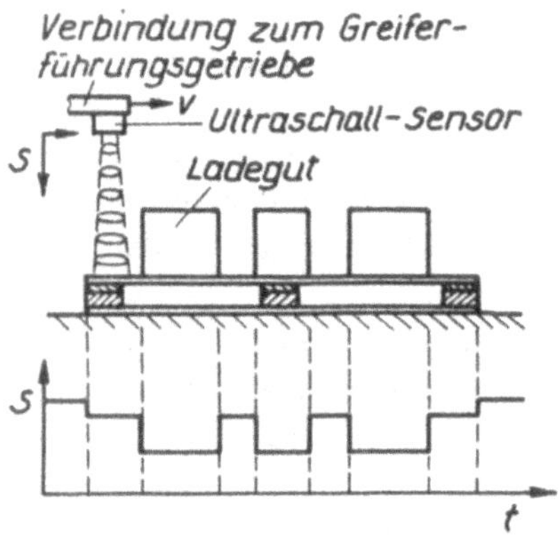

Abb. 8.7 Nutzung eines Ultraschall-Sensorsystems beim Entladen von Flachpaletten (nach /8.8/)

Hierbei ist für den Abstandsbereich bis etwa 1 m eine Auflösung von etwa 1 mm erreichbar. Durch Differentiation des gewonnenen elektrischen Signals lassen sich Objektkanten, die zu großen Abstandsänderungen führen, deutlich hervorheben. Die Genauigkeit bei der Erfassung von Objektkanten wächst mit der Verkleinerung des Divergenzwinkels der Schallabstrahlung. Sie hat bei Abständen von einigen 100 mm Werte von einigen Millimetern. Damit ist sie etwa eine Größenordnung schlechter als bei entsprechenden Opto-Sensorsystemen. Das eröffnet die Möglichkeit der Kombination beider Prinzipien für die Grobpositionierung mittels Ultraschall- und Feinpositionierung mittels Opto-Sensorsystemen. Das Abbilden von Abstandsprofilen erfordert zwangsläufig Suchbewegungen der Greifeinheit. Sie können zwar bei Erregerfrequenzen von (100 ... 200)kHz und Abtastraten (Anzahl der Impulsgruppen pro Sekunde) von einigen 100 Hz durchaus mit Geschwindigkeiten um die 100 mm · s^{-1} erfolgen, bedingen jedoch für den Beschickungsprozeß nicht direkt nutzbare Nebenzeiten. Es sind daher eingehende Überlegungen darüber erforderlich, wie Such- und Handhabephasen objekt- und prozeßspezifisch optimiert werden können. In diesem Zusammenhang gewinnen auch Bestrebungen an Bedeutung, für das Abbilden von Abstandsprofilen Ultraschall-Scanner einzusetzen.

Die mit Ultraschall-Sensorsystemen vom Reflextyp erreichbaren Auflösungen bei Abstandsmessungen ermöglichen auch das Führen von Werkzeugen in technologisch bedingten Abständen zu Werkstückoberflächen oder das Verfolgen von Konturen. Bei Abstandsmessungen mit Ultraschall-Sensorsystemen ist jedoch generell zu beachten, daß die für die Berechnung benutzte Ultraschallgeschwindigkeit in Luft temperatur- und feuchteabhängig ist und daher gegebenenfalls eine Korrekturrechnung erfordert. Fehler können auch dadurch entstehen, daß Luftquerströmungen den Schallweg verlängern, größere Laufzeiten der Impulsgruppe ergeben und damit einen größeren Abstand vortäuschen. Auch Störreflektionen (mehrere Echos) oder Fremdgeräusche können besondere Maßnahmen erfordern. Zu beachten ist weiterhin, daß mit zunehmendem Abstand die Meßzeit anwächst. Sie liegt für einen Abstand von 1 m bereits bei etwa 6 ms und gestattet damit nur noch Abtastraten von etwa 150 Hz. Zeitbetrachtungen solcher Art sind auch erforderlich beim Einsatz von Ultraschall-Entfernungsmessern für die Kollisionsüberwachung, wie sie insbesondere für mobile Roboter /8.9/ unumgänglich ist.

Mit Erfolg werden Ultraschall-Sensorsysteme vom Reflextyp auch für das Erfassen und Überwachen von Füllständen eingesetzt. In /8.10/ wird auf den Einsatz bei in Bunkern bzw. Silos gelagerten Schüttgütern hingewiesen.

9. SENSORSYSTEME MIT MECHANISCH BERÜHRENDER ANKOPPLUNG AN DAS OBJEKT (MECHANO-SENSORSYSTEME)

9.1. Abgrenzung und Systematisierung der Lösungswege

Im Zusammenhang mit der in Abschn. 8.1. getroffenen Abgrenzung der Akusto-Sensorsysteme soll für Mechano-Sensorsysteme gelten:

> Mechano-Sensorsysteme sind Sensorsysteme, mit denen über den Weg berührender mechanischer Kopplung Wechselwirkungen zwischen Objekten abgebildet werden können, die durch Kräfte bzw. Wegänderungen gekennzeichnet sind.

Mechano-Sensorsysteme zeichnen sich stärker als andere Sensorsysteme dadurch aus, daß eine Reihe von Empfangswandler-Grundformen durch eine Vielfalt mechanischer Vermittlerelemente zu einer außerordentlichen Mannigfaltigkeit von Sensorsystemen komplettierbar sind. Die Vermittlerlemente prägen dabei häufig in entscheidender Weise die Art der mechanischen Kopplung mit Objekten. Das spricht dafür, sie als primäres Systematisierungsmerkmal zu verwenden und darauf aufbauend den Bezug zu spezifischen Grundformen mechanisch-elektrischer Empfangswandler herzustellen (Abb. 9.1a).

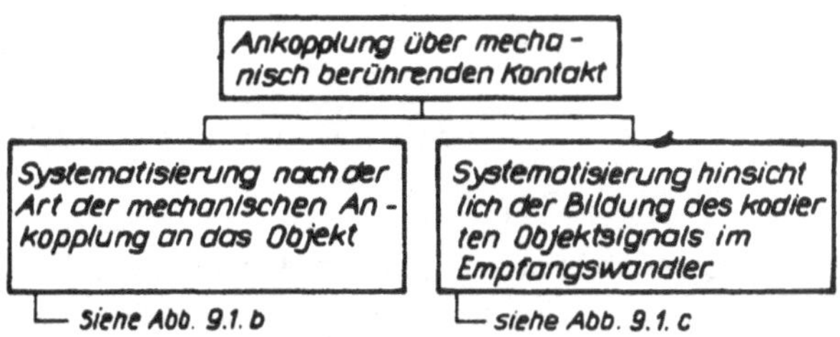

Abb. 9.1 Systematisierung der Lösungswege für Mechano-Sensorsysteme
a) Systematisierungsrichtungen

Aus der Sicht der mechanischen Ankopplung an Objekte sind Mechano-Sensorsysteme ohne sowie solche mit Gegenkrafterzeugung zu unterscheiden (Abb. 9.1b).

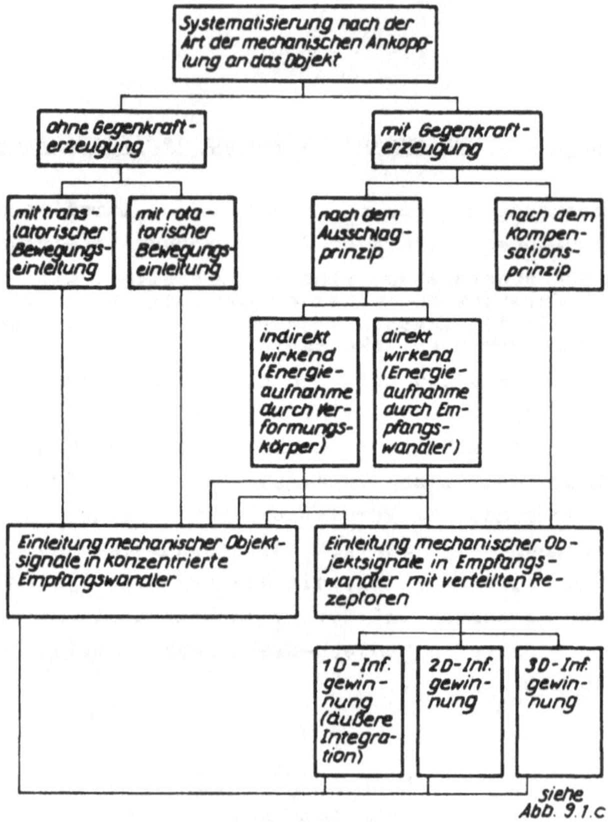

Abb. 9.1 b) Systematisierung nach Art der mechanischen Ankopplung

Mechano-Sensorsysteme ohne Gegenkrafterzeugung bilden Objektbewegungen ab, wobei ihre Rückwirkung auf den Bewegungsvorgang vernachlässigbar klein sein muß. Die Einleitung der Bewegung in das Sensorsystem erfolgt dabei translatorisch oder rotatorisch. Sensorsysteme dieser Art sind von ihrem Charakter her Stellungs-Sensoren und enthalten ausschließlich einen Empfängerteil.

Mechano-Sensorsysteme mit Gegenkrafterzeugung üben gewollte Rückwirkungen auf Objekte aus, mit denen sie gekoppelt sind. In deren Folge entstehen im Sensorsystem gewollte mechanische Spannungen und Verformungen. Beide sind nicht voneinander trennbar, wobei für die gleiche Größe der eingeleiteten Energie große Verformungen mit kleinen mechanischen Spannungen und kleine Verformungen mit großen mechanischen Spannungen einhergehen können. Für die Systematisierung müssen drei Gruppen gegenkrafterzeugender Mechano-Sensorsysteme voneinander unterschieden werden.

Bei einer ersten Gruppe gegenkrafterzeugender Mechano-Sensorsysteme werden das Spannungs- und Verformungsfeld in einem elektrisch inaktiven elastischen Körper erzeugt, an den in geeigneter Weise mechanisch-elektrische Empfangswandler angekoppelt werden. Die Gegenkraft entsteht durch Deformation des elastischen Körpers. Spannungs-/Verformungs-Vorgang und mechanisch-elektrischer Energieformwechsel sind völlig voneinander entkoppelt. Man bezeichnet sie daher als indirekt wirkend. Im Gegensatz hierzu werden bei einer zweiten Gruppe gegenkrafterzeugender Mechano-Sensorsysteme das Spannungs- und Verformungsfeld zu einem wesentlichen Teil im mechanisch-elektrischen Empfangswandler als elektrisch aktivem elastischen Körper selbst erzeugt. Auch hier entsteht die Gegenkraft durch Deformation des elastischen Körpers. Spannungs-/Verformungs-Vorgang und mechanisch-elektrischer Energieformwechsel sind untrennbar miteinander verkoppelt. Man bezeichnet sie daher als direkt wirkend. Die beiden erstgenannten Gruppen arbeiten nach dem Ausschlagprinzip und stellen Sensorsysteme mit ausschließlichem Empfängerteil dar. Bei der dritten Gruppe gegenkrafterzeugender Mechano-Sensorsysteme sorgt ein Senderteil dafür, daß eine Gegenkraft erzeugt wird, welche die Verformung bis auf einen Restbetrag kompensiert. Das elektrische Äquivalent der so erzeugten Gegenkraft bildet das Ausgangssignal des Sensorsystems.

Dem bereits an anderen Stellen benutzten Systematisierungsansatz folgend, sollen auch bei mechanisch-elektrischen Empfangswandlern solche mit parametrischer Steuerung der Zweipolkenngrößen R, L und C bzw. der Vierpolkenngröße M und solche mit direkter Energieumwandlung unterschieden werden (Abb. 9.1c). Die weitere Systematisierung sowie die Zuordnung zu typischen Arten der mechanischen Ankopplung soll in den folgenden Abschnitten erfolgen.

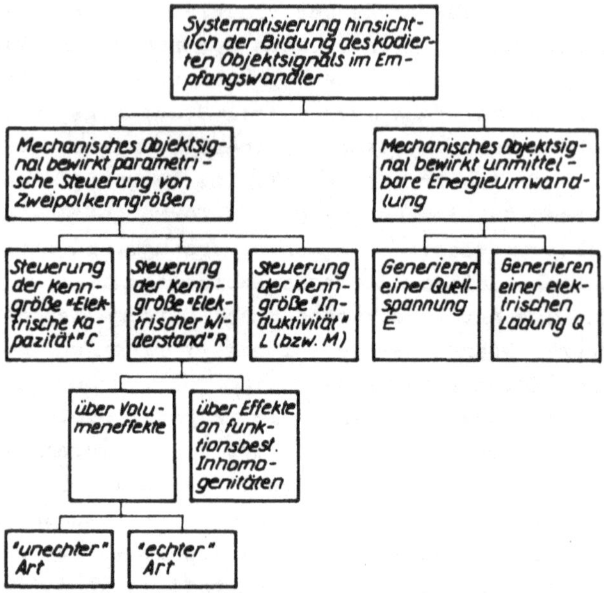

Abb. 9.1 c) Systematisierung nach Bildung des kodierten Objektsignals im Empfangswandler

9.2. Mechano-Sensorsysteme ohne Gegenkrafterzeugung

Für Stellungssensoren mit translatorischer bzw. rotatorischer Bewegungseinleitung sind prinzipiell alle Möglichkeiten parametrischer Steuerung der Zweipolkenngrößen R, L und C oder der Vierpolkenngröße M nutzbar und auch im Gebrauch. Dem Anliegen des Buches folgend, sollen sich die Ausführungen dieses Abschnittes auf drei Bemerkungen beschränken.

- Längen- und Winkelmeßfühler als die typischen Grundformen von Stellungssensoren stellen in der Meßtechnik seit langem bekannte Elemente dar /9.1/. Für viele Einsatzrichtungen der Prozeßautomatisierung bestehen hierzu reiche Erfahrungen zu erforderlichen Werkstoffen, konstruktiven Ausführungen, Meßschaltungen sowie damit erreichbaren statischen, dynamischen und Zuverlässigkeitseigenschaften.

- Mit der Entwicklung von numerisch gesteuerten Werkzeugmaschinen und der dann später erfolgten Entwicklung von Industrierobotern mit lagegeregelten Achsen entstanden spezifische Weg- und Winkelmeßsysteme. Sie bilden die Gruppen der Resolver, der Inductosyne sowie der absoluten und inkrementalen digitalen Geber /9.2/. Neu gegenüber dem Durchschnitt vorheriger Einsatzfälle waren dabei Forderungen nach Gewährleistung der Funktion bei hohen Verfahrgeschwindigkeiten und großen Beschleunigungen, nach Wegauflösungen bis herunter zu 1 µm bei Linear- bzw. unter 1 Winkelsekunde bei rotatorischen Anordnungen und die generelle Forderung nach einer digitalen Darstellung der Meßwerte.

- Eine weitere Profilierung auf dem Gebiet der Stellungssensoren ist insbesondere durch die Entwicklung von Montagerobotern mit kleineren Abmessungen, wesentlich verringerten Massen, "eleganteren" Bewegungsmöglichkeiten der Greiferführungsgetriebe sowie mit der Einführung adaptiver Greifeinheiten zu erwarten. Die beiden letztgenannten Entwicklungstendenzen bedingen eine drastische Erhöhung der Anzahl von Elementen, für die Lageinformationen zu gewinnen sind, während aus den beiden erstgenannten die Forderung nach extrem miniaturisierten Weg- und Winkelmeßsystemen erwächst. Ihre Realisierung wird eine für die moderne Sensortechnik typische Arbeitsrichtung darstellen. Für ohmsche Empfangswandler nach dem Potentiometerprinzip, die zu den einfachen weg- bzw. winkelerfassenden Elementen gehören und sich heute als Dickschichtstrukturen mit Laserabgleich realisieren lassen, gelten dabei Forderungen nach einigen 10^7 zulässigen Betätigungen, Linearitätsfehlern im Bereich (0,1 ... 1) % vom Endwert, Wegauflösungen im Bereich 0,1 ‰ des Endwertes und Temperaturkoeffizienten $<10^{-4}$ K^{-1}. Für die Bewegungseinleitung sollen Kräfte $<10^{-2}$ N bei Linear- bzw. Kraftmomente $<10^{-4}$ N·m bei rotatorischen Anordnungen erreicht werden.

9.3. Indirekt wirkende Mechano-Sensorsysteme mit Gegenkrafterzeugung

9.3.1. Allgemeines

Nach der in Abschn. 9.1. getroffenen Systematisierung werden bei diesen Mechano-Sensorsystemen das durch mechanische Objektsignale bedingte Spannungs- und Verformungsfeld durch einen elektrisch inaktiven elastischen Verformungskörper aufgenommen, dessen Verformungskörper aufgenommen, dessen Verformung die für das Funktionsprinzip erforderlichen Gegenkräfte erzeugt. Die sehr gute Entkopplung der mechanischen Anregung vom mechanisch-elektrischen Energieformwechsel bietet eine Reihe von Vorteilen bei der Konzipierung solcher Systeme.

Für die Beschreibung und Dimensionierung der rein mechanischen Verhältnisse besteht eine gut ausgebaute Theorie /8.4/.

Durch Variation der elastischen Eigenschaften des Materials für den Verformungskörper, insbesondere durch Wahl seines Elastizitätsmoduls, ist das Verhältnis von Spannung als Maß für das mechanische Objektsignal und Dehnung als Maß für das kodierte Objektsignal in weiten Grenzen veränderbar. So liegt der Elastizitätsmodul für Stahl bei etwa $2 \cdot 10^{11}$ Pa und für Weichgummi bei etwa 10^{7} Pa. Diese Variationsmöglichkeit ist insbesondere dann interessant, wenn hinsichtlich der geometrischen Abmessungen enge Grenzen bestehen.

Wo dies nicht der Fall ist, bestehen durch Variation im Grundtyp des Verformungskörpers (Stauchkörper, Biegekörper, Torsionsbzw. Scherspannungskörper, transformative Körper) sowie durch Variation der Geometriekenngrößen dieser Grundtypen weitere Möglichkeiten der Anpassung an den Einsatzfall.

Zum Zwecke des mechanisch-elektrischen Energieformwechsels sind an den Verformungskörper konzentrierte oder verteilte Empfangswandler ankoppelbar.

9.3.2. Indirekt wirkende Mechano-Sensorsysteme mit konzentriertem Empfangswandler

Diese Mechano-Sensorsysteme sind dadurch gekennzeichnet, daß Verformungswege, die bestimmte Partien des Verformungskörpers durch das mechanische Objektsignal erfahren, auf einen als konzentriertes Element ausgeführten mechanisch-elektrischen Wandler übertragen werden. Dieses Kombinationsprinzip hat zwei wesentliche Vorteile:

- Es besteht weitgehend Freizügigkeit in der Wahl des Prinzips für den mechanisch-elektrischen Energieformwechsel. Von praktischer Bedeutung sind dabei insbesondere Formen der parametrischen Steuerung der Zweipolkenngrößen R, L und C bzw. der Vierpolkenngröße M.

- Die funktionelle Trennbarkeit ermöglicht die Realisierung von Typenreihen mit ein- und derselben und damit unifizierbaren Empfangswandlerausführung bzw. erleichtert konstruktive Änderungen des Verformungskörpers bei veränderter Aufgabenstellung.

Besondere Bedeutung haben solche Mechano-Sensorsysteme für das Erfassen von Kräften erlangt. Die metrologisch befriedigende Konzeption von Kraftsensoren setzt die Anwendung einer Reihe konstruktiver Prinzipien voraus, die in /8.4/ erläutert und als das Einkörperprinzip, das Integrationsprinzip, das Symmetrieprinzip und das Prinzip der optimalen Konstruktionsgrenzen bezeichnet werden. Im vorliegenden Falle läuft deren Anwendung unter anderem darauf hinaus, den Empfangswandler in der Symmetrieachse des Verformungskörpers und damit innerhalb desselben anzuordnen (innere Integration).

Konzentrierte Empfangswandler mit parametrischer Steuerung der Konngröße R wurden bisher vor allem in drei Grundformen realisiert. Kontakt-Empfangswandler sind in der Lage, Bereiche zu signalisieren, in denen sich der aktuelle Wert einer Kraft bewegt (Abb. 9.2). Es sind einfache und damit billige Konstruktionen möglich, deren Schaltverhalten durch sich ändernde Umgebungstemperaturen nur wenig beeinflußt wird. Nachteilig wirken sich

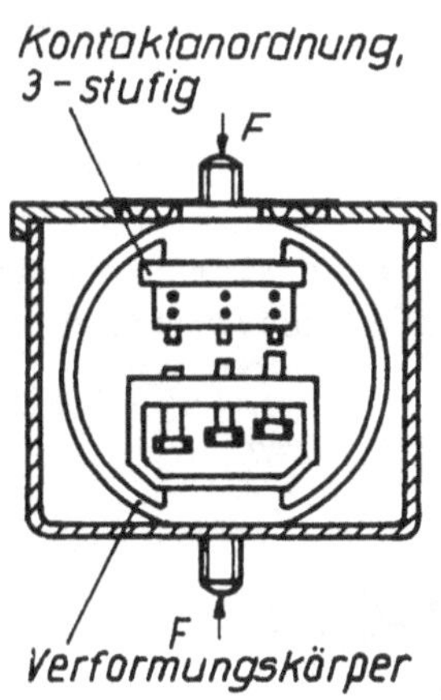

Abb. 9.2 Beispiel für den Aufbau eines Kontakt-Empfangswandlers (nach /8.4/)

der Kontaktverschleiß und die Kontaktunsicherheit bei überlagerten Wechselgrößen aus. Die zweite Grundform bilden Potentiometer-Empfangswandler (Abb. 9.3). Dem Vorteil eines realisierbaren großen Arbeitstemperaturbereiches stehen als Nachteile der

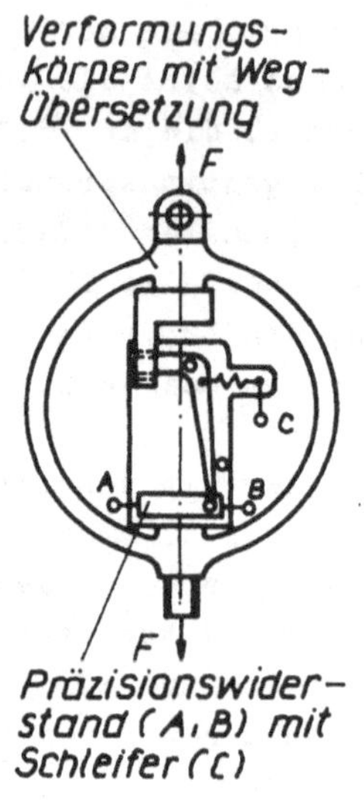

Abb. 9.3 Beispiel für den Aufbau eines Potentiometer-Empfangswandlers (nach /8.4/)

prinzipbedingte mechanische Verschleiß und die durch die Wegübersetzung bedingte obere Grenzfrequenz von meist nur wenigen Hertz gegenüber. Als dritte Grundform werden Freidraht-Empfangswandler eingesetzt (Abb. 9.4). Das dem Drahtdehnmeßstreifen verwandte

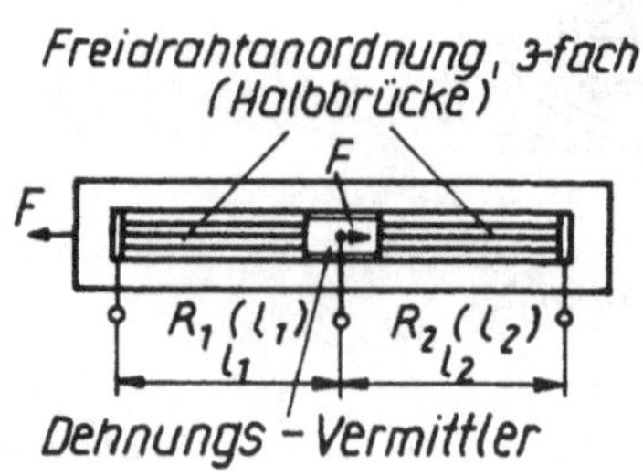

Abb. 9.4 Beispiel für den Aufbau eines Freidraht-Empfangswandlers

Element ermöglicht Arbeitstemperaturbereiche bis zu einigen 100 °C und obere Grenzfrequenzen bis etwa 10 kHz. Dem stehen als Nachteile eine große thermische Zeitkonstante und die mangelnde Sicherheit gegen mechanische Überlastungen gegenüber. Eine für die moderne Sensortechnik charakteristische Entwicklungstendenz stellen Feldplatten-Empfangswandler dar. Ein den Verformungsweg aufnehmendes Element trägt eine unsymmetrisch oder symmetrisch ausgeführte Feldplattenanordnung, die sich in einem über dem Verformungsweg inhomogenen Magnetfeld bewegt (Abb. 9.5). Auf prinzipielle Möglichkeiten der Verwendung magnetischer Energie als Zwischenenergieform für mechanisch-elektrische Empfangswandler, wie sie hier am Beispiel des Feldplatten-

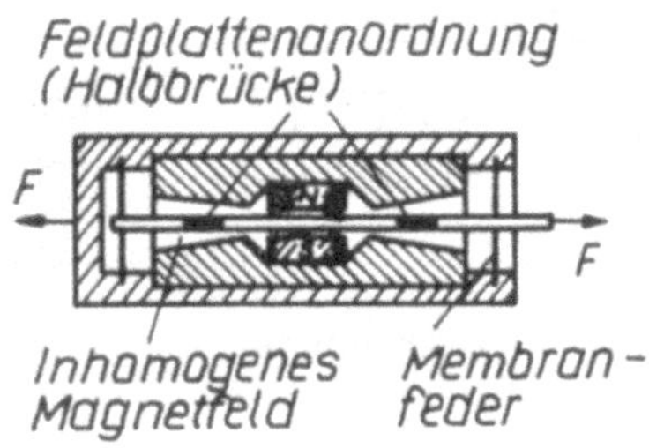

Abb. 9.5 Beispiel für den Aufbau eines Feldplatten-Empfangswandlers

Empfangswandlers auftritt, wurde schon in Abschn. 3. hingewiesen. Die dort ebenfalls genannten induktiven Reaktanzanordnungen wurden ihrer robusten Bauweise wegen vielfach als konzentrierte Empfangswandler für indirekt wirkende Kraftsensoren eingesetzt. Es soll an dieser Stelle der Hinweis genügen, daß für die Kenngrößen L und M je 4 Grundformen der parametrischen Steuerung existieren (Abb. 9.6). Sie entstehen jeweils durch Kombination der beiden magnetischen Varianten "Tauchanker" und "Queranker" mit den beiden elektrischen Varianten "unsymmetrische" und "symmetrische Spulenanordnung". In bezug auf den elektrischen Teil sind dabei von besonderer Bedeutung für die meßtechnische Praxis die unter der Bezeichnung "Brückendrossel" bekannten symmetrisch aufgebauten Selbstinduktivitäten und die unter der Bezeichnung "Differentialtransformator" bekannten symmetrisch ausgeführten Gegeninduktivitäten. Von den beiden magneti-

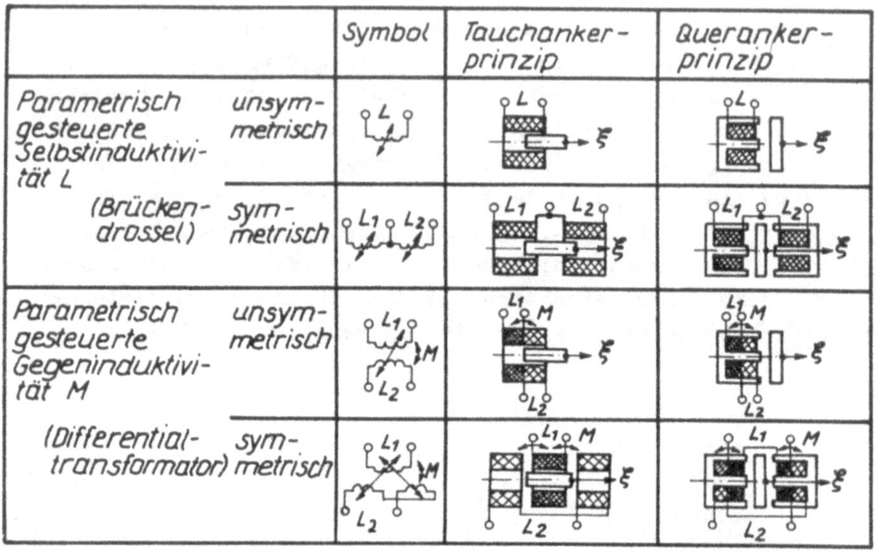

Abb. 9.6 Grundformen induktiver Reaktanzanordnungen für mechanisch-elektrische Empfangswandler auf der Grundlage von Geometrieänderungen

schen Varianten hat das Querankerprinzip wegen der möglichen kleineren Verformungswege für Kraftsensoren die größere Bedeutung. Sie liegen allerdings trotzdem bei einigen Zehntelmillimetern und ergeben damit eine relativ "weiche" Kraftaufnahme. Dem möglichen großen Arbeitstemperaturbereich induktiver Reaktanzanordnungen steht entgegen, daß für ihren Betrieb stabilisierte Wechselspannungen bereitgestellt werden müssen und bei der Behandlung des elektrischen Ausgangssignals Amplitude und Phase zu beachten sind. Das Fortbestehen solcher Empfangswandler in der Sensorpraxis wird daher wesentlich davon abhängen, wie es gelingt, komplette Betriebsschaltungen als selbstabgleichende bzw. elektrisch abstimmbare integrierte Strukturen bereitzustellen. Vorteilhaft sind in diesem Zusammenhang auch frequenzanalog wirkende Abbildungen, bei denen die parametrisch gesteuerte Selbstinduktivität als frequenzbestimmendes Element eines Resonanzkreises wirkt. Kodierte Objektsignale, bei denen die Frequenz den Informationsparameter bildet, ermöglichen auf Zähleranordnungen beruhende und damit hochintegriert herstellbare digitale Schaltungen für die Digitalisierung der Signale.

Von den in Abschn. 4. behandelten Empfangswandlern auf der Basis kapazitiver Reaktanzanordnung kommen für indirekt wirkende Mechano-Sensorsysteme vor allem die vier Grundformen des Plattenkondensators (Abb. 9.7) in Betracht. Besondere Bedeutung

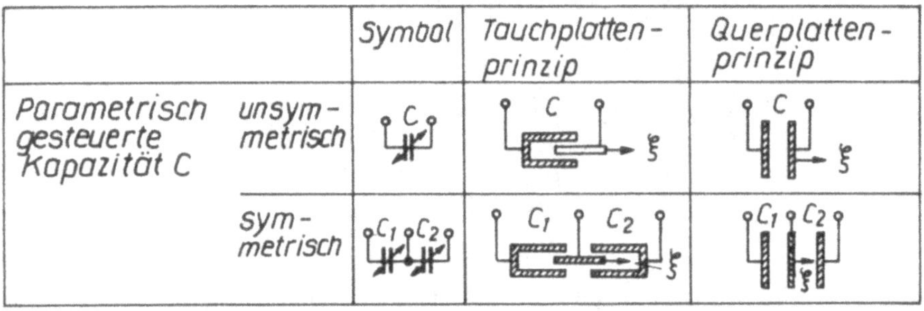

Abb. 9.7 Grundformen kapazitiver Reaktanzanordnungen für mechanisch-elektrische Empfangswandler

für Kraftsensoren hat dabei die symmetrische Querplattenanordnung. Die verschwindend kleinen Reibungs- und Rückstellkräfte solcher Empfangswandler gestatten die Variation der Nennkraft im Bereich von 10 mN bis 10 MN. Jedoch gilt auch hier für das Fortbestehen dieser Empfangswandler das zu den induktiven Reaktanzanordnungen ausgeführte. Mit der zunehmenden Bedeutung frequenzanaloger Abbildungen sind auch die sogenannten Schwingsaiten-Empfangswandler (Abb. 9.8) wieder in den Blickpunkt des Interesses geraten /1.2/. Die Eigenfrequenz einer schwingenden Saite ist eine Funktion der sie spannenden Kraft, allerdings auch eine Funktion der Umgebungstemperatur. Gelingt es daher, mit der zu erfassenden mechanischen Größe (Kraft, Kraftmoment, Druck, Weg, Verdrehwinkel) die Spannkraft zu steuern, so ist deren Abbildung als frequenzanaloges elektrisches Signal möglich. Ein als Elektromagnet ausgebildeter Sendewandler regt hierzu die Saite zu Eigenschwingungen an, während ein elektrodynamisch oder als Schwingkondensator wirkender Empfangswandler als mechanisch-elektrischer Schwingungsdetektor dient. Für quasistatische Messungen genügt intermittierender Betrieb mit impulsförmiger Anregung und anschließender Detektion der entstandenen gedämpften Schwingung. Dabei kann ein- und derselbe elektromagnetische

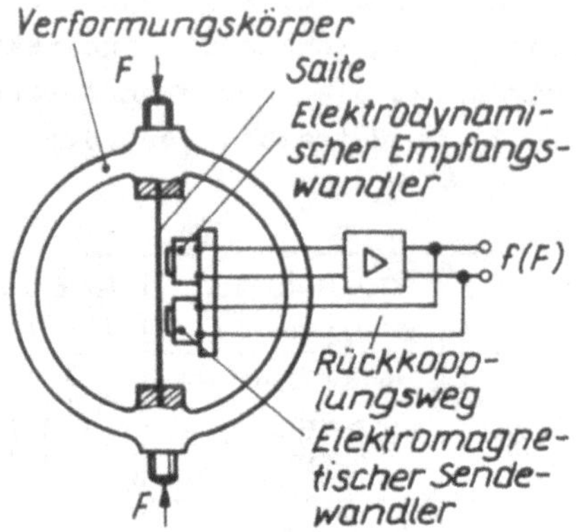

Abb. 9.8 Beispiel für den Aufbau eines Schwingsaiten-Empfangswandlers

Wandler wechselweise als Sende- und als Empfangswandler betrieben werden. Für dynamische Messungen ist kontinuierlicher Betrieb erforderlich. Hierzu werden Sende- und Empfangswandler als rückgekoppeltes System betrieben.

9.3.3. Indirekt wirkende Mechano-Sensorsysteme mit verteiltem Empfangswandler

Bei Mechano-Sensorsystemen dieser Art kommen Empfangswandler zum Einsatz, die verteilte Rezeptoren besitzen und dadurch das Verformungsfeld an verschiedenen Stellen des Verformungskörpers erfassen.

Als Rezeptoren, sie werden auch als Elementarwandler bezeichnet, dienen dabei vorzugsweise Varianten von ohmschen Dehnungsmeßelementen. Sie stellen Körper aus speziellen elektrisch leitenden Materialien dar, die eine ausgeprägte Längsausdehnung besitzen. Für den Zusammenhang zwischen relativer Längenänderung oder Dehnung $\varepsilon = \Delta l/l$ und daraus resultierender relativer Widerstandsänderung $\Delta R/R$ folgt aus der Bemessungsgleichung für den Ohmschen Widerstand die Beziehung

$$\Delta R/_R = (1 + 2\nu + K_\varrho) \cdot \varepsilon = K \cdot \varepsilon .$$

K stellt eine für das Dehnungsmeßelement charakteristische Kenngröße (K-Faktor) dar. Sie enthält zwei Anteile. Der Anteil $1 + 2\nu$ kennzeichnet den Geometrieeinfluß, wobei $\nu = (\Delta A/A) : (2 \cdot \Delta l/l)$ die sogenannte Querkontraktionszahl darstellt. $K_\varrho = \Delta\varrho/\varrho$ ist ein Maß für den piezoresistiven Effekt (Piezowiderstandseffekt) und kennzeichnet die dehnungsbedingte Änderung des spezifischen Widerstandes. Bezüglich des Materials werden Dehnungsmeßelemente aus metallischen oder aus Halbleiterwerkstoffen und aus konstruktiv-technologischer Sicht als diskrete oder als integrierte Anordnungen realisiert. Zur Charakterisierung sei ausgeführt:

Diskrete metallische Dehnungsmeßelemente, auch Dehnungsmeßstreifen genannt, haben K-Faktoren zwischen 2 und 6. An diesem Wert haben ν und K_ϱ etwa gleichen Anteil. Eine Vorzugsstellung nehmen Werkstoffe mit $K_\varrho \approx 2$ ein, da dieser Wert gegenüber dem Verformungszustand invariant ist. Hierzu gehört beispielsweise Konstantan. Dehnungsmeßelemente dieser Art werden in drei Grundformen realisiert. Ungebundene Dehnungsmeßstreifen werden unter Vorspannung direkt auf dem Verformungskörper fixiert und ermöglichen variierbare Längen bei gutem Wärmeübergang zum Verformungskörper. Häufiger kommen gebundene Dehnungsmeßstreifen zum Einsatz, bei denen der vorzugsweise verwendete Konstantandraht von etwa 20 µm Durchmesser mit Hilfe eines Bindemittels zwischen zwei nichtleitende Trägerfolien eingebettet ist. Eine Weiterentwicklung dieser Grundform stellen die Folien-Dehnungsmeßstreifen dar. Sie werden, meist auf der Grundlage einer konstantankaschierten nichtleitenden Folie, als geätzte Struktur hergestellt und erlauben damit eine große Variation der Meßgittergeometrie. Zu den beiden letztgenannten Grundformen sind Hinweise auf Eigenschaften der in der DDR industriell gefertigten Ausführungen in /1.5/ enthalten.

Die Möglichkeiten und Vorteile der mit Aufdampfverfahren arbeitenden Dünnschichttechnik werden auch für die Realisierung von Dehnungsmeßelementen genutzt. Als günstig erweisen sich dabei insbesondere die gleichzeitige Herstellbarkeit einer Vielzahl von Elementen bei hohem Gleichförmigkeitsgrad der Kennwerte sowie das Wegfallen der sonst üblichen viskosen Kleberschicht mit den sich daraus ergebenden Kriecherscheinungen. Jedoch werden noch nicht die von diskreten Ausführungen bekannten Werte des K-Faktors erreicht.

Diskrete Halbleiter-Dehnungsmeßelemente werden vorwiegend aus monokristallinem Silizium hergestellt. Der gegenüber metallischen Elementen wesentlich stärkere piezoresistive Effekt hat zur Folge, daß K_{ϱ} die Größe ν um 1 bis 2 Größenanordnungen übersteigt. Dadurch sind Werte des K-Faktors bis etwa 200 möglich. Sie können durch Variation des spezifischen Widerstandes ϱ sowie durch Variantion der Dehnungsrichtung in bezug auf die Kristallorientierung in weiten Grenzen geändert werden. Durch Verwendung von p-Silizium sind positive und durch Verwendung von n-Silizium negative K-Faktoren realisierbar. Halbleiter-Dehnungsmeßelemente können longitudinaler und transversaler Dehnung unterworfen werden. Für (100)-p-Silizium haben dabei die K-Werte gleichen Betrag, jedoch entgegengesetzes Vorzeichen. Halbleiter-Dehnungsmeßelemente haben gegenüber metallischen Elementen eine wesentlich größere Nichtlinearität zwischen ε und $\Delta R/_R$. Hinzu kommen die starke Temperaturabhängigkeit des Grundwiderstandes und des K-Faktors. Eine Minderung dieser Einflüsse durch technologische Maßnahmen bei der Herstellung soll möglich sein, jedoch sind in jedem Falle bei der Konzipierung der Betriebsschaltung Korrekturmaßnahmen erforderlich.

Die Entwicklung von Halbleiter-Dehnungsmeßelementen mußte zwangsläufig den Schritt nach sich ziehen, sie auch als monolithisch integrierte Elemente zu realisieren. Typisch für diese Ausführungsvarianten sind die Ausbildung des Substrats als Verformungskörper sowie die Unterbringung eines möglichst großen Teiles der Betriebsschaltung in nicht der Dehnung unterworfenen Bereichen des Substrats. Durch Ausnutzen des oben für (100)-p-Silizium geschilderten Verhaltens läßt sich eine Vollbrücke integrieren, von der zwei Elemente in Längsrichtung (longitudinal) und zwei in Querrichtung (transversal) gedehnt werden (Abb. 9.9).

Integrierte Halbleiter-Dehnungsmeßelemente lassen sich auch als polykristalline Strukturen in Dünnschichttechnik herstellen /9.3/. Sie entstehen vorzugsweise durch Aufdampfen auf Quarzsubstraten und mit den für die Dünnschichttechnik typischen Abgleichmethoden, zum Beispiel durch Lasertrimmen. Bedeutungsvoll für die Variation der nichtelektrischen Steuergröße ist, daß durch Tempern und Laserbestrahlung und dadurch bedingte Gefügeausbildung der Temperaturkoeffizient nach Betrag und Vorzeichen beeinflußbar ist. So lassen sich Varianten mit TK $\approx$ 0 für Licht-

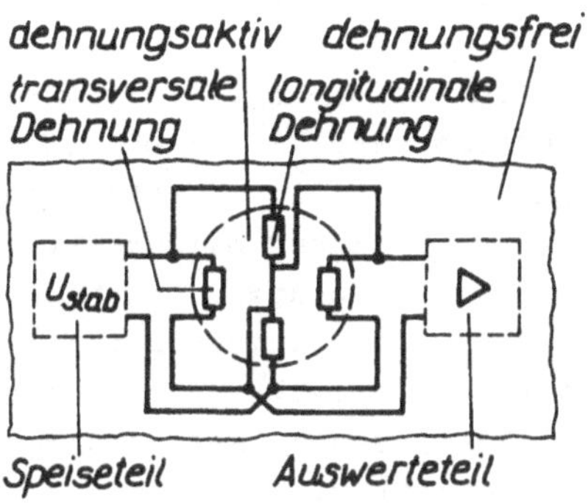

Abb. 9.9 Si-Chip mit monolithisch integrierten Dehnungsmeß-elementen

strahlung, Dehnung, Magnetfeld und Varianten mit TK < 0 bzw. TK > 0 für Temperaturdetektion konzipieren.

Die vorgestellten Mechano-Rezeptoren für verteilte Empfangswandler finden in drei Gruppen von Mechano-Sensorsystemen Anwendung.

Als erste Gruppe sollen Mechano-Sensorsysteme für das Erfassen von Kräften genannt werden. Auf zu beachtende Konstruktionsprinzipien bei der Realisierung des mechanischen Teils wurde schon einmal in Abschn. 9.3.2. hingewiesen. Den elektrischen Teil von Kraftsensoren betreffend, kommt es darauf an, die an möglichst vielen Stellen des Spannungs- bzw. Verformungsfeldes abgenommenen elektrischen Teilsignale in geeigneten Summiergliedern, meist Brückenschaltungen, zum skalaren Gesamtsignal zusammenzufassen (äußere Integration). Bei äußerer Integration besteht keine Beschränkung auf bestimmte Verformungskörper. Die Mechano-Rezeptoren können sowohl auf deren Oberfläche als auch in Bohrungen, die in das Volumen eingebracht wurden, fixiert werden. Für die Praxis bedeutsame Ausführungen von Kraftsensoren lassen sich nach der Art des Verformungskörpers einordnen in

- Kraftsensoren mit Stauchkörpern, industriell hergestellt für Nennkräfte zwischen 10 kN und 10 MN und mit (2 ... 16) Rezeptoren,
- Kraftsensoren mit Biegekörpern, industriell hergestellt für Nennkräfte zwischen 100 N und 10 kN und mit (2 ... 8) Rezeptoren sowie

- Kraftsensoren mit Scherspannungs- bzw. Torsionskörpern, industriell hergestellt für Nennkräfte zwischen 10 kN und 1 MN und (2 ... 20) Rezeptoren.

Für detailliertere Angaben zu Ausführungsformen wird auch hier auf /8.4/ verwiesen. Kennwerte der in der DDR industriell gefertigten Kraftsensoren sind in /1.5/ in Übersichtsform dargestellt. Für Kraftmessungen im Zusammenhang mit Greifvorgängen bei Industrierobotern wird es darauf ankommen, auch Kraftsensoren für den Nennkraftbereich (1 ... 10) N in möglichst kleiner Form zu realisieren. Über einen mit metallischen Dünnfilm-Dehnungsmeßelementen aufgebauten Kraftsensor, der in diesem Bereich vorstoßen kann, wird in /9.4/ berichtet.

Die zweite hier einzuordnende Gruppe bilden Mechano-Sensorsysteme für das Erfassen von Gas- und Flüssigkeitsdrücken. Auch hier wird aus den durch verteilte Rezeptoren gewonnenen elektrischen Teilsignalen in einer Brückenschaltung (Summierglied) ein skalares Gesamtsignal gewonnen. Als Verformungskörper dienen vorzugsweise ebene, an ihren Rändern fest eingespannte Kreisplatten. Die Kreisplatte enthält die in Abb. 9.10 dargestellte integrierte Vollbrücke. Abb. 9.10 zeigt das Aufbauprinzip eines auf diese

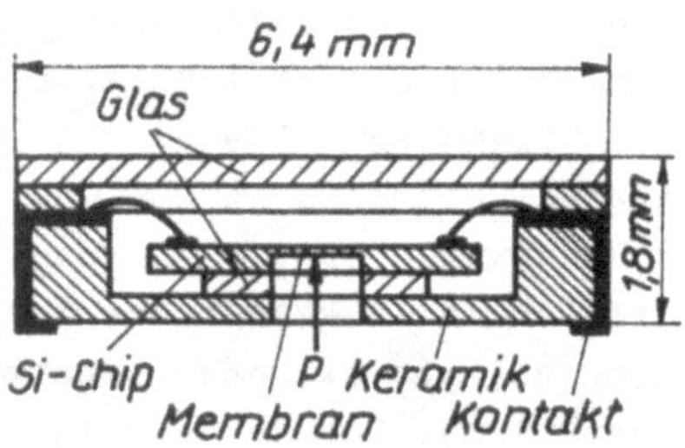

Abb. 9.10 Beispiel für den Aufbau eines Drucksensors mit monolithisch integrierten Dehnungsmeßelementen

Weise realisierten Miniatur-Drucksensors, dessen Konzeption als für die moderne Sensortechnik typisch gelten kann. Für die durch Dünnätzen des Silizium-Substrats erzeugte Membran sind Durchmesser von etwa 1 mm und Dicken ab 10 µm typisch. Bei Chipgrößen von etwa (2,5 x 2,5) mm^2 verbleibt in den dehnungsfreien Randgebieten genügend Fläche zur monolithischen Integration der Betriebsschaltung. Neben der klassischen amplitudenanalogen Betriebsschaltung wurde hierzu auch schon eine frequenzanaloge Variante mit Ringoszillator in I^2L-Technik vorgeschlagen /9.5/. Durch Variation der Membrandicke läßt sich, was von generellem Vorteil für die vielfachen Einsatzfälle von Drucksensoren ist, der Nenndruck in weiten Grenzen verändern, wobei ein Bereich von 10 kPa ($\approx$ 1 mbar) bis 10 MPa ($\approx$ 100 bar) überstreichbar ist.

Eine dritte, entscheidend durch die Entwicklung der Industrieroboter initiierte und geprägte Gruppe bilden die kombinierten Kraft/Kraftmoment-Sensorelemente. Im Gegensatz zur Gewinnung eindimensionaler Informationen bei Kraft- und Drucksensoren sind die mit solchen Sensorsystemen zu gewinnenden Informationen mehrdimensional und umfassen im Höchstfall drei Kraft- und drei Kraftmoment-Komponenten bezüglich dreier orthogonaler Achsen. Kraft/Kraftmoment-Sensorsysteme sind unentbehrlich als informationsgewinnende mechanische Koppelglieder zwischen Greiferführungsgetrieben und den verschiedenartigen "Hand"-Varianten wie Werkstückgreifer, Werkzeughalterungen bzw. -greifer oder flexible Montageköpfe. Sie bilden damit einen der progressiven Zweige der Sensortechnik überhaupt. Als Verformungskörper dienen vorzugsweise durch mehrere Biegestäbe verbundene Ringe oder zylinderförmige Einkörper-Strukturen. Stellvertretend für die Vielzahl schon existierender Lösungswege soll auf einige Beispiele hingewiesen werden. In Abb. 9.11 wird ein für Ringstrukturen

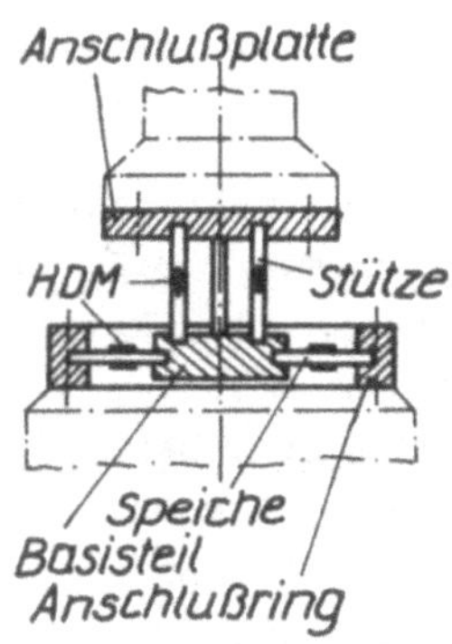

Abb. 9.11 Beispiel für den Aufbau eines 3D-Kraft/Kraftmoment-Empfangswandlers mit Ringstruktur

häufig verwendetes Bauprinzip dargestellt. Ein Basisteil ist über vier Speichen mit dem unteren ringförmigen Anschlußteil und über vier Stützen mit dem oberen plattenförmigen Anschlußteil verbunden. Speichen und Stützen tragen jeweils 2 als Halbbrücke geschaltete Dehnungsmeßelemente. In /9.6/ und /9.7/ werden Lösungen auf der Grundlage dieses Bauprinzips vorgestellt. Hinweise auf weitere Lösungen mit Ringstruktur enthält /9.8/. Als Beispiel für Einkörper-Zylinderstrukturen soll die in /9.9/ genannte Lösung stehen (Abb. 9.12). Die Wandung eines 2"-Aluminiumzylinders wurde so durchbrochen, daß 8 elastische hysteresefreie Biegestäbe entstanden. Jeder der Biegestäbe enthält auf gegenüberliegenden Flächen zwei Dehnungsmeßelemente. Für die aus den

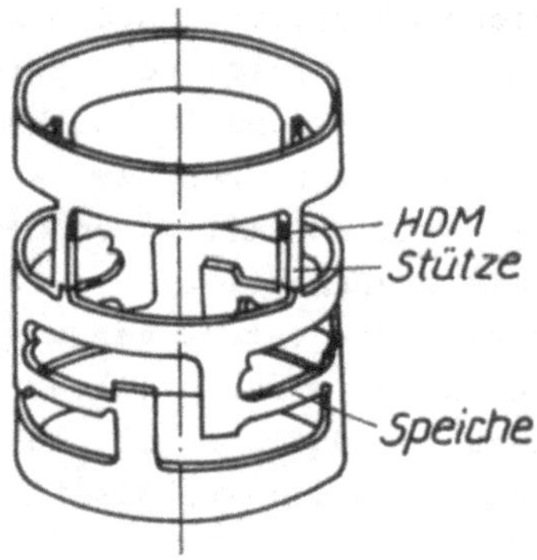

Abb. 9.12 Beispiel für den Aufbau eines 3D-Kraft/Kraftmoment-Empfangswandlers mit Einkörper-Zylinderstruktur

Rezeptorsignalen errechneten sechs Kräfte bzw. Kraftmomente wurde eine Auflösung von 7 bit (etwa 0,8 %) realisiert. Der künftige große Bedarf an mehrdimensionalen Kraft-/Kraftmoment-Sensorsystemen verleiht unifizierten Lösungen besondere Bedeutung. Konzeptionelle Schwerpunkte sind dabei

- der Entwurf leicht zu fertigender und homologe Typenreihen gestattender Verformungskörper mit Einkörper-Struktur,
- die Zuordnung einer metrologisch befriedigenden Transformationsmatrix zur Gewinnung der Kraft- bzw. Kraftmoment-Komponenten und
- die Implementierung der Transformationsmatrix auf schnelle mikroprozessorgestützte Hardware.

9.4. Direkt wirkende Mechano-Sensorsysteme mit Gegenkrafterzeugung

9.4.1. Allgemeines

Nach der in Abschn. 9.1. getroffenen Systematisierung werden bei diesen Mechano-Sensorsystemen das durch mechanische Objektsignale bedingte Spannungs- und Verformungsfeld durch einen Körper aufgenommen, in dem zugleich der mechanisch-elektrische Energieformwechsel erfolgt. Dieser Körper erzeugt auf Grund seiner Deformation auch die erforderlichen Gegenkräfte. Direkt wirkende Mechano-Sensorsysteme erbringen häufig große Meßleistung, sind einfach im Aufbau und aus diesen Gründen unproblematisch in der praktischen Handhabung. Jedoch sind im Gegensatz zu indirekt wirkenden Systemen mechanische und elektrische Vorgänge nicht trennbar und in ihren Zusammenhängen wesentlich schwerer überschaubar. Die nicht mehr getrennt durchführbare mechanische und elektrische Optimierung haben auch zur Folge, daß hinsichtlich der konstruktiven Ausführung direkt wirkender Mechano-Sensorsysteme weniger Freiheitsgrade bestehen.

Als Empfangswandlerprinzipien werden eingesetzt (Abb. 9.1c):

- die parametrische Steuerung des elektrischen Widerstandes in unechten und echten Volumenanordnungen sowie in Anordnungen mit funktionsbestimmenden Inhomogenitäten,
- die parametrische Steuerung der elektrischen Kapazität von Kondensatoranordnungen, d. h. mit elektrischer Feldenergie als Zwischenstufe,
- die parametrische Steuerung der Selbstinduktivität bzw. der Gegeninduktivität in magnetoelastischen Anordnungen, d. h. mit magnetischer Feldenergie als Zwischenstufe,
- die Generierung von elektrischen Ladungen in piezoelektrischen Anordnungen sowie
- die Generierung einer Quellspannung in magnetostriktiven Anordnungen.

9.4.2. Direkt wirkende Mechano-Sensorsysteme mit parametrischer Steuerung der Kenngröße "Elektrischer Widerstand"

Jedes passive elektrische bzw. elektronische Funktionselement, dessen Strom-Spannungs-Kennlinie durch mechanische Spannungen, die im Inneren des Funktionselements wirken, beeinflußbar ist, kann als mechanisch steuerbarer elektrischer Widerstand aufgefaßt und für den mechanisch-elektrischen Energieformwechsel genutzt werden. Dabei sind drei Gruppen solcher Widerstände von Interesse.

Eine erste Gruppe umfaßt elektrisch leitende Strukturen mit über das ganze Volumen gleichmäßig verteilten stofflichen Inhomogenitäten. Realisiert werden sie über Festkörpermaterialien mit einer Vielzahl meist halbleitender Zonen. Man spricht daher von unechten Volumeneffekten. Mit zunehmender innerer mechanischer Spannung kommt es zu einem immer innigeren Kontakt der halbleitenden Zonen und damit zur Ausbildung von mehr Strombahnen (Engewiderstandseffekt), in deren Folge der in der Betriebsschaltung wirksame Gesamtwiderstand abnimmt. Der Zusammenhang zwischen mechanischer Spannung σ und Wert des Gesamtwiderstandes R ist im allgemeinen nichtlinear, jedoch sind häufig große und damit leicht auswertbare Änderungen $\partial R/\partial\sigma$ möglich. Klassische Vertreter dieser Gruppe ist der schon sehr frühzeitig in der Kraftmeßtechnik eingesetzte Kohlesäulenaufnehmer, dessen Prinzip Abb. 9.13 in einer Ausführungsvariante zeigt. Für ihn gilt näherungsweise die Beziehung

$$R\ (F) = R_0\ (1 + \frac{k}{F})$$

(R_0 El. Widerstand für F = 0, k Wandlerkonstante).

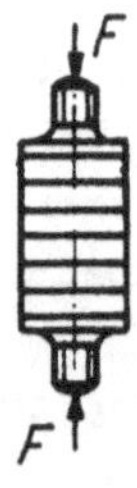

Abb. 9.13 Aufbau eines Kohlensäulen-Empfangswandlers

Bei der Anwendung des Prinzips für Kraftmeßzwecke wurden Nennkräfte im Bereich von 10 N bis 10 MN realisiert. Eine interessante Wiedergeburt hat das Prinzip des Kohlensäulenaufnehmers bei der Realisierung flächenhafter Empfangswandler für das Gewinnen von Berührungsinformationen erfahren /9.10/. Ein etwa 1 mm dickes Vlies aus Kohlefäden von (7 ... 30) µm Durchmesser wird beidseitig mit Kupferfolie armiert (Abb. 9.14), die entweder als geschlossene Fläche oder für die Bildung verteilter Rezeptoren als Streifenmuster ausgeführt werden kann. Bei hoher Empfindlichkeit für kleine Kräfte wurde ein Änderungsbereich des Widerstandes von etwa 1 : 10^5 erreicht.

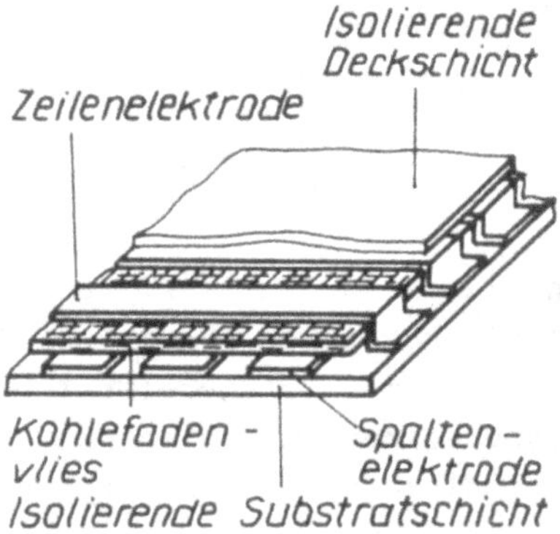

Abb. 9.14 Aufbau eines flächenhaften Empfangswandlers auf der Grundlage von Kohlefadenvlies

Flächenhafte Empfangswandler zum Gewinnen von Berührungsinformationen sind von grundlegender Bedeutung für die Sensibilisierung der Greifeinheiten adaptiver Robotersysteme /9.11/, /9.12/. Während für die Sensibilisierung der Greifflächen flächenhafte Empfangswandler mit verteilten Rezeptoren von besonderem Interesse sind (Abb. 9.15), genügen für das Signalisieren unerwünschter Berührungen mit nichtgreifenden Flächen im allgemeinen flächenhafte Einrezeptor-Ausführungen.

Die Beschäftigung mit taktiler Informationsgewinnung hat zur Entwicklung neuer Werkstoffe mit druckabhängiger elektrischer Leitfähigkeit geführt. Es sind Polymerfolien mit eingelagerten kolloidal verteilten Silizium-Partikeln.

Mit der Gewinnung größerer Informationsmengen auf taktilem Wege entsteht zwangsläufig die Aufgabe, effektive Verarbeitungsalgorithmen zu schaffen /9.13/. Aus Gemeinsamkeiten der Zielstellung resultierend, bestehen dabei für die taktile Erkennung analoge Teilaufgaben wie bei der visuellen Erkennung.

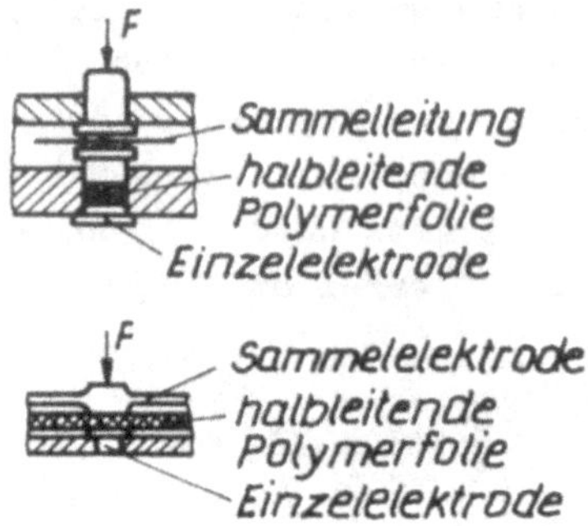

Abb. 9.15 Aufbauprinzipe des taktilen Rezeptors mit (druckabhängig) halbleitender Polymerfolie

Als zweite Gruppe der in diesem Abschnitt zu behandelnden Sensorsysteme sollen solche mit homogenem elektrisch leitenden Körper genannt werden. Dieser "echte" Volumeneffekt entspricht dem bereits von den Dehnungsmeßelementen her bekannten Wirkungsmechanismus, nämlich der Beeinflussung des elektrischen Widerstandes durch Beeinflussung der Geometrie bzw. der elektrischen Leitfähigkeit des Materials. Allerdings liegt beim echten Volumeneffekt nicht Dehnungs-, sondern Krafteinprägung vor. Technische Realisierungen solcher Empfangswandler benutzen entweder stabförmig ausgebildete Körper aus metallischen Werkstoffen (z. B. Konstantan) oder massive Körper aus hochohmigen monokristallinen Halbleiterwerkstoffen (z. B. Silizium). Die erstgenannte Ausführungsform ist dabei besonders für Kraftmessungen im Bereich kleiner Nennkräfte von etwa 1 N interessant (Abb. 9.16).

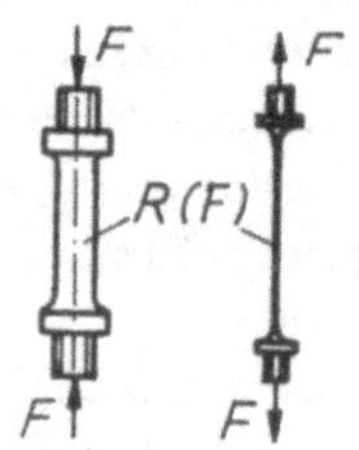

Abb. 9.16 Beispiele für den Aufbau direkt wirkender Kraft-Empfangswandler mit homogenem metallischen Verformungskörper

Die dritte Gruppe der hier einzuordnenden Mechano-Sensorsysteme verwendet monokristalline Körper mit konzentrierten funktionsbestimmenden Inhomogenitäten. Ihr Verhalten ist dadurch gekennzeichnet, daß der nach außen hin wirksame Gesamtwiderstand im wesentlichen durch die funktionsbestimmende Inhomogenität bestimmt wird /9.14/. Als besonders geeignet für Empfangswandlerzwecke haben sich pn-Übergänge von Dioden oder bipolaren Transistoren erwiesen. Wird ein Bipolartransistor mit konstantem Basisstrom I_B betrieben, so wird dessen Kollektorstrom I_C bei mechanischer Belastung des Emittergebietes kleiner ($B_N = I_C/I_B$ wird kleiner) und bei mechanischer Belastung des Basisgebietes größer (B_N wird größer). Auf dieses und ein weiteres Beispiel wird in Abb. 9.17 hingewiesen. Empfangswandlerausführungen dieser dritten Gruppe sind von besonderer Bedeutung, weil sie sich mit mikroelektronischen Technologien fertigen lassen und der funktionellen Integration mit anderen elektronischen Teilen des Sensorsystems zugänglich sind. Mit ihnen läßt sich der Bereich kleiner Nennkräfte um die 10 mN erschließen.

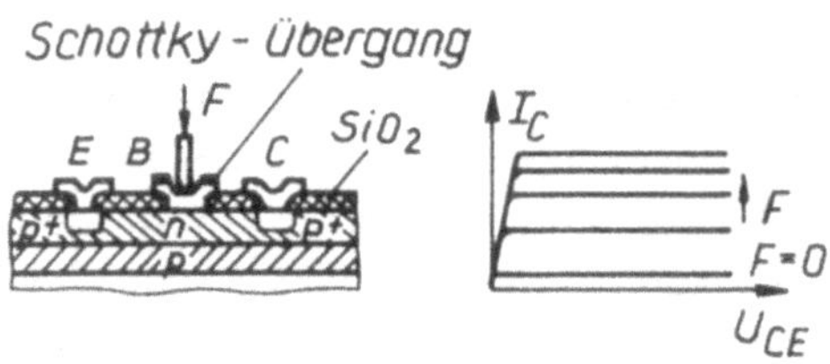

Abb. 9.17 Beispiel für den Aufbau eines direkt wirkenden Kraft-Empfangswandlers mit mechanisch belastetem pn-Übergang

9.4.3. Direkt wirkende Mechano-Sensorsysteme mit parametrischer Steuerung der Kenngröße "Elektrische Kapazität"

Die Bedeutung flächenhafter Empfangswandler zur Sensibilisierung von Greiferflächen gegenüber gewollten oder nichtgewollten Berührungen hat auch zu Überlegungen darüber geführt, ein oder mehrschichtige Varianten des Plattenkondensators für diese Zwecke einzusetzen. Grundgedanke ist dabei, ein elastisch verformbares Dielektrikum vorzusehen, das unter mechanischer Belastung seine Dicke d oder seine Dielektrizitätskonstante ε ändert und dadurch zu einer Steuerung des Wertes der elektrischen Kapazität $C=\varepsilon A/d$ führt. Aus der Sicht moderner Sensortechnik ist für solche Anordnungen die mit den Vorteilen mikroelektronischer Fertigungsverfahren verbundene Dickschichttechnologie von besonderem Interesse. Die notwendige Einbeziehung in Greiferflächen erfordert jedoch frühzeitige konstruktive Vereinbarungen. Diese betreffen sowohl die geometrischen Abmessungen des Dickfilmsubstrats als auch dessen Sicherung gegen mechanische Überbeanspruchung. Zum Betrieb solcher Empfangswandler gelten die Bemerkungen am Ende des Abschn. 4.2.

9.4.4. Direkt wirkende Mechano-Sensorsysteme mit parametrischer Steuerung der Kenngrößen "Selbstinduktivität" und "Gegeninduktivität" (Magnetoelastische Sensorsysteme)

Mechano-Sensorsysteme dieser Art beruhen darauf, daß in einem geeigneten ferromagnetischen Werkstoff durch mechanische Belastung ein Spannungs- und Verformungsfeld erzeugt wird, in deren Folge sich die für die magnetischen Eigenschaften charakteristische Hysteresekurve verändert. Wird ein Körper, in dem dies erfolgt, mit einer Spulenanordnung verkettet, so entstehen nach Art und Betriebsweise der Spulenanordnung entweder parametrisch gesteuerte Selbst- oder Gegeninduktivitäten. Magnetoelastische Mechano-Sensorsysteme beruhen auf mechanisch-elektrischem Energieformwechsel mit magnetischer Zwischenenergie.

Als magnetoelastische Werkstoffe sind von Bedeutung /8.4/:

- Eisen-Nickel-Legierungen mit (50 ... 80) % Ni (Legierungen vom Permalloytyp), vorzugsweise im Gebrauch für extrem kleine oder extrem steife Empfangswandlerausführungen,
- Silizium-Eisen-Legierungen mit (2 ... 4) % Si (Magnetwerkstoffe für elektrische Maschinen), vorzugsweise im Gebrauch für billige und universellere Empfangswandlerausführungen und
- Spezialwerkstoffe wie beispielsweise Eisen-Aluminium-Legierungen (12 % Al) für besonders große Eindringtiefe des für die Abbildung der Hysteresekurve benutzten magnetischen Wechselfeldes.

Für die mechanische Beeinflussung des elektrisch angeregten magnetischen Wechselfeldes (Großsignalbetrieb!) bestehen zwei prinzipiell unterschiedliche Wege. Sie sind kennzeichnend für zwei Gruppen magnetoelastischer Sensorsysteme.

Wird der ferromagnetische Körper als ein aus linienförmigen Elementen bestehender magnetischer Kreis ausgeführt, so beeinflußt die mechanische Belastung die Permeabilität μ und damit den magnetischen Widerstand R_m des Kreises, nicht jedoch die Form des magnetischen Feldes (geführtes magnetisches Feld). Auf diese Weise entsteht die Gruppe der sogenannten Intensitätswandler. Kennzeichnend für sie ist also: die mechanische Beanspruchung steuert den Betrag der Permeabilität. Theoretisch könnte die mit dem magnetischen Kreis verkettete Spulenanordnung vom Selbstinduktionstyp mit Einfach- oder Brückendrossel oder vom Gegeninduktivitätstyp mit Einfach- oder Differentialtransformator sein. Praktische Bedeutung für Intensitätswandler haben jedoch nur Einfach- oder Brückendrosselausführungen. Abb. 9.18 zeigt eines aus einer Reihe möglicher Aufbauprinzipe, mit denen für Kraftmessungen Nennkräfte ab etwa 1 kN realisiert werden.

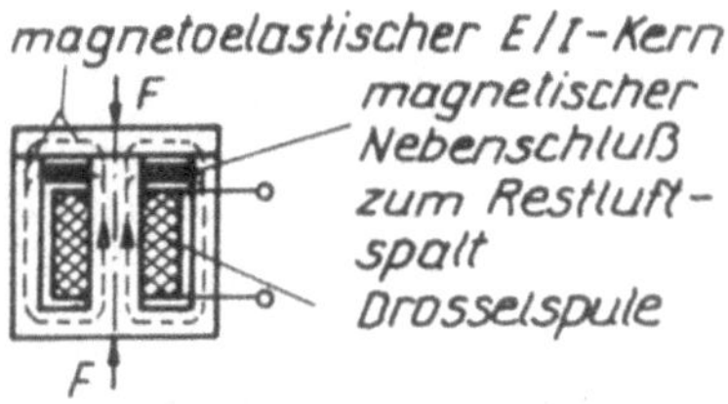

Abb. 9.18 Beispiel für den Aufbau eines magneto-elastischen Empfangswandlers nach dem Prinzip des Intensitätswandlers

Wird der ferromagnetische Körper volumenhaft ausgebildet, so kann sich das magnetische Feld ungeführt in diesem ausbreiten. In diesem Falle wird durch die mechanische Beanspruchung die Form des magnetischen Feldes beeinflußt. Empfangswandler solcher Art bilden die Gruppe der sogenannten Anisotropiewandler. Kennzeichnend für sie ist also: die mechanische Beanspruchung steuert den Vektor der magnetischen Induktion. Da diese Art der Steuerung nur zu kleinen Änderungen der Selbstinduktivität L führt, sind für Anisotropiewandler nur Spulenanordnungen vom Gegeninduktivitätstyp von praktischem Interesse. Ausgeführt wird dabei vor allem der symmetrisch wirkende 45°-Wandler mit zwei oder drei Wicklungen (Abb. 9.19). Im ersten Falle erfolgt die für den Differentialtransformator typische Differenzbildung zur Gewinnung der Ausgangsspannung auf magnetischem, im zweiten Falle auf elektrischem Wege. Beim Einsatz solcher Mechano-Sensorsysteme für Kraftmessungen werden Nennkräfte im Bereich 100 kN bis 100 MN realisiert.

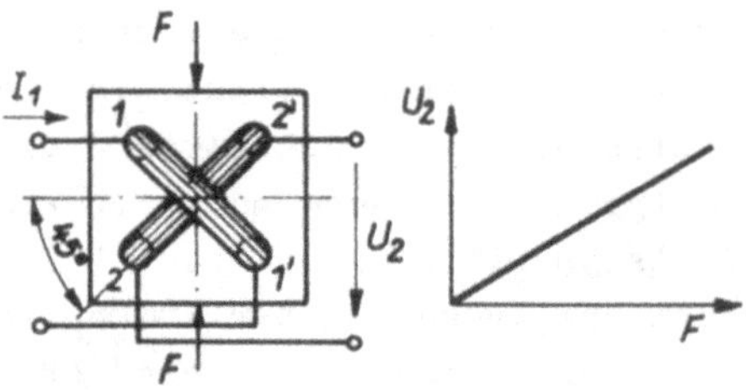

Abb. 9.19 Beispiel für den Aufbau eines magneto-elastischen Empfangswandlers nach dem Prinzip des Anisotropiewandlers

9.4.5. Direkt wirkende Mechano-Sensorsysteme mit Generation einer elektrischen Ladung (Piezoelektrische Mechano-Sensorsysteme)

Bestimmte elektrisch nichtleitende Festkörper zeigen, wenn sie als Dielektrikum einer Kondensatoranordnung eingesetzt werden, einen charakteristischen Zusammenhang zwischen den mechanischen Größen Spannung und Dehnung und den elektrischen Größen elektrische Feldstärke und dielektrische Verschiebung. Die funktionelle Abhängigkeit existiert in beiden Richtungen. Sie wird, wenn mechanische Größen als Ursache wirken, als piezoelektrischer Effekt, und wenn elektrische Größen als Ursache wirken, als umgekehrter piezoelektrischer Effekt bezeichnet.

Der piezoelektrische Effekt äußert sich darin, daß unter den beiden Elektroden der Kondensatoranordnung eine Dipolladung auftritt (gleichgroße Ladungen mit unterschiedlicher Polarität), deren Gleichgewichtszustand sich bei Änderung der mechanischen Belastung der Kondensatoranordnung ebenfalls ändert. Die gegenüber dem Gleichgewichtszustand auftretende Differenzladung dQ ist der Änderung des auf bestimmte Grenzflächen des Dielektrikums wirkenden Druckes dp proportional. Der Proportionalitätsfaktor heißt piezoelektrischer Modul d = dQ/dp.

Die älteste Gruppe piezoelektrischer Werkstoffe bilden monokristalline Stoffe mit nichtregulärem Kristallaufbau, in dessen Folge eine polare Kristallachse entsteht. Klassische Vertreter dieser Werkstoffgruppe sind Quarz, Turmalin und Seignettesalz. Dabei tritt Quarz durch besondere Eigenschaften hervor wie lineare und hysteresefreie Übertragungsfunktion (Quarz gehört wie Turmalin zu den Nichtferroelektrika), große zeitliche Konstanz und geringe Temperaturabhängigkeit der piezoelektrischen Moduln, sehr große Entladezeitkonstante, Eignung für Umgebungstemperaturen bis etwa 500 °C, hohe mechanische Festigkeit und kleine Pyroelektrizität. Die als Scheiben oder Quader ausgebildeten Quarz-Wandlerlemente werden mit bestimmten Orientierungen ihrer Grenzflächen $A_{x1,2}$ und $A_{y1,2}$ aus dem monokristallinen Grundmaterial herausgearbeitet (X-Schritt, Y-Schritt) (Abb. 9.20). Dabei spricht man von

- X-Schritt, wenn die x-Achse des Wandlerelements (Flächennormale von A_{x1}) mit einer X_i-Achse des Kristalls übereinstimmt und von
- Y-Schritt, wenn die x-Achse des Wandlerelements mit einer Y_i-Achse des Kristalls übereinstimmt.

Die Grenzflächen $A_{x1,2}$ des Wandlerelements tragen die Elektroden zur meßtechnischen Erfassung der Ladungsänderungen. Je nach Orientierung der Beanspruchungsrichtung zur Lage der Grenzflächen $A_{x1,2}$ bzw. $A_{y1,2}$ spricht man von

- Longitudinalanregung, wenn die mechanische Beanspruchung auf die Grenzflächen $A_{x1,2}$ wirkt,
- Transversalanregung, wenn die mechanische Beanspruchung auf die Grenzflächen $A_{y1,2}$ wirkt,
- Scheranregung, wenn die mechanische Beanspruchung in Richtung der xy-Ebene wirkt.

Eine zweite Gruppe piezoelektrischer Werkstoffe bilden polykristalline Stoffe. Diese sind ohne Ausnahme keramikähnliche Massen, so daß sich die Bezeichnung Piezokeramik eingebürgert hat. Typische Vertreter dieser Gruppe sind Bariumtitanat, Blei-Zirkonat-Titanat und Kalium-Natrium-Niobat. Wie Seignettesalz von den monokristallinen Stoffen sind Piezokeramiken ohne Ausnahme Ferroelektrika. Durch Behandlung der piezokeramischen Wandlerlemente mit einem elektrischen Gleichfeld lassen sich die unterhalb der

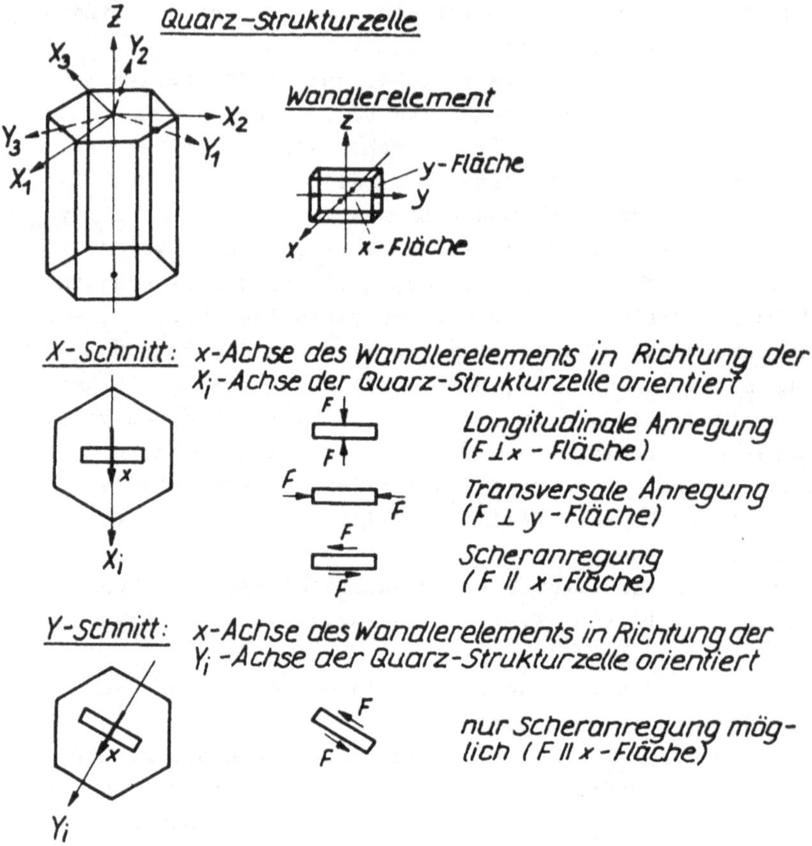

Abb. 9.20 Grundformen von Quarz-Wandlerelementen

Curie-Temperatur (etwa bei 300 °C) in kleinsten Bezirken des Werkstoffes bestehenden spontanen Polarisierungen in eine Vorzugsrichtung bringen. Diese Vorzugsrichtung entspricht der polaren Achse (Z-Achse) bei monokristallinen Stoffen. Bei piezokeramischen Wandlerelementen kann jede dazu senkrechte Achse als x-Achse gewählt werden. Aus dieser Festlegung folgen dann auch die Lage der Elektroden sowie die erforderliche Orientierung der mechanischen Beanspruchung für die gewünschte Anregungsart. Piezokeramische Wandlerelemente lassen sich kostengünstig als Massenelemente herstellen. Auch liegen ihre piezoelektrischen

Moduln etwa 2 Größenordnungen über denen von Quarz. Mit Ausnahme der ebenfalls sehr großen Entladezeitkonstanten fehlen jedoch die für Quarz besonders hervorgehobenen Eigenschaften. Piezokeramische Empfangswandler sind daher heute typische Elemente für Prozeßmessungen. Interessant ist ihr Einsatz für die Sensibilisierung von Greifflächen gegenüber Objektberührung /7.2/.

In den letzten Jahren bildete sich mit den piezoelektrischen Polymeren eine dritte Gruppe von piezoelektrischen Werkstoffen heraus. Ein charakteristischer Vertreter hierfür ist Polyvinylidenfluorid. Sein piezoelektrischer Modul liegt mit $19 \cdot 10^{-12} As \cdot N^{-1}$ etwa 1 Größenordnung über denen von Quarz und etwa 1 Größenordnung unter denen von Piezokeramiken. Typisch für diese Werkstoffe, deren Entwicklung erst am Anfang steht, ist ihre Ausführung als Folie. Sie sind daher von besonderem Interesse für die Greifflächensensibilisierung. Über einen damit aufgebauten Matrix-Empfangswandler mit 16 x 16 Rezeptoren wird in /9.15/ berichtet.

9.4.6. Direkt wirkende Mechano-Sensorsysteme mit Generation einer Quellspannung (Magnetostriktive Sensorsysteme)

Diese Gruppe von Sensorsystemen ist eng verwandt mit den magneto-elastischen (Abschn. 9.4.4.). Im Unterschied zur elektromagnetischen Erregung des ferromagnetischen Körpers magnetoelastischer Empfangswandler arbeiten magnetostriktive Empfangswandler jedoch mit einem Permanentmagneten, dessen remanente Induktion sich bei mechanischer Belastung ändert (Abb. 9.21). Die Änderung der remanenten Induktion induziert in einer mit dem Dauermagnetkreis verketteten Spule eine der Änderungsgeschwindigkeit proportionale Spannung ($u \sim dF/dt$ bei Krafteinprägung). Das magnetostriktive Prinzip ist dann vorteilhaft, wenn Empfangswandler mit einfachem Aufbau, großer Steife oder sehr kleiner Baugröße gefragt sind und die Messung dynamisch erfolgen kann.

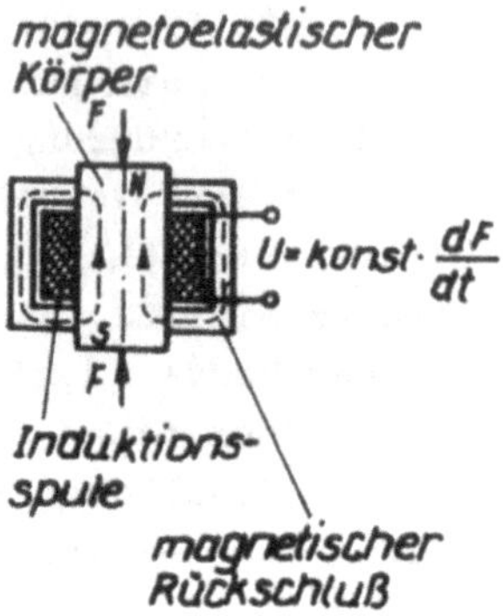

Abb. 9.21 Aufbau eines magnetostriktiven Kraft-Empfangswandlers

10. AUFGABEN BEI DER UNIFIZIERUNG SENSORTYPISCHER BETRIEBSSCHALTUNGEN

Im Gegensatz zu den - vorrangig in den Hauptabschnitten 3. bis 9. behandelten - Teilen von Sensorsystemen, die der Ankopplung an das Objekt und dem unmittelbaren Energieformwechsel dienen, stellt die technische Realisierung geeigneter Betriebsschaltungen (Funktionsbereich S 202 - S 203) ein rein elektronisches Problem dar. Seine Lösung wird dadurch nicht leichter, kann sich jedoch auf eine mit der Entwicklung der Mikroelektronik gewachsene Arbeitsteilung gründen.

Bei der Unifizierung von Betriebsschaltungen (Funktionsbereich S 202 - S 203) sind, unabhängig von der Art der interessierenden physikalischen Größe und dem Prinzip der Meßgrößenabbildung, zwei Hauptaufgaben zu lösen. Sie resultieren beide aus zwei für Sensoren typischen Einsatzbedingungen und liefern die eigentlichen primären Vorgaben für den Entwurf der Betriebsschaltung.

Die erste Einsatzbedingung besteht darin, daß Sensoren, und das entspricht zutiefst ihrem Wesen, zunehmend in übergeordnete Systeme mit automatisch gesteuertem Betriebsregime eingehen und deren Funktionssicherheit entscheidend mitbestimmen. Hieraus ergibt sich die erste der beiden Hauptaufgaben: Betriebsschaltungen für Sensorsysteme sind so auszuführen, daß erforderliche Einstell-, Abgleich-, Prüf- und Korrekturoperationen entweder selbsttätig erfolgen oder daß sie durch externe elektrische Signale initiiert werden können. In diesem Zusammenhang sind zu zwei Gruppen von Signalen Entscheidungen zu treffen. Die erste Gruppe umfaßt erforderliche Programmsignale, beispielsweise für zu variierende Frequenz- und Amplitudenwerte von Signalgeneratoren, Verstärkungs- und Bandbreitenwerte von Signalverstärkern, oder für Abtastraten. Zur zweiten Gruppe sollen erforderliche Steuersignale gezählt werden, zum Beispiel für das Einstellen von Grundzuständen, für Vorbereiten oder für Starten und Stoppen von Operationen.

Die zweite wesentliche Einsatzbedingung für Sensorsysteme besteht darin, daß sich ihre gerätetechnische Realisierung den konstruktiven Gegebenheiten der übergeordneten Systeme anpassen muß, in die sie eingehen. Dabei ist der Weg, die Betriebsschaltung in konstruktiv selbständigen Gefäßeinheiten unterzubringen, häufig nicht mehr verträglich mit diesen Gegebenheiten. Als zweite Hauptaufgabe folgt hieraus: Betriebsschaltungen für Sensorsysteme müssen, wenn unifiziert werden soll, daraufhin untersucht werden,

- welche technisch-ökonomischen Forderungen sich aus bestimmten Klassen von Einsatzfällen ergeben und
- welches elektronische bzw. mikroelektronische Realisierungskonzept (z. B. monolithische LSI-Schaltung) einen möglichst großen Teil dieser Forderungen erfüllen kann.

Als Grundstrukturen sind dabei von besonderem Interesse:

für amplitudenanalogen Betrieb:

- Signalgeneratoren für sinus- und nichtsinusförmige Spannungen bzw. Ströme,
- Brückenschaltungen für Empfangswandler mit parametrischer Steuerung von Zweipolkenngrößen R, L, C,
- Spannungsverstärker für Empfangswandler mit Generation einer Quellspannung,
- Ladungsverstärker für Empfangswandler mit Generation einer Ladung und

für frequenzanalogen Betrieb:

- parametrisch (R, L, C) steuerbare Oszillatoren,
- spannungssteuerbare Oszillatoren,
- Zählschaltungen für die Gewinnung impulsverschlüsselter Signale,
- Zeitauswerteschaltungen für Laufzeiteffekte.

11. AUFGABEN BEI DER UNIFIZIERUNG SENSORTYPISCHER SIGNALWANDLERFUNKTIONEN

Sensortypische Signalwandlerfunktionen (Funktionsbereich S 203 - S 210) sind wie die in Abschn. 10. angeführten Betriebsschaltungen rein elektronischer Art. In gleicher Weise gelten für sie auch die dort genannten zwei Hauptaufgaben. Unterschiede bestehen jedoch in den Grundstrukturen, die bei der Lösung der zweiten Hauptaufgabe zu realisieren sind. Für sie gilt allgemein, daß die Ausgabe der kodierten Objektsignale an die Schnittstelle S 210 heute zum überwiegenden Teil in digitaler Form gewünscht wird bzw. notwendig ist. Damit sind bei der Lösung der zweiten Hauptaufgabe Standardstrukturen wie Analog- und Digital-Multiplexer, Schwellwertbildner, Analog-Digital-Umsetzer, Kodewandler, Parallel-Serien-Umsetzer, Zwischenspeicher oder Potentialtrenner zu realisieren. Ihr Aufbau mit niedrig oder mittelintegrierten Schaltkreisen ergibt indes schon bei einfachen Sensorsystemen einen Platzbedarf, der entweder separate Gefäßeinheiten erfordert oder in bereits vorhandenen Steuerschränken untergebracht werden muß. Der Hauptweg, zugleich aber auch das eigentliche Problem bei der Unifizierung von Signalwandlerfunktionen bestehen daher darin, auf Klassen von Sensorsystemen zugeschnittene LSI-Schaltkreise zu schaffen, die einen möglichst großen Teil der erforderlichen Standardstrukturen auf einem Chip vereinigen. Neben Formen von Einchip-Rechnern sind für die Lösung dieser Aufgabe auch Universalschaltkreise vom Gate-Array-Typ von Interesse.

12. LITERATUR

/1.1/ Hart, H.: Was ist ein Sensor? Feingerätetechnik 31(1982)10, S. 470 - 471.

/1.2/ Reuber, C.: Sensoren. In: Rint, C. (Hrsg.): Handbuch für Hochfrequenz- und Elektrotechniker, Band 5. Heidelberg: Dr. Alfred Hüthig Verlag 1981. S. 463 - 511. 31 Lit., 34 Abb.

/1.3/ Hofmann, D.: Neue Entwicklungstendenzen der Sensortechnik. Wissenschaftliche Beiträge der Ingenieurhochschule Zwickau 8(1982)1, S. 95 - 102. 36 Lit., 3 Abb., 2 Taf.

/1.4/ Alex, B.: Sensoren für künftige Industrieroboter. Physikinformationen. Berlin 8(1982)4, S. 24 - 72. Hrsgeg. v. Akademie der Wissenschaften der DDR. 73 Lit., 15 Abb., 10 Tab.

/1.5/ Fritzsch, H.: Sensoren - moderne Bauelemente für das Maschinenwesen. Applikative Information (1981) 2, S. 27 - 35; 3/4, S. 71 - 95. Herausgegeben vom VEB Applikationszentrum Elektronik Berlin im VEB Kombinat Mikroelektronik.

/1.6/ Zetkin, M. (Hrsg.): Wörterbuch der Medizin. Berlin: VEB Verlag Volk und Gesundheit 1956.

/1.7/ Trincker, D.: Taschenbuch der Physiologie. Band III/1. Jena: VEB Gustav Fischer Verlag 1974. Band III/2 Jena: VEB Gustav Fischer Verlag 1977.

/1.8/ Koslow, N.: Der direkte Weg zum Werkstück. Technische Gemeinschaft Berlin 29(1981)9, S. 35.

/2.1/ Steinhagen, H.-E.; Fuchs, S.: Objekterkennung. 1. Aufl. Berlin: VEB Verlag Technik 1976, S. 28.

/2.2/ Volmer, J. (Hrsg.): Industrieroboter. 2. Aufl. Berlin: VEB Verlag Technik 1981, S. 153 ff.

/2.3/ Fritzsch, H.: Zum Einsatz von Sensoren bei Industrierobotern und Manipulatoren. Feingerätetechnik Berlin 29(1980)4, S. 171 - 174.

/2.4/ Meier, H. E.: Akustische Qualitätskontrolle von Elektromotoren. IITB-Mitteilungen (1976)1, S. 6 - 9.

/2.5/ Schulz, D.: Akustische Prüfung von Zahnrädern. IITB-Mitteilungen (1976)1, S. 2 - 5.

/2.6/ Naumann, G.; Meiling, W.; Stscherbina, A.: Standard-Interfaces der Meßtechnik. 1. Aufl. Berlin: VEB Verlag Technik 1980.

/2.7/ Hofmann, D.: Handbuch Meßtechnik und Qualitätssicherung. 1. Aufl. Berlin: VEB Verlag Technik 1979.

/3.1/ Schulze, K.-R.; Faber, W.: Sensoren für Schweißroboter. ZIS Mitteilungen Halle (Saale) 21(1979)11, S. 1234 - 1240.

/3.2/ Hesse, G.: Schweißroboter aus dem Baukasten. Technische Gemeinschaft Berlin 29(1981)12, S. 33 - 35.

/3.3/ Dagget, E. H.: Automatische Elektrodenführung beim UP-Lichtbogenschweißen mit Wirbelstrom-Sensor. Proceedings of the 1st International Conference on Robot Vision and Sensory Controls. Stratford, England 1981.

/3.4/ Gevatter, H.-J.; Merl, W. A.: Der Wiegand-Draht, ein neuer magnetischer Sensor. Regelungstechnische Praxis München 22(1980)3, S. 81 - 85.

/3.5/ Kuers, G.; Wandauer, G.: Ein alternativer magnetischer Sensor: Der Wiegand-Modul. Elektronik München 29 (1980)7, S. 43 - 50.

/3.6/ Bambuch, W.: Electronica 80: Sensoren. Regelungstechnische Praxis München 23(1981)3, S. 83 - 88.

/3.7/ Haussler, J.: Trends and developments in Hall effect integrated circuits. Electronic Engineering London 51(1979)629, S. 37 - 46.

/3.8/ Hencke, H.: Analoge und digitale Hallsensoren. Elektronik München 30(1981)17, S. 61 - 63.

/3.9/ Graichen, G.: Die Feldplatte-Theorie, Kennwerte und Anwendung. radio fernsehen elektronik Berlin 30(1981)10, S. 663 - 667.

/3.10/ Mohaghegh, A.; Cristoloveanu, S.; de Pontscharra, J.: Double-injection phenomena under magnetic field in SOS-films: A new generation of magnetosensitive microdevices. IEEE Transactions Electron Devices New York ED-28 (1981)3, S. 237 - 242.

/3.11/ Manley, M. H.; Bloodworth, G. G.: The carrier-domain magnetic field sensor. IEE Journal Solid State and Electronic Devices 2(1978), S. 176 - 184.

/3.12/ Schommartz, G.: Induktive Strömungsmessung. 1. Aufl. Berlin: VEB Verlag Technik 1974.

/4.1/ Woschni, E.-G.: Meßgrößenverarbeitung. Leipzig: S. Hirzel Verlag 1969.

/4.2/ Degenscharf, E.: Dielektrikum als Meßmedium für passiven Sensor. Elektronik München 31(1982)18, S. 28.

/4.3/ Kramp, G.: Digitale Luftfeuchte-Meßschaltungen. Elektronik München 31(1982)16, S. 30 - 34.

/4.4/ Philippow, E.: Taschenbuch Elektrotechnik in sechs Bänden, Band 1. Berlin: VEB Verlag Technik 1976, Abschnitt 6.3: Isolierstoffe, S. 858 - 872.

/4.5/ Racho, R.; Krause, K.: Werkstoffe der Elektrotechnik. 4. Auf. Berlin: VEB Verlag Technik 1972.

/5.1/ -: Dünnschichtwiderstände messen Temperatur. Elektronik München 31(1982)17, S. 106.

/5.2/ Nakajima, S.: Temperature measurement thermistors becoming multifunctional sensors. J. Electronic Engin. Tokyo 18(1981)174, S. 54 - 57.

/5.3/ Kimura, K.: Thermistors gain new applications through varied shapes and sizes. J. Electronic Engin. Tokyo 15(1978)40, S. 34 - 37.

/5.4/ Wasa, K.: Highly reliable temperature sensor using rf-sputtered SiC thin film. Rev. Sci. Instrum. 50(1979), S. 1084 - 1088.

/5.5/ -: Temperatursensoren aus Silizium. Regelungstechnische Praxis München 22(1980)6, S. 210.

/5.6/ -: SA 100 Sensor & Systems. Applikationsbericht der Texas Instruments Deutschland GmbH. Freising 1980.

/5.7/ Bauer, A.; Bühling, D.; Gesemann, H.-J.; Helke, G.; Schreckenbach, W.: Technisch-Physikalische Monographien Bd. 33. Technologie und Anwendung von Ferroelektrika. 1. Aufl. Leipzig: Akademische Verlagsgesellschaft Geest und Portig K.-G. 1976.

/5.8/ Brückner, W.; Bühling, D.; Michalka, W.; Steinbeiß, E.; Storbeck, I.; Ufert, K.-D.: Metall-Isolator-Übergang des VO_2 und Möglichkeiten seiner technischen Anwendung. Hermsdorfer Technische Mitteilungen 19(1979), H. 53, S. 1695 - 1700, 31 Lit. H. 54, S. 1723 - 1728 u. 1734, 38 Lit.

/5.9/ Bethe, K.; Meyer-Ebrecht, D.: Sensoren für die Konsumelektronik. Elektronik München 29(1980)10, S. 41 - 46. 29(1980)11, S. 75 - 84.

/5.10/ O'Neil, P.; Derrington, C.: Transistoren als Temperatursensoren. Elektronik 29(1980)11, S. 81 - 84.

/5.11/ Philippow, E. (Hrsg.): Taschenbuch Elektrotechnik Bd. 1. Berlin: VEB Verlag Technik 1963, S. 887 - 889.

/6.1/ Walther, L.; Gerber, D.: Infrarotmeßtechnik. 1. Aufl. Berlin: VEB Verlag Technik 1981.

/6.2/ Volmer, J.; Schwarz, A.; Zachau, H.: Positionierung von Montagegreifern und -werkzeugen durch Industrieroboter. Maschinenbautechnik Berlin 31 (1982).

/6.3/ Gosch, J.: Thin film enhances bolometers sensitivty. Electronics New York 53(1980)5, S. 74 - 75.

/6.4/ Brockhaus abc Physik. Leipzig: VEB Brockhaus Verlag 1973, S. 1142 - 1143.

/6.5/ Kaplan, H.: Infrared non-contact temperature sensors for process control. Proc. nat. Electron. Conf., Chicago (Ill.) 33 (1979), S. 207 - 212.

/6.6/ Bergemann, H.: Wärmebild-Fernsehkameras mit Pyricons. Elektronik München 30(1981)17, S. 64 - 68.

/7.1/ Zimmermann, G.: Eigenschaften von optischen Wandlern zur Positionsvermessung. Fachberichte Messen Steuern Regeln, Bd. 4 "Wege zu sehr fortgeschrittenen Handhabungssystemen". Westberlin, Heidelberg, New York: Springer-Verlag 1980.

/7.2/ Dillemann, R.: Ein Sensor-geführter Greifer mit taktiler und nicht-taktiler Sensorumgebung. Tagungsband der 15. IPA-Arbeitstagung, Stuttgart (BRD), 2. - 4. 11. 1982, S. 93 - 104.

/7.3/ Masuda, R.; Hasegawa, K.; Wei Ting Gong: Total Sensory System for Robot Control and its Design Approach. Proc. 11th Symp. on Industrial Robots, Tokyo 1981.

/7.4/ Kvasnica, M.; Kocis, J.; Petras, S.; Kuban, M.: The Use of Proximity Sensors for Recognition Purposes in Robotics. Supplement Proc. 2nd Int. Conf. on Artificial Intelligence and Information-Control Systems of Robots, Smolenice Castle (CSSR), 18. - 22. 10. 1982.

/7.5/ Kreis, Th.; Kreitlow, H.; Jüptner, W.: Kantenfindung mit Hilfe eines kombinierten Lichtschnittverfahrens. Tagungsband 15. IPA-Arbeitstagung, Stuttgart (BRD), 2. - 4. 11. 1982, S. 11 - 19.

/7.6/ Kallenbach, E.: Präzisionsrobotertechnik, Bd. I. Herausgegeben vom Bezirksverband Suhl der KDT und der TH Ilmenau, 1981. Abschnitt 7.3: Visuelle Systeme.

/7.7/ Proc. 1st Int. Conf. on Robot Vision and Sensory Controls. Stratford (GB), 1. - 3. 4. 1981.

/7.8/ Tagungsband 15. IPA-Arbeitstagung "Sensorsysteme zur Automatisierung der Produktion" und 2nd Int. Conf. on Robot Vision and Sensory Controls, Stuttgart (BRD), 2. - 4. 11. 1982. Hrsg. IFS (Publications) Ltd., 35 - 39 High Street, Kempsston, Bedford (England).

/7.9/ Kempe, V.: Sensortechnik für Industrieroboter der 2. und 3. Generation. messen steuern regeln Berlin 26(1983)1, S. 10 - 18, 2, S. 95 - 99, 55 Lit.

/7.10/ Hecht, S.: Die Anwendung von CCD-Zeilen für die zweidimensionale Bildaufnahme. Wiss. Beiträge Ingenieurhochschule Zwickau 8(1982)1, S. 31 - 34.

/7.11/ Dreisbach, B.: Einsatz von intelligenten Sensoren in der Fertigung. Tagungsband 15. IPA-Arbeitstagung, Stuttgart (BRD), 2. - 4. 11. 1982, S. 63 - 67.

/7.12/ CCD-Linienkamera LK 256, Optoelektronischer Sensor für Industrieroboter. Prospekt TH Ilmenau, Sektion Gerätetechnik und Technikum FOE Suhl 1982.

/7.13/ Sagara, P.; Jones, B. M.: Parallel projection optics in simple assembly. Proc. 1st Int. Conf. on Robot Vision and Sensory Controls, Stratford (GB), 1. - 3. 4. 1981, S. 99 - 101.

/7.14/ Takeyasu, J.; Kasai, M.; Shimomura, R.; Goto, T.; Matsumoto, Y.: An Approach of the Integrated Intelligent Robot with Multiple Sensory Feedback. Proc. 7th Int. Conf. on Industrial Robots 1977.

/7.15/ Tsuboi, Y.; Inouc, T.: Robot Assembly System Using TV Camera. Proc. 3rd Conf. on Industrial Robots, Nottingham 1976. Bedford (England): International Fluid Service.

/7.16/ Ferrer, M.; Briot, M.; Talou, J. C.: Study of A Video Image Treatment System for the Mobile Robot HILARE. Proc. 1st Int. Conf. on Robot Vision and Sensory Controls, Stratford (GB), 1. - 3. 4. 1981, S. 59 - 71.

/7.17/ Page, C. J.; Hassan, H.: Non-Contact Inspection of Complex Components Using a Rangefinder Vision System. Proc. 1st Int. Conf. on Robot Vision and Sensory Controls, Stratford (GB), 1. - 3. 4. 1981, S. 245 - 254.

/8.1/ Lenk, A.: Elektromechanische Systeme, Bd. 1 - 3. Berlin: VEB Verlag Technik 1973, 1974, 1975.

/8.2/ Lenk, A.; Rehnitz, J.: Schwingungsprüftechnik, 2. Aufl. Berlin: VEB Verlag Technik 1976.

/8.3/ Tietz, H.-D.: Ultraschall-Meßtechnik, 2. Aufl. Berlin: VEB Verlag Technik 1974.

/8.4/ Baumann, E.: Elektrische Kraftmeßtechnik, 1. Aufl. Berlin: VEB Verlag Technik 1976.

/8.5/ Buschmann, G.: Akustik. In: Rint, C.: Handbuch für Hochfrequenz- und Elektrotechniker, Bd. 4. Heidelberg: Dr. Alfred Hüthig Verlag 1980, S. 239 - 259.

/8.6/ Smith, K.: Solid-state sonar builds on new sensor. Electronics New York 54(1981)14, S. 74 - 75.

/8.7/ -: Lecks per Schall geortet. Notiz in: Technische Gemeinschaft Berlin 30(1982)2, S. 21.

/8.8/ Ahrens, U.; Friedrich, W.: Sensoreinsatz beim Be- und Entladen von Paletten mit Industrierobotern. Tagungsband 15. IPA-Arbeitstagung, Stuttgart (BRD), 2. - 4. 11. 1982, S. 105 - 116.

/8.9/ Bauzil, G.; Briot, M.; Ribes, P.: A navigation subsystem using ultrasonic sensors. Proc. 1st Int. Conf. on Robot Vision and Sensory Controls, Stratford (GB), 1. - 3. 4. 1981, S. 47 - 58.

/8.10/ -: Echolot zur Füllstandsüberwachung. Notiz in: Technische Gemeinschaft Berlin 31(1983)2, S. 27.

/9.1/ Merz, L.: Grundkurs der Meßtechnik, Teil II: Das elektrische Messen nichtelektrischer Größen, 5. Aufl. München, Wien: R. Oldenbourg Verlag 1980, S. 65 - 92.

/9.2/ Volmer, J. (Hrsg.): Industrieroboterentwicklung. Berlin: VEB Verlag Technik 1984.

/9.3/ Schoppnies, E.: Sensoren auf der Grundlage der Si-Planartechnologie. radio fernsehen elektronik Berlin 32(1983)3, S. 159 - 162.

/9.4/ Bethe, K.; Schön, D.: Meßaufnehmer mit Dünnfilm-Dehnungsmeßstreifen. Philips techn. Rdsch. 39(1980/81), S. 117 - 123.

/9.5/ Reichl, H. u. a.: Entwicklung von mikroprozessorspezifischen Sensor-Bausteinen. Abschlußbericht Forschungsvorhaben NT 790, Fraunhofer-Institut für Festkörpertechnologie, München 1980.

/9.6/ Schneider, L.: Kraft-Momenten Fühler. Fertigung 9(1978)6.

/9.7/ Mettin, F.: Taktiler Sensor, Datenaufbereitung und Programm-Modifikation in der Robotertechnik. DFVLR, Institut für Dynamik der Flugsysteme, Okt. 1980.

/9.8/ Schweizer, M.; Abele, E.: Sensorgesteuerte Industrieroboter für Bearbeitungsaufgaben. Inst. f. Prod. techn. u. Autom. (IPA) der Fraunhofer-Gesellschaft, Stuttgart (BRD).

/9.9/ Rosen, C. A. u. a.: Exploratory Research in Advance. Automation Reports 1 - 5. Stanford Research Institute, Dec. 1973 to Jan. 1976.

/9.10/ Larcombe, M. H. E.: Carbon fibre tactile sensors. Proc. 1st Int. Conf. on Robot Vision and Sensory Controls, Stratford (GB), 1. - 3. 4. 1981, S. 276 - 286.

/9.11/ Rooks, B.: Tactile sensing should not be forgotten. Sensor Review Bedford 3(1983)1, S. 2.

/9.12/ Severwright, J.: Tactile sensor arrays - the other option. Sensor Review Bedford 3(1983)1, S. 27 - 29.

/9.13/ Chalupa, V.; Marik, V.; Volf, J.: Tactile matrix for shape recognition. Vortrag IX. IMECO Weltkongreß, Berlin (West), 24. - 28. 5. 1982.

/9.14/ Irrgang, B.: Mechanoelektrische Halbleiterwandler. messen steuern regeln Berlin 15(1972)8, S. 283 - 287.

/9.15/ Dario, P.; Bardelli, R.; de Rossi, D.; Wang, L. R.; Pinotti, P. C.: Touch-sensitive polymer skin uses piezoelectric properties to recognise orientation of objects. Sensor Review Bedford 2(1982)4, S. 194 - 198.

Tabelle 2.2. Realisierungsformen für Elemente des Sensorsystems

Funktionsbereich S 200/S 201: Vermittler

- für magnetische Feldenergie
  - Offene ferromagnetische Kreise
  - Offene ferrimagnetische Kreise
- für elektrische Feldenergie
  - Angepaßte Elektrodenformen
  - Angepaßte Dielektriumsformen
- für thermische Energie
  - Wärmeleiter
  - Korrosionsschutzelemente
- für optische Energie
  - Blendensysteme
  - Linsensysteme
  - Spiegelsysteme
  - Filtersysteme
  - Lichtleiter
- für mechanische Feldenergie
  - Schallwellenleiter für Luftschall
  - Starre oder elastische Koppelelemente für Flüssigkeits- oder Körperschall
- für mechanische Energie
  - Elemente für starre oder lose Kopplung mit Objekten
  - Starre oder elastische Elemente für translatorische Kraft- bzw. Bewegungseinleitung
  - Starre oder elastische Elemente für rotatorische Kraft- bzw. Bewegungseinleitung

Funktionsbereich S 201/S 202: Empfangswandler

- Empfangswandler auf Festkörperbasis
  - Festkörper-Reaktanz-Systeme
    - induktive
    - kapazitive
  - Festkörper mit makroskopisch homogener Struktur
    - polykristalliner Art
    - monokristalliner Art
  - Festkörper mit funktionsbestimmenden Inhomogenitäten
    - mit pn- oder Dichteübergängen
    - mit Zwischenschicht-Strukturen
      - Metall-Halbleiter-Strukturen
      - Metall-Isolator-Halbleiter-Strukturen
- Empfangswandler auf Flüssigkeitsbasis
- Empfangswandler auf Gasbasis

Funktionsbereich S 202/S 203: Betriebsschaltungen

- Realisierungsformen hinsichtlich der schaltungstechnischen Einbindung des Empfangswandlers
  - Einfachschaltung
  - Differenzschaltung
  - Brückenschaltung
- Realisierungsformen hinsichtlich Art und Quantisierung des Informationsparameters
  - für amplitudenanaloge Signalbehandlung
  - für frequenzanaloge Signalbehandlung
  - für phasenanaloge Signalbehandlung
  - für amplitudendiskrete Signalbehandlung
  - für frequenzdiskrete Signalbehandlung
  - für phasendiskrete Signalbehandlung
- Realisierungsformen hinsichtlich des Zeitregimes
  - kontinuierliche Signalbehandlung
  - diskontinuierliche Signalbehandlung

Funktionsbereich S 203/S 210: Signalwandler-Funktionen

- Informationsbehandlungs-Funktionen
  - Informationsreduzierung
  - Informationsakzentuierung
  - Informationsspeicherung
  - Analog-Digital-Umsetzung
  - Pegelwandlung
  - Codewandlung
  - Parallel-Serien-Umsetzung
  - Fehlerkorrektur
- Steuerungs-Funktionen
  - Vorbereitungsfunktionen
  - Start/Stoppfunktionen
  - Durchführungsfunktionen
  - Vollzugsfunktionen
  - Diagnosefunktionen
- Programmier-Funktionen für wählbare Funktionszustände
- Adressier-Funktionen
- Spezielle Funktionen
  - Potentialtrennung
  - Entstörung

Tabelle 2.3. Klassifikationsmerkmale für Schnittstellen von Erkennungssystemen

- **Klassifikation von Sensoren nach Verbindungsmerkmalen ihrer Bestandteile**
  - Merkmale informationeller Verbindungen
    - der Bereiche S200–S201 bzw. S205–S200 → a
    - der Bereiche S202–S210 bzw. S204 → b
  - Merkmale energetischer Verbindungen → c
  - Merkmale stofflicher Verbindungen → d

a

- **Funktionelle Merkmale informationeller Verbindungen**
  - Energieform 1
  - Mit dem Objektsignal zu erfassende physikalische Größe
  - Informationsparameter des Objektsignals
  - Wertebereich des Informationsparameters
  - Funktionsprinzip des Sendewandlers
  - Funktionsprinzip des Empfangswandlers
  - Vermittlerprinzip für den Sendewandler
  - Vermittlerprinzip für den Empfangswandler
  - Betriebsweise des Sendewandlers
  - Betriebsweise des Empfangswandlers
- **Konstruktive Merkmale informationeller Verbindungen**
  - Kennwerte des Sendewandlers
  - Kennwerte des Empfangswandlers
  - Hauptabmessungen des Ankopplungsmechanismus
  - Materialkennwerte des Ankopplungsmechanismus

Tabelle 2.3. (1. Fortsetzung)

b

- **Funktionelle Merkmale informationeller Verbindungen**
  - **allgemeine Merkmale**
    - Anzahl der Signale
    - Informationsgehalt der Signale
    - Signalform
    - Definition und Wirkung der Signale
    - Verschlüsselung der Signale
    - Zeitlicher Ablauf der Signale
    - Zeitliche Verknüpfung mit anderen Signalen
    - Struktur der informationellen Verbindungen
    - Art der Informationsübertragung
    - Betriebsweise der Informationsübertragung
  - **spezielle elektrische Merkmale**
    - für analoge Signale
      - Spannungs- bzw. Stromstärkebereich
      - Frequenzbereich
      - Impedanzen
      - zulässige Einschwingzeiten
    - für binäre Signale
      - Pegelbereiche und logische Zuordnung
      - zulässige Impulsfrequenz
      - Zeitbedingungen
      - zulässige Übertragungslänge
- **Konstruktive Merkmale informationeller Verbindungen**
  - Art der Verbindungselemente
  - Belegung der Verbindungselemente
  - Anordnung der Verbindungselemente
  - Art der Verbindungsleitungen

Tabelle 2.3. (2. Fortsetzung)

c

- **Funktionelle Merkmale energetischer Verbindungen**
  - **allgemeine Merkmale**
    - Art der Hilfsenergie
    - Art der Versorgung mit Hilfsenergie
    - Art der Verlustleistungsabführung
  - **spezielle elektrische Merkmale**
    - Speisespannungsbereiche
    - maximale Lastströme
    - Festigkeit gegen Umgebungseinflüsse
- **Konstruktive Merkmale energetischer Verbindungen**
  - Art der Verbindungselemente
  - Belegung der Verbindungselemente
  - Anordnung der Verbindungselemente
  - Art der Verbindungsleitungen

d

- **Funktionelle Merkmale stofflicher Verbindungen**
  - Gefäßarten und deren Aufgabe
  - Hierarchiebedingungen
  - Aufteilung der Sensorbestandteile auf Gefäßeinheiten
  - Art des Zubehörs
- **Konstruktive Merkmale stofflicher Verbindungen**
  - Maßreihen und Toleranzen
  - An- bzw. Einbau-Hauptmaße
  - Materialkennwerte
  - Betriebsbedingungen

Tabelle 2.4. Kenngrößen zur quantitativen Beschreibung von Sensor- und Erkennungssystemen

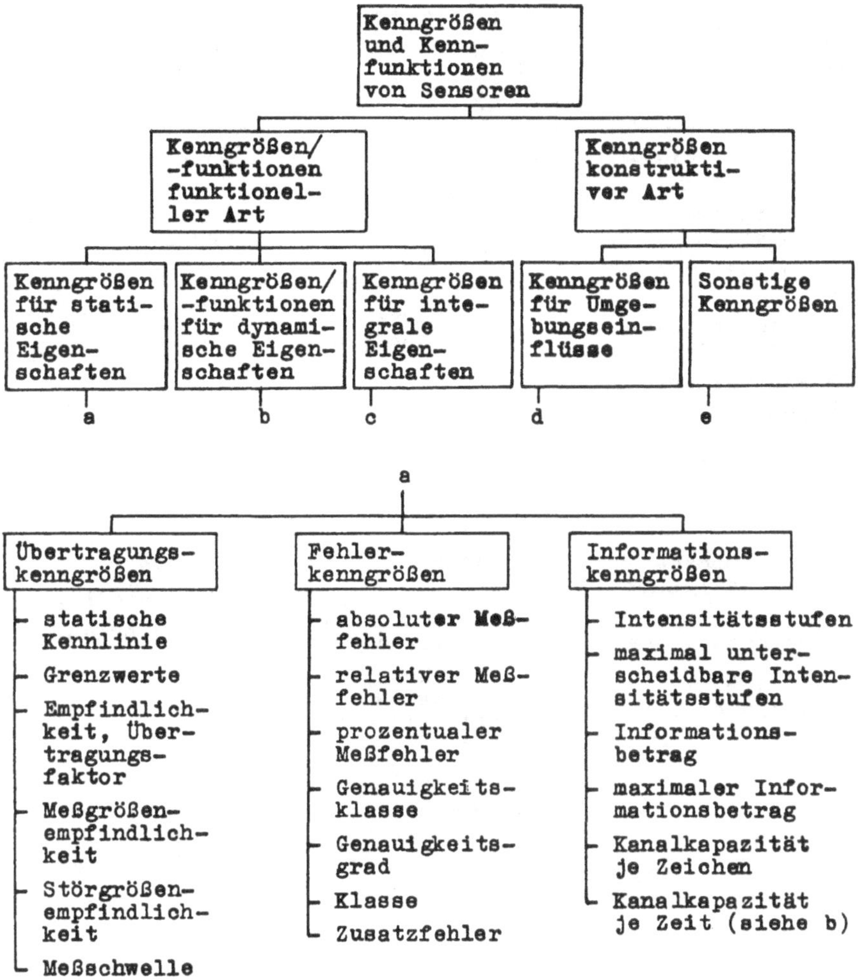

Tabelle 2.4. (Fortsetzung)

b

- **Kenngrößen/-funktionen im Zeitbereich**
  - Differentialgleichung
  - Übergangsfunktion
  - Gewichtsfunktion
  - Kreuzkorrelationsfunktion
  - Einstellzeit
  - Kanalkapazität je Zeit (siehe a)
- **Kenngrößen/-funktionen im Frequenzbereich**
  - Frequenzgang
  - Amplitudengang
  - Phasengang
  - Grenzfrequenz
  - Leistungsdichtespektrum
- **Kennfunktionen im komplexen Frequenzbereich**
  - Übertragungsfunktion
  - Empfindlichkeitsoperator

c

- Betriebszuverlässigkeit
- Betriebsbrauchbarkeitsdauer
- Verfügbarkeit
- Funkstörgrad

d

- Klimabereich (1)
- Aufstellungskategorie (2)
- Ausführungsklasse (enthält (1) und (2))
- Schutzgrad (3)
- Technoklima (enthält (1), (2) und (3))
- Einsatzgruppe (4)
- Einsatzklasse (enthält (1), (3) und (4))

e

- Gefäßart
- Gebrauchslage
- Leistungsaufnahme

Sensoren gehören heute zu den Bestandteilen von Automatisierungslösungen, deren Eigenschaften maßgeblich die Leistungsfähigkeit und die Kosten der Gesamtlösung bestimmen. Sie sind daher weltweit in den Blickpunkt des Interesses geraten und durchlaufen derzeit eine stürmische Entwicklung. Dabei wird deutlich, daß eine Vielzahl zu lösender Aufgaben interdisziplinäre Zusammenarbeit in bisher nicht üblich gewesenem Umfang erfordern. Mit der systematisierenden Darstellung einiger Grundlagen der Sensortechnik möchte das Buch dazu beitragen, über Stand und Entwicklungstendenzen des Arbeitsgebietes zu informieren und die im volkswirtschaftlichen Interesse unumgänglich notwendige Zusammenarbeit zu fördern.

FSC
www.fsc.org
MIX
Papier | Fördert gute Waldnutzung
FSC® C083411

Zeitfracht Medien GmbH
Ferdinand-Jühlke-Straße 7
99095 Erfurt, Deutschland
produktsicherheit@kolibri360.de